教科書ガイド

大日本図書版

数学の世界

完全準拠

中学数学

2年

編集発行 文理

この本の使い方

数学の学習について

数学の学習は，基礎をしっかりと固めて，一つずつ積み上げていくことが大切です。教科書の内容が十分理解できていない状態で次の段階に進むと，ますます理解が困難になります。

数学を得意教科にするためには，学校の授業を中心にして，効果的な予習・復習をすることが大切です。

予習は時間をかける必要はありません。授業を受ける前に，どのような内容の学習をするのか，だいたいのイメージをつかんでおくようにしましょう。

そして，授業のあとにきちんと復習をしておくことが，とても重要です。教科書の問題にもう一度取り組み，本当にわかっているのかどうかを確認しましょう。つまずきを早めに解消しておくことで，次の授業の内容もスムーズに理解することができます。

このような日々の予習・復習の積み重ねによって，授業の理解が深まり，自然と数学の力をつけることができます。

この本の特長

◆効率的に学校の授業の予習・復習ができる！

教科書ガイドは，あなたの教科書に合わせて，教科書の大切な内容と考え方や解き方をまとめてあります。

予習をするときに教科書の要点を確認し，復習をするときに解けなかった問題のくわしい解説を参考にするなど，効率的に学習を進めることができます。

◆教科書の内容を確実に理解できる！

教科書のすべての問題について解説してあります。

学校の授業で十分理解できなかったところなども，くわしい解説により，きちんと理解することができます。

◆テスト勉強に役立つ！

テスト前に教科書の要点を確認し，問題の解き方やまちがえやすい箇所を復習しておけば，テストで確実に点数をのばすことができます。

この本の構成

この教科書ガイドは，教科書の単元の展開に合わせて，「教科書の要点→教科書の問題の解答」の順に載っています。

教科書の要点 勉強する重要な事項や用語・公式などがまとめてあります。
問題を解く前に，よく読んで理解しておきましょう。
テスト直前のチェック用としても利用することができます。

教科書の問題の解答 教科書のすべての問題をくわしく解説しています。

（ガイド） 問題を解くときの考え方や着眼点を示しています。

解答 式や計算のしかたを示し，解き方から答えまでをまとめています。

効果的な使い方

日々の学習

1 教科書の問題を，自分の力で解きます。
それから，答えが合っているかをこの『教科書ガイド』で確かめてみましょう。

2 ある程度考えて問題が解けないときは，
まず，（ガイド）や **解答** を読んで納得してから，もう一度問題にチャレンジしてみましょう。
できるまでくり返し練習することが大切です。

3 問題が解けないときやまちがえたときは，
答えをそのまま書きうつすのではなく，その解き方を理解することが大切です。
なぜそのような解き方をするのかなど，自分で説明できるようにしましょう。

テスト前

まず，テスト範囲の**教科書の要点**を確認し，重要な公式などをチェックしましょう。
また，以前解けなかった問題や理解があいまいな問題の解き方をきちんと確認しましょう。

もくじ

1章 式と計算

2章 連立方程式

3章 1次関数

4章 平行と合同

5章 三角形と四角形

6章 データの比較と箱ひげ図

7章 確率

巻末 もっと 数学の世界へ

1章 式と計算

スタートラインの位置は？

体育大会に向け，次の図(教科書12ページ)のようなトラック競技のレーンをつくります。
スタートラインの位置は，どのように決めればよいでしょうか。
カルロスさんは，スタートラインをずらす長さを決めるため，第１レーンと第２レーンについて，次(教科書13ページ)のように考えています。

カルロスさんの考え

① 第１レーンと第２レーンで，直線部分の長さは等しい。だから，左右のコーナー部分の長さの差が，スタートラインをずらす長さになる。
② 左右のコーナー部分を合わせると円になる。よって，円周の長さの差を求めればよい。

(1) 第１レーンと第２レーンでは，スタートラインを何mずらせばよいですか。
(2) 第２レーンと第３レーンでは，スタートラインを何mずらせばよいですか。
(3) (1)，(2)から，スタートラインの位置をずらす長さについて，どのようなことがいえそうですか。

ガイド (1) 第１レーンのコーナー部分の長さは，
$2\pi \times 16 = 32\pi$
第２レーンのコーナー部分の長さは，
$2\pi \times (16+1) = 34\pi$
$34\pi - 32\pi = 2\pi$
(2) 第３レーンのコーナー部分の長さは，
$2\pi \times (16+2) = 36\pi$
$36\pi - 34\pi = 2\pi$

解答 (1) **2πm**
(2) **2πm**
(3) **2πmずつずらせばよい**

となりどうしのどのレーンでも，同じことがいえるのかな。
トラックの半円部分の半径が変わっても，同じことがいえるのかな。

ガイド 異なるレーンで考えるということは，半径の部分だけが変わるということなので，(1)と(2)は同じ問いといえる。
半径の長さをℓとおくと，となりあったレーンの差は，
$2\pi(\ell+1) - 2\pi\ell = 2\pi$(m)

解答 **(1)(2)ともに，上で調べたことと同じことがいえる。**

1節 式と計算

1 単項式と多項式

CHECK! 確認したら✓を書こう

教科書の要点

□単項式　項が1つだけの式を単項式(たんこうしき)という。　例 $4x$, a^2, -3, xy

□多項式　項が2つ以上ある式を多項式(たこうしき)という。　例 x^2-9, a^2-4a-2

□定数項　文字をふくまない項を定数項(ていすうこう)という。　例 -8, -3, $+5$

□単項式の次数　単項式で，かけ合わされている文字の個数を，その単項式の次数(じすう)という。
例 $8xy^2$ の次数は，$8\times x\times y\times y$ より 3

□多項式の次数　多項式の各項のうちで，次数が最も高い項の次数を，その多項式の次数という。
例 a^2-4a-2 の次数は，次数が最も高い項が a^2 より 2

教科書 p.14

? 右の図(教科書14ページ)のような，1辺 a mの正方形から1辺3 mの正方形を切り取った形の花壇(かだん)がある。

(1) 花壇のまわりの長さを式で表してみよう。

(2) 花壇の面積を式で表してみよう。

ガイド (1) 切り取られたあとの小さい正方形の2つの辺を，それぞれ左と上に移して考えれば，まわりの長さは，もとの正方形と変わらない。

(2) 大きい正方形の面積から，切り取った小さい正方形の面積をひけばよい。

解答 (1) **$4a$m**　(2) **a^2-9(m^2)**

教科書 p.14

活動1 次の式について調べよう。

$4a$, a^2-9, x^2, x^2-3x-2, y, $7x^2y$, $x-y$, -2, ab

(1) 項が1つの式と，項が2つ以上ある式に分けなさい。

ガイド (1) ＋の記号で結ばれている式かどうかを調べる。ここで注意が必要なのは，たとえば a^2-9 の式は，$a^2+(-9)$ のかっこと加法の記号が省略されたものだということである。まずは，和の形で表すことが大切である。

解答 (1) 項が1つの式…$4a$, x^2, y, $7x^2y$, -2, ab

項が2つ以上ある式…a^2-9, x^2-3x-2, $x-y$

教科書 p.14

Q1 次の式は，それぞれ単項式，多項式のどちらですか。また，多項式については，それぞれの項と定数項をいいなさい。

(1) x^2+2x-5　(2) $5xy$　(3) $1-a^2$

ガイド 項が1つだけの式が単項式で，項が2つ以上ある式が多項式である。

解答 (1) **多項式**　項…x^2, $2x$, -5　定数項…-5

(2) **単項式**

(3) **多項式**　項…1，$-a^2$　定数項…1

教科書 p.15

活動2 単項式 $7x^2y$ について調べよう。

(1) 単項式 $7x^2y$ で，文字は全部でいくつかけ合わされていますか。

ガイド (1) x^2 は，$x \times x$ であることに注意して，$7x^2y = 7 \times x \times x \times y$ と表したのち，文字の個数を数えればよい。

解答 (1) **3個**

教科書 p.15

Q2 次の単項式の次数をいいなさい。

(1) $5b$　(2) x^2　(3) $-3x$　(4) $6ab^2$

ガイド 文字が全部でいくつかけ合わされているかをみる。

解答 (1) b が1個だから，次数は **1**　(2) x が2個だから，次数は **2**

(3) x が1個だから，次数は **1**

(4) a が1個と b が2個で，合わせて3個かけ合わされているから，次数は **3**

教科書 p.15

Q3 次数が4である単項式の例を，2つあげなさい。

ガイド 文字が4個かけ合わされている単項式を答える。

解答 (例) $\boldsymbol{x^4}$，$\boldsymbol{2a^3b}$

教科書 p.15

Q4 次の多項式の次数をいいなさい。

(1) a^2-9　(2) $3+6x-x^2$　(3) $x+y$

ガイド 次数が最も高い項について調べる。

解答 (1) a^2 の次数が最も高くて2だから，次数は **2**

(2) $-x^2$ の次数が最も高くて2だから，次数は **2**

(3) x の次数も y の次数も1だから，次数は **1**

教科書 p.15

Q5 次の式は，それぞれ何次式ですか。

(1) $2x+1$　(2) $-5xy^2$　(3) $x+y$

(4) $8-5y+y^2$　(5) $4ab+1$

ガイド 式の次数が1ならば1次式，式の次数が2ならば2次式という。

(2) $-5xy^2$ は文字が3個かけ合わされているので，3次式である。

(4) 定数項の次数は0だから，8の次数は0，$-5y$ の次数は1，y^2 の次数は2なので，$8-5y+y^2$ は2次式である。

解答 (1) **1次式**　(2) **3次式**　(3) **1次式**

(4) **2次式**　(5) **2次式**

教科書 p.15

Q6 3次式である多項式の例を，2つあげなさい。

ガイド 次数が最も高い項の次数が3である多項式を答える。

解答 (例) $\boldsymbol{x^3+2x^2+3x-5}$，$\boldsymbol{a^3-b^3+2}$

② 同類項

CHECK! 確認したら✓を書こう

教科書の要点

□同類項	多項式の項のなかで, 同じ文字が同じ個数だけかけ合わされている項どうしを同類項（どうるいこう）という。 例 $2x^2$ と $6x^2$, $-4x$ と $3x$
□同類項をまとめる	同類項は，次の分配法則を使って1つの項にまとめることができる。 $ac+bc=(a+b)c$

教科書 p.16

? 次の図(教科書16ページ)のような2つの直方体ア，イがある。
(1) それぞれの体積を式で表してみよう。
(2) 体積の和を式で表してみよう。

ガイド (1) 直方体アの体積は，$y\times8\times x=8xy$
直方体イの体積は，$y\times6\times x=6xy$
(2) アの体積＋イの体積 $=8xy+6xy$
右の図のように，直方体アとイを合わせると，
横が $(8+6)$ cm の直方体になるので
体積は $y\times(8+6)\times x=14xy$
よって，$8xy+6xy=14xy$

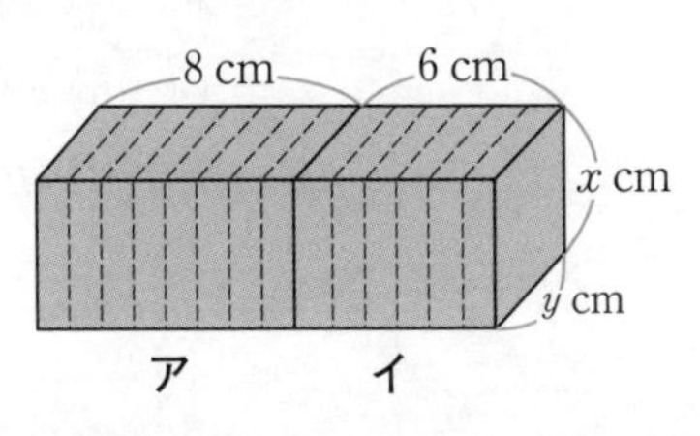

解答 (1) **ア $8xy$cm^3 イ $6xy$cm^3** (2) **$14xy$cm^3**

教科書 p.16

たしかめ 1 式 $2x-3x$ で，$2x$ と $-3x$ は同類項ですか。また，式 $2x+3x^2$ で，$2x$ と $3x^2$ は同類項ですか。

ガイド 同じ文字が使われていても，文字の個数がちがえば同類項ではない。
解答 式 $2x-3x$…$2x$ と $-3x$ は**同類項である。**
式 $2x+3x^2$…$2x$ と $3x^2$ は**同類項ではない。**

教科書 p.16

Q1 次の式で，同類項をいいなさい。
(1) $6a-7-a$ (2) $x-y+5x-3y$
(3) $8x+5ax-3ax+2x$ (4) $a^2+4a-7a^2-a$

解答 (1) **$6a$ と $-a$** (2) **x と $5x$, $-y$ と $-3y$**
(3) **$8x$ と $2x$, $5ax$ と $-3ax$** (4) **a^2 と $-7a^2$, $4a$ と $-a$**

教科書 p.17

Q2 次の式で，同類項をまとめなさい。
(1) $2xy+5xy$ (2) $xy+8xy$ (3) $4ab-5ab$
(4) $7ab-ab$ (5) $-3x^2+9x^2$ (6) $-8a^2-6a^2$

ガイド「同類項をまとめる」とは，2個以上ある同類項を1つの項にまとめることをいう。それには，分配法則 $ac+bc=(a+b)c$ を用いて，同類項の係数の和を求めればよい。

解答 (1) $2xy+5xy=(2+5)xy=\mathbf{7xy}$ (2) $xy+8xy=(1+8)xy=\mathbf{9xy}$
(3) $4ab-5ab=(4-5)ab=\mathbf{-ab}$ (4) $7ab-ab=(7-1)ab=\mathbf{6ab}$
(5) $-3x^2+9x^2=(-3+9)x^2=\mathbf{6x^2}$
(6) $-8a^2-6a^2=(-8-6)a^2=\mathbf{-14a^2}$

教科書 p.17

プラス・ワン① $\frac{1}{3}a^2b+\frac{2}{3}a^2b$

解答 $\frac{1}{3}a^2b+\frac{2}{3}a^2b=\left(\frac{1}{3}+\frac{2}{3}\right)a^2b=\frac{3}{3}a^2b=\mathbf{a^2b}$

教科書 p.17

Q3 次の計算をしなさい。
(1) $4x+8y-5x+6y$ (2) $5y^2+2+9y-4y^2$

解答 (1)
$$\begin{aligned}&4x+8y-5x+6y\\&=4x-5x+8y+6y\\&=(4-5)x+(8+6)y\\&=\mathbf{-x+14y}\end{aligned}$$

(2)
$$\begin{aligned}&5y^2+2+9y-4y^2\\&=5y^2-4y^2+9y+2\\&=(5-4)y^2+9y+2\\&=\mathbf{y^2+9y+2}\end{aligned}$$

教科書 p.17

プラス・ワン② $\frac{1}{4}x+3y-\frac{1}{2}x-2y$

解答
$$\begin{aligned}\frac{1}{4}x+3y-\frac{1}{2}x-2y&=\frac{1}{4}x-\frac{1}{2}x+3y-2y\\&=\left(\frac{1}{4}-\frac{1}{2}\right)x+(3-2)y\\&=\left(\frac{1}{4}-\frac{2}{4}\right)x+y\\&=\mathbf{-\frac{1}{4}x+y}\end{aligned}$$

教科書 p.17

Q4 右の計算はまちがっています。まちがっている理由を説明しなさい。

×まちがい

$3a^2-2a=a$

ガイド 多項式の計算とは同類項をまとめることである。したがって，いくつかの項が同類項であるかどうかに注意する。

解答 **$3a^2$と$-2a$は，同類項ではないので，これ以上まとめることはできないのにまとめていることがまちがっている。**
$3a^2-2a$をこれ以上計算することはできない。

3 多項式の加法，減法

CHECK! 確認したら✓を書こう

教科書の要点

□多項式の加法　多項式の加法を行うには，
式の各項を加え，同類項をまとめる。

例　$(3x-2y)+(5x-y)$
$=3x-2y+5x-y$
$=3x+5x-2y-y$
$=8x-3y$

縦書きの加法
同類項を縦にそろえて書き，上下の同類項をたす。

例
$$\begin{array}{rr} & 3x-2y \\ +) & 5x-\ y \\ \hline & 8x-3y \end{array}$$

□多項式の減法　多項式の減法を行うには，
ひく式の各項の符号(ふごう)を変えて加える。

例　$(3x-2y)-(5x-y)$
$=3x-2y-5x+y$
$=3x-5x-2y+y$
$=-2x-y$

縦書きの減法
ひく式(下の式)の各項の符号を変えて加法になおして計算する。

例
$$\begin{array}{rr} & 3x-2y \\ -) & 5x-\ y \\ \hline \end{array}$$
↓
$$\begin{array}{rr} & 3x-2y \\ +) & -5x+\ y \\ \hline & -2x-\ y \end{array}$$

教科書 p.18

活動1　$7x+2y$ に $3x-5y$ を加えた和を求めよう。

マイさんの考え

$(7x+2y)+(3x-5y)$
$=7x+2y+3x-5y$
$=7x+3x+2y-5y$
$=10x-3y$

$$\begin{array}{rr} & 7x+2y \\ +) & 3x-5y \\ \hline & 10x-3y \end{array}$$

(1)　マイさんはどのように考えて計算したのですか。

解答 (1)　**かっこをはずし，式の各項を加え，同類項をまとめた。**

教科書 p.18

Q1　次の計算をしなさい。

(1)　$(4x-5y)+(2x+6y)$

(2)　$(0.5a+8b)+(0.2a+3b)$

(3)
$$\begin{array}{rr} & 3x-7y \\ +) & x-2y \\ \hline \end{array}$$

(4)
$$\begin{array}{rr} & -9a+2b \\ +) & -3a-2b \\ \hline \end{array}$$

解答 (1)　$(4x-5y)+(2x+6y)=4x-5y+2x+6y$
$=4x+2x-5y+6y$
$=\mathbf{6x+y}$

(2)　$(0.5a+8b)+(0.2a+3b)=0.5a+8b+0.2a+3b$
$=0.5a+0.2a+8b+3b$
$=\mathbf{0.7a+11b}$

(3)
$$\begin{array}{rr} & 3x-7y \\ +) & x-2y \\ \hline & \mathbf{4x-9y} \end{array}$$

(4)
$$\begin{array}{rr} & -9a+2b \\ +) & -3a-2b \\ \hline & \mathbf{-12a} \end{array}$$

教科書 p.18

Q2 次の各組の式で，前の式に後の式を加えなさい。

(1) $8x-2y-5$，$5x+7y-4$

(2) x^2-3x+5，$-4x^2+9x-6$

解答 (1) $(8x-2y-5)+(5x+7y-4)$

$=8x-2y-5+5x+7y-4$

$=8x+5x-2y+7y-5-4$

$=\mathbf{13x+5y-9}$

$$\begin{array}{rr} & 8x-2y-5 \\ +) & 5x+7y-4 \\ \hline & \mathbf{13x+5y-9} \end{array}$$

(2) $(x^2-3x+5)+(-4x^2+9x-6)$

$=x^2-3x+5-4x^2+9x-6$

$=x^2-4x^2-3x+9x+5-6$

$=\mathbf{-3x^2+6x-1}$

$$\begin{array}{rr} & x^2-3x+5 \\ +) & -4x^2+9x-6 \\ \hline & \mathbf{-3x^2+6x-1} \end{array}$$

教科書 p.18

プラス・ワン① $-3x+2y-z$ に $x+y+z$ を加えなさい。

解答 $(-3x+2y-z)+(x+y+z)$

$=-3x+2y-z+x+y+z$

$=-3x+x+2y+y-z+z$

$=\mathbf{-2x+3y}$

$$\begin{array}{rr} & -3x+2y-z \\ +) & x+y+z \\ \hline & \mathbf{-2x+3y} \end{array}$$

教科書 p.19

活動3 $7x+2y$ から $3x-5y$ をひいた差を求めよう。

つばささんの考え

$(7x+2y)-(3x-5y)$

$=7x+2y-3x+5y$

$=7x-3x+2y+5y$

$=4x+7y$

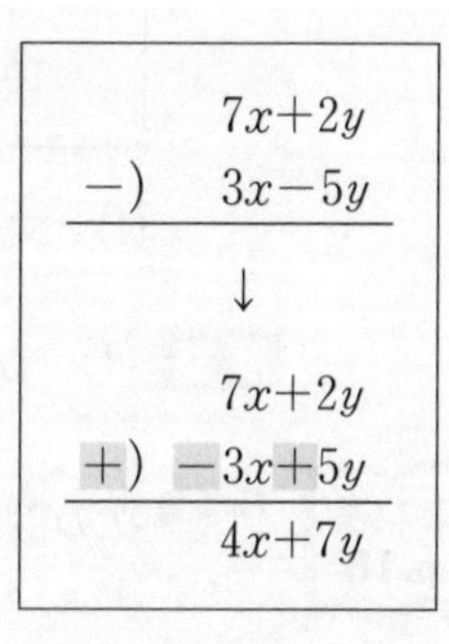

(1) つばささんはどのように考えて計算したのですか。

ガイド 多項式をひくときは，(　)をつけて差の形にしてから行う。

解答 (1) **ひく式の各項の符号を変えてかっこをはずし，同類項をまとめた。**

教科書 p.19

Q3 次の計算をしなさい。

(1) $(4x+6y)-(3x-2y)$　　(2) $(-a+2b)-(6a+5b)$

(3)
$$\begin{array}{rr} & x-7y \\ -) & 3x-2y \\ \hline \end{array}$$

(4)
$$\begin{array}{rr} & 5a+3b \\ -) & -3a-2b \\ \hline \end{array}$$

解答 (1) $(4x+6y)-(3x-2y)$

$=4x+6y-3x+2y$

$=4x-3x+6y+2y$

$=\boldsymbol{x+8y}$

(2) $(-a+2b)-(6a+5b)$

$=-a+2b-6a-5b$

$=-a-6a+2b-5b$

$=\boldsymbol{-7a-3b}$

(3)
$$\begin{array}{rr} & x-7y \\ -) & 3x-2y \\ \hline \end{array}$$
↓
$$\begin{array}{rr} & x-7y \\ +) & -3x+2y \\ \hline & \boldsymbol{-2x-5y} \end{array}$$

(4)
$$\begin{array}{rr} & 5a+3b \\ -) & -3a-2b \\ \hline \end{array}$$
↓
$$\begin{array}{rr} & 5a+3b \\ +) & 3a+2b \\ \hline & \boldsymbol{8a+5b} \end{array}$$

教科書 p.19

プラス・ワン② (1) $(x-5y)-(-x+7y)$ (2) $(4a-3b)-(-9a-3b)$

解答 (1) $(x-5y)-(-x+7y)$

$=x-5y+x-7y$

$=x+x-5y-7y$

$=\boldsymbol{2x-12y}$

$$\begin{array}{rr} & x-5y \\ -) & -x+7y \\ \hline \end{array}$$
↓
$$\begin{array}{rr} & x-5y \\ +) & x-7y \\ \hline & \boldsymbol{2x-12y} \end{array}$$

(2) $(4a-3b)-(-9a-3b)$

$=4a-3b+9a+3b$

$=4a+9a-3b+3b$

$=\boldsymbol{13a}$

$$\begin{array}{rr} & 4a-3b \\ -) & -9a-3b \\ \hline \end{array}$$
↓
$$\begin{array}{rr} & 4a-3b \\ +) & 9a+3b \\ \hline & \boldsymbol{13a} \end{array}$$

Q4 次の各組の式で，前の式から後の式をひきなさい。

(1) $-x+2y+3,\ 11y-3x+7$ (2) $-x^2+5x+3,\ 6x+8-3x^2$

解答 (1) $(-x+2y+3)-(11y-3x+7)$

$=-x+2y+3-11y+3x-7$

$=-x+3x+2y-11y+3-7$

$=\boldsymbol{2x-9y-4}$

$$\begin{array}{rr} & -x+2y+3 \\ -) & -3x+11y+7 \\ \hline & \boldsymbol{2x-9y-4} \end{array}$$

(2) $(-x^2+5x+3)-(6x+8-3x^2)$

$=-x^2+5x+3-6x-8+3x^2$

$=-x^2+3x^2+5x-6x+3-8$

$=\boldsymbol{2x^2-x-5}$

$$\begin{array}{rr} & -x^2+5x+3 \\ -) & -3x^2+6x+8 \\ \hline & \boldsymbol{2x^2-x-5} \end{array}$$

プラス・ワン③ $4x-y-3z$ から $4x-\frac{2}{3}y+5z$ をひきなさい。

解答 $(4x-y-3z)-\left(4x-\frac{2}{3}y+5z\right)$

$=4x-y-3z-4x+\frac{2}{3}y-5z$

$=4x-4x-y+\frac{2}{3}y-3z-5z$

$=\boldsymbol{-\frac{1}{3}y-8z}$

$$\begin{array}{r} 4x-\phantom{\frac{2}{3}}y-3z \\ -)\ 4x-\frac{2}{3}y+5z \\ \hline -\frac{1}{3}y-8z \end{array}$$

④ 単項式と単項式との乗法

CHECK! 確認したら✓を書こう

教科書の要点

□単項式と単項式との乗法

単項式と単項式との乗法を行うには，係数の積と文字の積をそれぞれ求めて，それらをかければよい。

例 $\boldsymbol{5x\times 2y=5\times x\times 2\times y}$

$\boldsymbol{=(5\times 2)\times(x\times y)}$

$\boldsymbol{=10xy}$

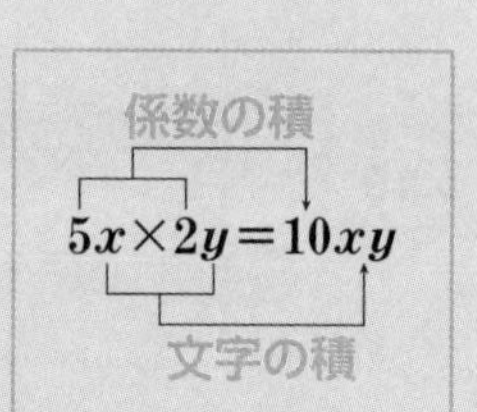

同じ文字の積は累乗(るいじょう)の形で書く。

例 $\boldsymbol{(-6a)\times(-3a)^2=(-6a)\times(-3a)\times(-3a)}$

$\boldsymbol{=(-6)\times(-3)\times(-3)\times a\times a\times a}$

$\boldsymbol{=-54a^3}$

教科書 p.20

? 右の図の長方形ABCD(教科書20ページ)の面積を式で表してみよう。

ガイド 長方形ABCDの面積は，$ab\,\mathrm{cm}^2$の長方形の面積の12個分と考えると，

$ab\times 12=12ab\,(\mathrm{cm}^2)$

また，縦が$3a$cm，横が$4b$cmの長方形の面積と考えると，$3a\times 4b\,(\mathrm{cm}^2)$

解答 $\boldsymbol{12ab\,\mathrm{cm}^2}$ **または，** $\boldsymbol{3a\times 4b\,(\mathrm{cm}^2)}$

教科書 p.20

活動1 $3a\times 4b$の計算のしかたを考えよう。

$3a\times 4b=3\times a\times 4\times b=3\times 4\times a\times b=12ab$

(1) どのように考えて計算したのですか。

解答 (1) **係数の積12と文字の積abをそれぞれ求めて，それらをかけた。**

教科書 p.20

たしかめ1 $6a\times 7b$を計算しなさい。

解答 $6a\times 7b=6\times a\times 7\times b=6\times 7\times a\times b=\boldsymbol{42ab}$

教科書 p.20

Q1 次の計算をしなさい。

(1) $(-8x)\times 2y$　(2) $(-9b)\times(-4a)$　(3) $6y\times\frac{1}{2}x$　(4) $\frac{1}{3}a\times(-12b)$

解答 (1) $(-8x)\times 2y=(-8)\times x\times 2\times y=(-8)\times 2\times x\times y=\boldsymbol{-16xy}$

(2) $(-9b)\times(-4a)=(-9)\times b\times(-4)\times a$
$=(-9)\times(-4)\times b\times a=\mathbf{36ab}$

(3) $6y\times\frac{1}{2}x=6\times y\times\frac{1}{2}\times x=6\times\frac{1}{2}\times y\times x=\mathbf{3xy}$

(4) $\frac{1}{3}a\times(-12b)=\frac{1}{3}\times a\times(-12)\times b$
$=\frac{1}{3}\times(-12)\times a\times b=\mathbf{-4ab}$

プラス・ワン① $\left(-\frac{2}{3}y\right)\times(-6x)$

解答 $\left(-\frac{2}{3}y\right)\times(-6x)=\left(-\frac{2}{3}\right)\times y\times(-6)\times x$
$=\left(-\frac{2}{3}\right)\times(-6)\times y\times x=\mathbf{4xy}$

教科書 p.21

Q2 次の計算をしなさい。
(1) $5x\times x^2$　(2) $(-2x^2y)\times 3x$
(3) $(-ab)\times(-6a^2)$　(4) $3ab^2\times(-5a^3b)$

解答 (1) $5x\times x^2=5\times x\times x^2$
$=5\times x\times x\times x$
$=\mathbf{5x^3}$

(2) $(-2x^2y)\times 3x$
$=(-2)\times x^2\times y\times 3\times x$
$=(-2)\times 3\times x\times x\times x\times y$
$=\mathbf{-6x^3y}$

(3) $(-ab)\times(-6a^2)$
$=(-1)\times a\times b\times(-6)\times a^2$
$=(-1)\times(-6)\times a\times a\times a\times b$
$=\mathbf{6a^3b}$

(4) $3ab^2\times(-5a^3b)$
$=3\times a\times b^2\times(-5)\times a^3\times b$
$=3\times(-5)\times a\times a\times a\times a\times b\times b\times b$
$=\mathbf{-15a^4b^3}$

教科書 p.21

プラス・ワン② $7xy\times y\times(-2xy^2)$

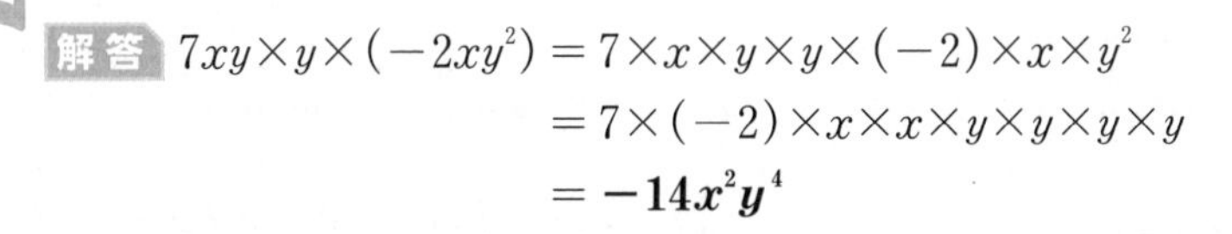

解答 $7xy\times y\times(-2xy^2)=7\times x\times y\times y\times(-2)\times x\times y^2$
$=7\times(-2)\times x\times x\times y\times y\times y\times y$
$=\mathbf{-14x^2y^4}$

Q3 次の計算をしなさい。
(1) $(-4x)^2$　(2) $-(4x)^2$　(3) $(-2a)^3$　(4) $-(2a)^3$

解答 (1) $(-4x)^2=(-4x)\times(-4x)=(-4)\times(-4)\times x\times x=\mathbf{16x^2}$
(2) $-(4x)^2=(-1)\times(4x)^2$
$=(-1)\times(4x)\times(4x)=(-1)\times 4\times 4\times x\times x=\mathbf{-16x^2}$

(3) $(-2a)^3=(-2a)\times(-2a)\times(-2a)$
$=(-2)\times(-2)\times(-2)\times a\times a\times a=\mathbf{-8a^3}$

(4) $-(2a)^3=(-1)\times(2a)^3$
$=(-1)\times(2a)\times(2a)\times(2a)$
$=(-1)\times2\times2\times2\times a\times a\times a=\mathbf{-8a^3}$

教科書 p.21

プラス・ワン③ (1) $\left(-\frac{1}{2}a\right)^3$　(2) $(-4ab)^2$

解答 (1) $\left(-\frac{1}{2}a\right)^3=\left(-\frac{1}{2}a\right)\times\left(-\frac{1}{2}a\right)\times\left(-\frac{1}{2}a\right)$
$=\left(-\frac{1}{2}\right)\times\left(-\frac{1}{2}\right)\times\left(-\frac{1}{2}\right)\times a\times a\times a=\mathbf{-\frac{1}{8}a^3}$

(2) $(-4ab)^2=(-4ab)\times(-4ab)=(-4)\times(-4)\times a\times a\times b\times b$
$=\mathbf{16a^2b^2}$

教科書 p.21

Q4 次の計算をしなさい。

(1) $-3x\times(5x)^2$　(2) $(-2a)^2\times(-3a)$
(3) $2xy\times(-y)^2$　(4) $(-3a)^2\times(-4ab)$

解答 (1) $-3x\times(5x)^2=-3x\times25x^2=-3\times25\times x\times x^2=\mathbf{-75x^3}$
(2) $(-2a)^2\times(-3a)=4a^2\times(-3a)=4\times(-3)\times a^2\times a=\mathbf{-12a^3}$
(3) $2xy\times(-y)^2=2xy\times y^2=2\times x\times y\times y^2=\mathbf{2xy^3}$
(4) $(-3a)^2\times(-4ab)=9a^2\times(-4ab)=9\times(-4)\times a^2\times a\times b=\mathbf{-36a^3b}$

教科書 p.21

プラス・ワン④ $(-3xy)^2\times(-2x)^3$

解答 $(-3xy)^2\times(-2x)^3=9x^2y^2\times(-8x^3)=9\times(-8)\times x^2\times y^2\times x^3=\mathbf{-72x^5y^2}$

5 単項式を単項式でわる除法

CHECK! 確認したら✓を書こう

教科書の要点

□単項式を単項式でわる除法

単項式を単項式でわる除法を行うには，式を分数の形で表して，係数どうし，文字どうしで約分できるものがあれば約分して，簡単にすればよい。

例 $8ab\div2a=\dfrac{\overset{4}{\cancel{8}}\times\overset{1}{\cancel{a}}\times b}{\underset{1}{\cancel{2}}\times\underset{1}{\cancel{a}}}=4b$　$20x^3\div5x^2=\dfrac{20x^3}{5x^2}=\dfrac{\overset{4}{\cancel{20}}\times\overset{1}{\cancel{x}}\times\overset{1}{\cancel{x}}\times x}{\underset{1}{\cancel{5}}\times\underset{1}{\cancel{x}}\times\underset{1}{\cancel{x}}}=4x$

また，除法は乗法になおして計算することができる。

例 $15xy\div\dfrac{3}{7}x=15xy\times\dfrac{7}{3x}=35y$

教科書 p.22

? 右の図(教科書22ページ)の長方形ABCDの横の長さを式で表してみよう。

ガイド 縦が$3a$cm，面積が$12ab$cm^{2}の長方形と考える。

解答 $\boldsymbol{12ab \div 3a}$**(cm)**

教科書 p.22

活動1 $12ab \div 3a$ の計算のしかたを考えよう。

カルロスさんの考え

$$12ab \div 3a = \frac{12ab}{3a} = \frac{\overset{4}{\cancel{12}} \times \overset{1}{\cancel{a}} \times b}{\underset{1}{\cancel{3}} \times \underset{1}{\cancel{a}}} = 4b$$

あおいさんの考え

$$12ab \div 3a = 12ab \times \square = \square$$

(1) カルロスさんはどのように考えて計算しましたか。

(2) $3a$ の逆数を求め，あおいさんの考えで計算しなさい。

ガイド (2) わる式の逆数をかけることで，除法を乗法になおして計算している。

解答 (1) **式を分数の形で表して，係数どうし，文字どうしで約分できるものがあれば約分している。**

(2) $12ab \div 3a = 12ab \times \boldsymbol{\frac{1}{3a}} = \boldsymbol{4b}$

教科書 p.22

たしかめ1 $8xy \div 4x$ を，1の2通りの方法で計算しなさい。

解答 カルロスさんの考え

$$8xy \div 4x = \frac{8xy}{4x} = \frac{\overset{2}{\cancel{8}} \times \overset{1}{\cancel{x}} \times y}{\underset{1}{\cancel{4}} \times \underset{1}{\cancel{x}}} = \boldsymbol{2y}$$

あおいさんの考え

$$8xy \div 4x = 8xy \times \frac{1}{4x} = \boldsymbol{2y}$$

教科書 p.22

Q1 次の計算をしなさい。

(1) $18ab \div 6b$　(2) $(-14xy) \div 7x$

(3) $3ab \div (-3b)$　(4) $(-20xy) \div (-4xy)$

解答 (1) $18ab \div 6b = \frac{18ab}{6b} = \frac{\overset{3}{\cancel{18}} \times a \times \overset{1}{\cancel{b}}}{\underset{1}{\cancel{6}} \times \underset{1}{\cancel{b}}} = \boldsymbol{3a}$

(2) $(-14xy) \div 7x = -\frac{14xy}{7x} = -\frac{\overset{2}{\cancel{14}} \times \overset{1}{\cancel{x}} \times y}{\underset{1}{\cancel{7}} \times \underset{1}{\cancel{x}}} = \boldsymbol{-2y}$

(3) $3ab \div (-3b) = -\frac{3ab}{3b} = -\frac{\overset{1}{\cancel{3}} \times a \times \overset{1}{\cancel{b}}}{\underset{1}{\cancel{3}} \times \underset{1}{\cancel{b}}} = \boldsymbol{-a}$

(4) $(-20xy) \div (-4xy) = \frac{-20xy}{-4xy} = \frac{\overset{5}{\cancel{20}} \times \overset{1}{\cancel{x}} \times \overset{1}{\cancel{y}}}{\underset{1}{\cancel{4}} \times \underset{1}{\cancel{x}} \times \underset{1}{\cancel{y}}} = \boldsymbol{5}$

教科書 p.23

Q2 次の計算をしなさい。

(1) $15x^2 \div 5x$　　(2) $(-8y^2) \div 2y$

(3) $x^3y \div x^2$　　(4) $(-24a^3b^2) \div (-8ab)$

解答 (1) $15x^2 \div 5x = 15x^2 \times \frac{1}{5x} = \boldsymbol{3x}$

(2) $(-8y^2) \div 2y = (-8y^2) \times \frac{1}{2y}$
$= \boldsymbol{-4y}$

(3) $x^3y \div x^2 = x^3y \times \frac{1}{x^2} = \boldsymbol{xy}$

(4) $(-24a^3b^2) \div (-8ab)$
$= (-24a^3b^2) \times \left(-\frac{1}{8ab}\right)$
$= \boldsymbol{3a^2b}$

教科書 p.23

Q3 次の計算をしなさい。

(1) $(-6xy) \div \frac{2}{5}x$　　(2) $\left(-\frac{1}{6}a^2\right) \div \left(-\frac{1}{3}a\right)$

解答 (1) $(-6xy) \div \frac{2}{5}x = (-6xy) \times \frac{5}{2x} = \boldsymbol{-15y}$

(2) $\left(-\frac{1}{6}a^2\right) \div \left(-\frac{1}{3}a\right) = \left(-\frac{a^2}{6}\right) \times \left(-\frac{3}{a}\right) = \boldsymbol{\frac{a}{2}}$

教科書 p.23

プラス・ワン① $\left(-\frac{4}{3}x^2y\right) \div \left(-\frac{4}{9}x\right)$

解答 $\left(-\frac{4}{3}x^2y\right) \div \left(-\frac{4}{9}x\right) = \left(-\frac{4x^2y}{3}\right) \times \left(-\frac{9}{4x}\right) = \boldsymbol{3xy}$

教科書 p.23

Q4 次の計算をしなさい。

(1) $12xy \div \frac{3}{4}x \times y$　　(2) $3a^2 \times (-5b) \div \frac{1}{6}ab$

(3) $24xy^2 \div (-6x) \div (-2y)$

ガイド 除法を乗法になおして計算する。

解答 (1) $12xy \div \frac{3}{4}x \times y = 12xy \times \frac{4}{3x} \times y = \boldsymbol{16y^2}$

(2) $3a^2 \times (-5b) \div \frac{1}{6}ab = 3a^2 \times (-5b) \times \frac{6}{ab} = \boldsymbol{-90a}$

(3) $24xy^2 \div (-6x) \div (-2y) = 24xy^2 \times \left(-\frac{1}{6x}\right) \times \left(-\frac{1}{2y}\right) = \boldsymbol{2y}$

教科書 p.23

プラス・ワン② $12a^2b \div \frac{4}{3}ab \div \left(-\frac{3}{2}a\right)$

解答 $12a^2b \div \frac{4}{3}ab \div \left(-\frac{3}{2}a\right) = 12a^2b \times \frac{3}{4ab} \times \left(-\frac{2}{3a}\right) = \boldsymbol{-6}$

⑥ 多項式と数との計算

CHECK! 確認したら ✓を書こう

教科書の要点

□多項式と数との乗法

多項式と数との乗法では，分配法則を使って計算すればよい。

$a(b+c)=ab+ac$　　　$(a+b)c=ac+bc$

例 $4(3x-5y)=4\times3x-4\times5y=12x-20y$

$(3x-5y)\times4=3x\times4-5y\times4=12x-20y$

□多項式を数でわる除法

（方法１） 式を分数の形で表す。

例 $(9x-15y)\div3=\dfrac{9x-15y}{3}=\dfrac{9x}{3}-\dfrac{15y}{3}=3x-5y$

$$(b+c)\div a=\frac{b+c}{a}=\frac{b}{a}+\frac{c}{a}$$

（方法２） わる数を逆数にしてかける。

例 $(9x-15y)\div3=(9x-15y)\times\dfrac{1}{3}=9x\times\dfrac{1}{3}-15y\times\dfrac{1}{3}=3x-5y$

教科書 p.24

Q1 次の計算をしなさい。

(1) $6(7x+3y)$　　(2) $5(x-8y)$

(3) $9(-x+6y)$　　(4) $-4(2x-5y+7)$

ガイド 分配法則を使ってかっこをはずす。符号に気をつけよう。

解答 (1) $6(7x+3y)=6\times7x+6\times3y=\mathbf{42x+18y}$

(2) $5(x-8y)=5\times x+5\times(-8y)=\mathbf{5x-40y}$

(3) $9(-x+6y)=9\times(-x)+9\times6y=\mathbf{-9x+54y}$

(4) $-4(2x-5y+7)=-4\times2x-4\times(-5y)-4\times7=\mathbf{-8x+20y-28}$

プラス・ワン① $\dfrac{1}{2}(4x-6y)$

解答 $\dfrac{1}{2}(4x-6y)=\dfrac{1}{2}\times4x+\dfrac{1}{2}\times(-6y)=\mathbf{2x-3y}$

教科書 p.24

活動2 $(8x-20y)\div4$ の計算のしかたを考えよう。

さくらさんの考え

$(8x-20y)\div4$

$=\dfrac{8x-20y}{4}$

$=\dfrac{8x}{4}-\dfrac{20y}{4}$

ゆうとさんの考え

$(8x-20y)\div4$

$=(8x-20y)\times\dfrac{1}{4}$

$=8x\times\dfrac{1}{4}-20y\times\dfrac{1}{4}$

(1) ２人の計算のしかたを比べなさい。

(2) ２人の方法で，それぞれ計算しなさい。

解答 (1) さくらさんの考え…**1つの分数の形で表し，それを2つの分数に分けて，それぞれを約分している。**

ゆうとさんの考え…**わり算をかけ算になおしてから，分配法則を使ってかっこをはずしている。**

(2) さくらさんの考え…$\boldsymbol{2x-5y}$ ゆうとさんの考え…$\boldsymbol{2x-5y}$

Q2 次の計算をしなさい。

(1) $(10x-6y)\div 2$ (2) $(9x+6y-12)\div(-3)$

ガイド 多項式の各項を数でわる。

解答 (1) $(10x-6y)\div 2=\dfrac{10x-6y}{2}=\dfrac{10x}{2}-\dfrac{6y}{2}=\boldsymbol{5x-3y}$

(2) $(9x+6y-12)\div(-3)=\dfrac{9x+6y-12}{-3}=\dfrac{9x}{-3}+\dfrac{6y}{-3}-\dfrac{12}{-3}=\boldsymbol{-3x-2y+4}$

別解 乗法になおし，分配法則を使って計算する。

(1) $(10x-6y)\div 2=(10x-6y)\times\dfrac{1}{2}=10x\times\dfrac{1}{2}-6y\times\dfrac{1}{2}=\boldsymbol{5x-3y}$

(2) $(9x+6y-12)\div(-3)=(9x+6y-12)\times\left(-\dfrac{1}{3}\right)$

$=9x\times\left(-\dfrac{1}{3}\right)+6y\times\left(-\dfrac{1}{3}\right)-12\times\left(-\dfrac{1}{3}\right)$

$=\boldsymbol{-3x-2y+4}$

プラス・ワン② $(8x+2y)\div\left(-\dfrac{2}{3}\right)$

ガイド わる数が分数なので，乗法になおし，分配法則を使って計算する。

解答 $(8x+2y)\div\left(-\dfrac{2}{3}\right)=(8x+2y)\times\left(-\dfrac{3}{2}\right)$

$=8x\times\left(-\dfrac{3}{2}\right)+2y\times\left(-\dfrac{3}{2}\right)=\boldsymbol{-12x-3y}$

Q3 次の計算をしなさい。

(1) $-2(x+y)+8(-x+y)$ (2) $7(a-2b)-2(-3a+7b)$

(3) $2(x-3y+5)+5(x+2y-3)$

解答 (1) $-2(x+y)+8(-x+y)=-2x-2y-8x+8y=-2x-8x-2y+8y$

$=\boldsymbol{-10x+6y}$

(2) $7(a-2b)-2(-3a+7b)=7a-14b+6a-14b=7a+6a-14b-14b$

$=\boldsymbol{13a-28b}$

(3) $2(x-3y+5)+5(x+2y-3)=2x-6y+10+5x+10y-15$

$=2x+5x-6y+10y+10-15$

$=\boldsymbol{7x+4y-5}$

教科書 p.25

プラス・ワン③ $\frac{1}{3}(6x+9y)-\frac{2}{5}(5x+10y)$

解答 $\frac{1}{3}(6x+9y)-\frac{2}{5}(5x+10y)=2x+3y-2x-4y=2x-2x+3y-4y=\boldsymbol{-y}$

教科書 p.25

たしかめ 1 $\frac{x-3y}{2}-\frac{x+2y}{3}$ を計算しなさい。

解答
$$\frac{x-3y}{2}-\frac{x+2y}{3}=\frac{3(x-3y)}{6}-\frac{2(x+2y)}{6}=\frac{3(x-3y)-2(x+2y)}{6}$$
$$=\frac{3x-9y-2x-4y}{6}=\boldsymbol{\frac{x-13y}{6}}$$

別解
$$\frac{x-3y}{2}-\frac{x+2y}{3}=\frac{1}{2}(x-3y)-\frac{1}{3}(x+2y)=\frac{1}{2}x-\frac{3}{2}y-\frac{1}{3}x-\frac{2}{3}y$$
$$=\frac{1}{2}x-\frac{1}{3}x-\frac{3}{2}y-\frac{2}{3}y=\boldsymbol{\frac{1}{6}x-\frac{13}{6}y}$$

教科書 p.25

Q4 次の計算をしなさい。

(1) $\frac{x+2y}{3}+\frac{x-2y}{5}$　　(2) $\frac{3a+b}{4}-\frac{3a-4b}{8}$

解答 (1)
$$\frac{x+2y}{3}+\frac{x-2y}{5}=\frac{5(x+2y)}{15}+\frac{3(x-2y)}{15}=\frac{5(x+2y)+3(x-2y)}{15}$$
$$=\frac{5x+10y+3x-6y}{15}=\boldsymbol{\frac{8x+4y}{15}}$$

(2)
$$\frac{3a+b}{4}-\frac{3a-4b}{8}=\frac{2(3a+b)}{8}-\frac{3a-4b}{8}=\frac{2(3a+b)-(3a-4b)}{8}$$
$$=\frac{6a+2b-3a+4b}{8}=\boldsymbol{\frac{3a+6b}{8}}$$

別解 (1)
$$\frac{x+2y}{3}+\frac{x-2y}{5}=\frac{1}{3}(x+2y)+\frac{1}{5}(x-2y)=\frac{1}{3}x+\frac{2}{3}y+\frac{1}{5}x-\frac{2}{5}y$$
$$=\frac{1}{3}x+\frac{1}{5}x+\frac{2}{3}y-\frac{2}{5}y=\boldsymbol{\frac{8}{15}x+\frac{4}{15}y}$$

(2)
$$\frac{3a+b}{4}-\frac{3a-4b}{8}=\frac{1}{4}(3a+b)-\frac{1}{8}(3a-4b)=\frac{3}{4}a+\frac{1}{4}b-\frac{3}{8}a+\frac{4}{8}b$$
$$=\frac{3}{4}a-\frac{3}{8}a+\frac{1}{4}b+\frac{4}{8}b=\boldsymbol{\frac{3}{8}a+\frac{3}{4}b}$$

教科書 p.25

プラス・ワン④ $\frac{x-y}{6}-\frac{x+4y}{9}$

解答
$$\frac{x-y}{6}-\frac{x+4y}{9}=\frac{3(x-y)}{18}-\frac{2(x+4y)}{18}=\frac{3(x-y)-2(x+4y)}{18}$$
$$=\frac{3x-3y-2x-8y}{18}=\boldsymbol{\frac{x-11y}{18}}$$

別解 $\dfrac{x-y}{6}-\dfrac{x+4y}{9}=\dfrac{1}{6}(x-y)-\dfrac{1}{9}(x+4y)=\dfrac{1}{6}x-\dfrac{1}{6}y-\dfrac{1}{9}x-\dfrac{4}{9}y$

$=\dfrac{1}{6}x-\dfrac{1}{9}x-\dfrac{1}{6}y-\dfrac{4}{9}y=\mathbf{\dfrac{1}{18}x-\dfrac{11}{18}y}$

7 式の値

CHECK! 確認したら✓を書こう

教科書の要点

□式の値　式の値を求めるとき，初めの式にそのまま数を代入するよりも，式を簡単にしてから数を代入するほうがよい場合が多い。

例 $x=4$，$y=-3$ のとき，

$(3x-4y)+4(2x-3y)=3x-4y+8x-12y=11x-16y$

この式に x，y の値を代入すると，$11\times4-16\times(-3)=44+48=92$

教科書 p.26

活動1 学校の廊下の壁に，次の図(教科書26ページ)のように画用紙の作品を7枚貼りたい。このとき必要となる全体の長さを求めよう。
画用紙の横の長さを a cm，画用紙と画用紙の間の長さを b cmとすると，全体の長さは，$a\times7+b\times6=7a+6b$(cm)

(1) 画用紙の横の長さを30cm，画用紙と画用紙の間の長さを5cmとするとき，全体の長さはどれだけ必要ですか。式 $7a+6b$ を使って求めなさい。

ガイド $7a+6b$ に，$a=30$，$b=5$ を代入する。

解答 (1) $7\times30+6\times5=240$ より，**240cm**

教科書 p.26

たしかめ1 $a=40$，$b=8$ のときの，式 $7a+6b$ の値を求めなさい。

解答 $7a+6b$ に $a=40$，$b=8$ を代入すると，$7a+6b=7\times40+6\times8=\mathbf{328}$

Q1 x，y が次の値のときの，式 $4x-7y$ の値を求めなさい。

(1) $x=-5$，$y=8$　　(2) $x=-4$，$y=-3$

ガイド 負の数を代入するときは，(　)をつける。

解答 (1) $4x-7y=4\times(-5)-7\times8=-20-56=\mathbf{-76}$

(2) $4x-7y=4\times(-4)-7\times(-3)=-16+21=\mathbf{5}$

教科書 p.26

Q2 $x=\dfrac{1}{2}$，$y=-3$ のときの，次の式の値を求めなさい。

(1) $8xy^2$　　(2) $-16x^2y$

解答 (1) $8xy^2=8\times\dfrac{1}{2}\times(-3)^2=8\times\dfrac{1}{2}\times9=\mathbf{36}$

(2) $-16x^2y=-16\times\left(\dfrac{1}{2}\right)^2\times(-3)=-16\times\dfrac{1}{4}\times(-3)=\mathbf{12}$

教科書 p.26

プラス・ワン① (1) $4x^2-y$ (2) x^2-y^2

解答 (1) $4x^2-y=4\times\left(\frac{1}{2}\right)^2-(-3)=4\times\frac{1}{4}+3=\mathbf{4}$

(2) $x^2-y^2=\left(\frac{1}{2}\right)^2-(-3)^2=\frac{1}{4}-9=\mathbf{-\frac{35}{4}}$

教科書 p.27

活動3 $x=2$, $y=-5$ のときの，式 $(7x-2y)-2(3x+y)$ の値を求めよう。

(1) つばささんはどのように考えていますか。

(2) マイさんはどのように考えていますか。

(3) 2人の方法で，それぞれ式の値を求め，考えを比べなさい。

解答 (1) **与えられた式に $x=2$，$y=-5$ を直接代入して，式の値を求めている。**

(2) **式を簡単にしてから，$x=2$，$y=-5$ を代入して，式の値を求めている。**

(3) つばささんの考え

$(7x-2y)-2(3x+y)$ に $x=2$，$y=-5$ を代入すると，

$(7x-2y)-2(3x+y)$

$=\{7\times2-2\times(-5)\}-2\times\{3\times2+(-5)\}$

$=(14+10)-2\times(6-5)$

$=24-2=\mathbf{22}$

マイさんの考え

$(7x-2y)-2(3x+y)$ を計算すると，

$7x-2y-6x-2y=x-4y$

$x-4y$ に $x=2$，$y=-5$ を代入すると，

$2-4\times(-5)=2+20=\mathbf{22}$

つばささんの考え，マイさんの考え，ともに結果は同じになるが，計算量はマイさんのほうが少ない。

教科書 p.27

たしかめ2 $x=5$，$y=-3$ のときの，式 $2(3x-4y)+3(-x+2y)$ の値を求めなさい。

解答 $2(3x-4y)+3(-x+2y)$ を計算すると，$6x-8y-3x+6y=3x-2y$

$3x-2y$ に $x=5$，$y=-3$ を代入すると，$3\times5-2\times(-3)=15+6=\mathbf{21}$

別解 $2(3x-4y)+3(-x+2y)$ に $x=5$，$y=-3$ を代入すると，

$2(3x-4y)+3(-x+2y)$

$=2\times\{3\times5-4\times(-3)\}+3\times\{-5+2\times(-3)\}$

$=2\times(15+12)+3\times(-5-6)$

$=2\times27+3\times(-11)=54-33=\mathbf{21}$

教科書 p.27

Q3 $x=0.4$，$y=5$ のときの，式 $x^2y\div x$ の値を求めなさい。

解答 $x^2y\div x=xy$ に $x=0.4$，$y=5$ を代入して，$xy=0.4\times5=\mathbf{2}$

教科書 p.27

Q4 $a=-3$, $b=4$ のときの，次の式の値を求めなさい。

(1) $4(2a-3b)-5(3a-2b)$　　(2) $(-2ab)^3 \div 4a^2b^2$

解答 (1) $4(2a-3b)-5(3a-2b)=8a-12b-15a+10b=-7a-2b$

この式に $a=-3$, $b=4$ を代入して

$-7a-2b=-7\times(-3)-2\times4=21-8=\mathbf{13}$

(2) $(-2ab)^3 \div 4a^2b^2=-8a^3b^3\times\dfrac{1}{4a^2b^2}=-2ab$

この式に $a=-3$, $b=4$ を代入して　$-2ab=-2\times(-3)\times4=\mathbf{24}$

教科書 p.27

プラス・ワン② (1) $\dfrac{1}{2}(4a-2b)-\dfrac{1}{3}(6a+9b)$　　(2) $a^2 \div 2b \times 5ab$

解答 (1) $\dfrac{1}{2}(4a-2b)-\dfrac{1}{3}(6a+9b)=2a-b-2a-3b=-4b$

この式に $b=4$ を代入して，$-4b=-4\times4=\mathbf{-16}$

(2) $a^2 \div 2b \times 5ab=a^2\times\dfrac{1}{2b}\times5ab=\dfrac{5}{2}a^3$

この式に $a=-3$ を代入して，$\dfrac{5}{2}a^3=\dfrac{5}{2}\times(-3)^3=\dfrac{5}{2}\times(-27)=\mathbf{-\dfrac{135}{2}}$

教科書 p.27

学びのふり返り 多項式の計算で，１年で学んだ式の計算と同じように考えたことは何ですか。また，新しく深まったり，ひろがったりしたことは何ですか。

解答 同じように考えたこと…**加減乗法の計算のしかたは，１年のときとほぼ同じ。**

ひろがったこと…**扱う式の中に２つ以上の文字が出てくるようになった。**　など。

たしかめよう

教科書 p.28

1 次の(1)~(3)に答えなさい。

(1) 次の式は，それぞれ単項式，多項式のどちらですか。

また，それぞれ何次式ですか。

ア $\dfrac{2}{7}x$　イ $4x-5y$　ウ $-6xy^2$　エ x^2-8x-3

(2) 多項式 $2x^2-3x-9$ の項をいいなさい。

また，定数項をいいなさい。

(3) 多項式 $3x^2-x-2x^2+3x$ で，同類項をいいなさい。

解答 (1) **ア…単項式，１次式**　**イ…多項式，１次式**

ウ…単項式，３次式　**エ…多項式，２次式**

(2) **項…$2x^2$, $-3x$, -9**　**定数項…-9**

(3) **$3x^2$ と $-2x^2$, $-x$ と $3x$**

教科書 p.28

2 次の計算をしなさい。

(1) $4ab+7ab$　　(2) $12xy-16xy$

(3) $3x-9y-5x+6y$　　(4) $2x^2+x-6x+8x^2$

ガイド 分配法則を使って同類項をまとめる。

解答 (1) $4ab+7ab=\mathbf{11ab}$　　(2) $12xy-16xy=\mathbf{-4xy}$

(3) $3x-9y-5x+6y=\mathbf{-2x-3y}$　　(4) $2x^2+x-6x+8x^2=\mathbf{10x^2-5x}$

教科書 p.28

3 次の計算をしなさい。

(1) $(8a+3b)+(4a-3b)$　　(2) $(4x-y)-(x-8y)$

(3) $\begin{array}{r} 5x-4y \\ +)\ -2x+4y \\ \hline \end{array}$　　(4) $\begin{array}{r} x+5y \\ -)\ -x+2y \\ \hline \end{array}$

(5) $(4x-3y+5)+(2x-y-7)$

(6) $(-3x+2y-1)-(y+x-1)$

ガイド 減法では，ひく式の各項の符号を変えて，加法として計算する。
(4)は，加法になおしてから計算する。

解答 (1) $(8a+3b)+(4a-3b)=8a+3b+4a-3b=\mathbf{12a}$

(2) $(4x-y)-(x-8y)=4x-y-x+8y=\mathbf{3x+7y}$

(3) $\begin{array}{r} 5x-4y \\ +)\ -2x+4y \\ \hline \mathbf{3x} \end{array}$　　(4) $\begin{array}{r} x+5y \\ -)\ -x+2y \\ \hline \end{array} \Rightarrow \begin{array}{r} x+5y \\ +)\ x-2y \\ \hline \mathbf{2x+3y} \end{array}$

(5) $(4x-3y+5)+(2x-y-7)=4x-3y+5+2x-y-7$
$=4x+2x-3y-y+5-7=\mathbf{6x-4y-2}$

(6) $(-3x+2y-1)-(y+x-1)=-3x+2y-1-y-x+1$
$=-3x-x+2y-y-1+1=\mathbf{-4x+y}$

4 次の計算をしなさい。

(1) $-3x\times7y$　　(2) $18x^3\div(-9x^2)$

(3) $-\frac{1}{3}x\times(-6x)^2$　　(4) $\left(-\frac{xy}{6}\right)\div\frac{1}{18}y$

ガイド 係数と文字を別々に計算する。
(3) かけ算と累乗では，累乗を先に計算する。

解答 (1) $-3x\times7y=\mathbf{-21xy}$

(2) $18x^3\div(-9x^2)=-\frac{18x^3}{9x^2}=\mathbf{-2x}$

別解 $18x^3\div(-9x^2)=18x^3\times\left(-\frac{1}{9x^2}\right)=\mathbf{-2x}$

(3) $-\frac{1}{3}x\times(-6x)^2=-\frac{1}{3}x\times36x^2=\mathbf{-12x^3}$

(4) $\left(-\frac{xy}{6}\right)\div\frac{1}{18}y=\left(-\frac{xy}{6}\right)\times\frac{18}{y}=\mathbf{-3x}$

教科書 p.28

5 次の計算をしなさい。

(1) $-2(6x+5y)$　　(2) $(24x-32y)\div(-4)$

(3) $2(x-y)+3(y-x)$　　(4) $6(-x+y)-2(x-y)$

(5) $(6x-9y)\div\left(-\frac{3}{2}\right)$　　(6) $\frac{3x-2y}{3}-\frac{4x-3y}{5}$

ガイド 分配法則を使って，かっこをはずして計算する。

解答 (1) $-2(6x+5y)=-2\times6x-2\times5y=\boldsymbol{-12x-10y}$

(2) $(24x-32y)\div(-4)=(24x-32y)\times\left(-\frac{1}{4}\right)$

$=24x\times\left(-\frac{1}{4}\right)-32y\times\left(-\frac{1}{4}\right)=\boldsymbol{-6x+8y}$

(3) $2(x-y)+3(y-x)=2x-2y+3y-3x=2x-3x-2y+3y=\boldsymbol{-x+y}$

(4) $6(-x+y)-2(x-y)=-6x+6y-2x+2y=-6x-2x+6y+2y$

$=\boldsymbol{-8x+8y}$

(5) $(6x-9y)\div\left(-\frac{3}{2}\right)=(6x-9y)\times\left(-\frac{2}{3}\right)=6x\times\left(-\frac{2}{3}\right)-9y\times\left(-\frac{2}{3}\right)$

$=\boldsymbol{-4x+6y}$

(6) $\frac{3x-2y}{3}-\frac{4x-3y}{5}=\frac{5(3x-2y)-3(4x-3y)}{15}=\frac{15x-10y-12x+9y}{15}$

$=\boldsymbol{\frac{3x-y}{15}}$

別解 $\frac{3x-2y}{3}-\frac{4x-3y}{5}=\frac{1}{3}(3x-2y)-\frac{1}{5}(4x-3y)$

$=x-\frac{2}{3}y-\frac{4}{5}x+\frac{3}{5}y$

$=x-\frac{4}{5}x-\frac{2}{3}y+\frac{3}{5}y=\boldsymbol{\frac{1}{5}x-\frac{1}{15}y}$

教科書 p.28

6 次の式の値を求めなさい。

(1) $x=2$，$y=-3$ のときの，式 $4(x-3y)+5(-2x+y)$ の値

(2) $a=-2$，$b=1$ のときの，式 $12a^2b^3\div(-4ab)$ の値

ガイド 式を簡単にしてから，数を代入して計算する。

解答 (1) $4(x-3y)+5(-2x+y)=4x-12y-10x+5y=-6x-7y$

この式に $x=2$，$y=-3$ を代入すると，

$-6x-7y=-6\times2-7\times(-3)=-12+21=\boldsymbol{9}$

(2) $12a^2b^3\div(-4ab)=-\frac{12a^2b^3}{4ab}=-3ab^2$

この式に $a=-2$，$b=1$ を代入して，$-3ab^2=-3\times(-2)\times1^2=\boldsymbol{6}$

2節 式の利用

① スタートラインを決めよう

CHECK! 確認したら✓を書こう

教科書の要点

□文字式の利用　文字式を使うと，数の性質やいろいろな数量の関係が一般的に説明できて便利である。このとき，文字は数の代表と考える。

決められたレーンでトラックを1周走る競技を行うとき，トラックの大きさによって，スタートラインをずらす長さはどのようになるだろうか。

(1) スタートラインをずらす長さについて，どのようなことがいえるか予想しなさい。
(2) (1)のことは，どのようにすれば確かめられそうですか。次の図(教科書29ページ)のようなトラックで考えなさい。
(3) (第1レーンの半円部分の半径を r mとして，)第2レーンのコーナー部分の半径を，r を使って表しなさい。
(4) 第2レーンの1周の長さから，第1レーンの1周の長さをひいた差を求める式をつくりなさい。
(5) (4)でつくった式を計算しなさい。
(6) 第3レーンの1周の長さから第2レーンの1周の長さをひいた差は，何mになりますか。
(7) (5), (6)から，スタートラインをずらす長さについて，わかったことをいいなさい。

解答 (1) **トラックの大きさによらず，スタートラインをずらす長さは一定である。**

(2) **コーナー部分の内側の半円の半径を r m，直線部分の長さを a mとして，各レーンの1周の長さを文字を使って表し，となりのレーンとの1周の長さの差を求める。**

(3) $\boldsymbol{(r+1)}$ **m**

(4) 第2レーンの1周の長さは，$2\pi(r+1)+a\times2=2\pi r+2\pi+2a$ (m)
第1レーンの1周の長さは，$2\pi r+a\times2=2\pi r+2a$ (m)
よって，$\boldsymbol{(2\pi r+2\pi+2a)-(2\pi r+2a)}$

(5) $(2\pi r+2\pi+2a)-(2\pi r+2a)=2\pi r+2\pi+2a-2\pi r-2a=\boldsymbol{2\pi}$

(6) 第3レーンの1周の長さは，$2\pi(r+2)+a\times2=2\pi r+4\pi+2a$ (m)
よって，$(2\pi r+4\pi+2a)-(2\pi r+2\pi+2a)=\boldsymbol{2\pi}$ **(m)**

(7) **トラックの大きさにかかわらず，スタートラインをずらす長さは 2π mで一定である。**

Q1 (教科書)29ページのトラックで，レーンの幅を1.25mにします。このとき，となりどうしのレーンのスタートラインは何mずつずらせばよいですか。

解答 あるレーンのコーナー部分の半径をℓmとすると，1つ外側のレーンのコーナー部分の半径は，$(\ell+1.25)$mになるので，1周したときの差は，

$2\pi(\ell+1.25)-2\pi\ell=2.5\pi$

よって，**2.5πmずつずらせばよい。**

教科書 p.30

学びにプラス 地球を1周するロープ

地球の表面(教科書30ページの図)から，1m離(はな)して，赤道のまわりにロープを1周させたとする。

ロープの長さは，赤道の長さに比べて，どれだけ長くなるだろうか。

ガイド 半径rの円の円周は，$2\pi r$で求められる。

(ロープの長さ)−(赤道の長さ)は，

$2\times\pi\times(6378137+1)-2\times\pi\times6378137$

$=2\pi\times(6378137+1-6378137)=2\pi\times1=2\pi$　　$2\times3.14=6.28$

赤道のまわりを1周した長さは，$2\pi\times6378137\fallingdotseq40054700$(m)で，これに対して，ロープの長さは6.28m長くなるだけなので，ほとんど変わらないといえる。

解答 (例)　約6.28m長くなるだけで，**ほとんど変わらない。**

② 数の性質を調べよう

CHECK! 確認したら✓を書こう

教科書の要点

□数の表し方

2桁(けた)の整数	十の位の数をa，一の位の数をbとすると，$10a+b$と表せる。
3桁の整数	百の位の数をa，十の位の数をb，一の位の数をcとすると，$100a+10b+c$と表せる。
偶数・奇数	偶数(ぐうすう)…2でわりきれる整数　または　2の倍数 奇数(きすう)…2でわると1余る整数　または　2の倍数に1を加えた数 nを整数とすると，偶数は$2n$，奇数は$2n+1$と表せる。
3の倍数	3の倍数(3でわりきれる整数)は，nを整数とすると，$3n$と表せる。 (5の倍数は$5n$，9の倍数は$9n$，11の倍数は$11n$と表せる)
連続する整数	連続する整数は1ちがいであるから， 連続する2つの整数は，小さいほうの数をnとすると，n，$n+1$と表せる。 連続する3つの整数は，真ん中の数をmとすると，$m-1$，m，$m+1$と表せる。

教科書 p.31

たしかめ 1 mを整数として，5の倍数をmを使って表しなさい。

ガイド 5の倍数は，5×(整数)と表すことのできる数である。

解答 $5m$

活動1 連続する3つの整数の和について調べよう。

(1) 連続する3つの整数をいくつかあげて，それぞれの和を求めなさい。
また，気づいたことをいいなさい。

(2) さくらさんは，連続する3つの整数の和について，次のように予想して，文字を使って説明しました。

さくらさんの考え

> (予想)連続する3つの整数の和は，3の倍数になる。
> (説明)最も小さい整数をnとすると，3つの整数は，
> それぞれn，$n+1$，$n+2$と表せる。
> $$n+(n+1)+(n+2)=n+n+1+n+2$$
> $$=3n+3$$
> $$=3(n+1)$$
> $n+1$は整数だから，$3(n+1)$は3の倍数である。
> したがって，連続する3つの整数の和は，3の倍数になる。

さくらさんが，$3n+3$を$3(n+1)$と変形したのはなぜですか。

(3) (2)で，さくらさんが文字を使って説明したのはなぜですか。

解答 (1) (例)

1，2，3	**和…6**
7，8，9	**和…24**
12，13，14	**和…39**

気づいたこと…**連続する3つの整数の和は，3の倍数になっている。**

(2) **3の倍数であることを説明するため，3×(整数)と変形した。**

(3) **すべての数について予想したことが成り立つかどうかを説明できるため。**

教科書 p.31

Q1 1で，真ん中の整数をnとして説明しなさい。

解答 **真ん中の整数をnとすると，3つの整数は，それぞれ$n-1$，n，$n+1$と表せる。**

$$(n-1)+n+(n+1)=n-1+n+n+1$$
$$=3n$$

nは整数だから，$3n$は3の倍数である。
したがって，連続する3つの整数の和は，3の倍数になる。

教科書 p.32

Q2 2 で，AさんとBさんは，2つの奇数とその和をそれぞれ次のように表して考えました。2人の考えは正しいといえますか。

Aさんの考え

奇数は $2n+1$ と表せるので，
奇数と奇数の和は，
$(2n+1)+(2n+1)$

Bさんの考え

奇数は $2n-1$，$2n+1$ と表せるので，
奇数と奇数の和は，
$(2n-1)+(2n+1)$

ガイド $2n+1$ と $2n+1$ は同じ奇数で，$2n-1$ と $2n+1$ は連続した奇数である。同じ奇数の和が偶数であったり，連続した奇数の和が偶数であっても，すべての奇数と奇数の和が偶数であるかどうかの説明にはならない。よって，同じ数や連続した奇数とは限らない2つの奇数を表すには，異なる文字 m，n を使い，$2m+1$，$2n+1$ としなければならない。

解答 **2人とも正しいとはいえない。**

教科書 p.32

Q3 奇数から偶数をひいた差は奇数である。このことを，文字を使って説明しなさい。

解答 **m，n を整数として，奇数を $2m+1$，偶数を $2n$ と表すと，その差は，**
$(2m+1)-2n=2m-2n+1=2(m-n)+1$
ここで，$m-n$ は整数だから，$2(m-n)$ は偶数である。
よって，$2(m-n)+1$ は奇数である。
したがって，奇数から偶数をひいた差は奇数である。

教科書 p.33

活動3 一の位の数が0でない2桁（けた）の自然数の，次のような計算について考えよう。

$95-59=36$
$41-14=27$
$28-82=-54$
⋮

(1) どのような計算をしていますか。
(2) 計算の結果には，どのような特徴（とくちょう）がありますか。
(3) マイさんは次のように(教科書33ページ)予想して説明しようとしています。この説明を完成させなさい。

$95=10\times9+5$
$59=10\times5+9$

(4) (3)から，計算の結果が9の倍数になることのほかに，どのようなことがわかりますか。

ガイド (3) 9の倍数であることを説明するためには，計算の結果を9×(整数)と変形する。

解答 (1) **一の位の数が0でない2桁の自然数から，その数の十の位の数と一の位の数を入れかえてできる自然数をひいている。**

(2) **9の倍数になる。**

(3) $(10x+y)-(10y+x)=$ $\boldsymbol{10x+y-10y-x=9x-9y=9(x-y)}$

$x-y$は整数だから，$9(x-y)$は9の倍数である。
したがって，一の位の数が0でない2桁の自然数から，その数の十の位の数と一の位の数を入れかえてできる自然数をひいた差は，9の倍数になる。

(4) $(10x+y)-(10y+x)=9(x-y)=3\times3(x-y)$
$3(x-y)$ は整数だから，$3\times3(x-y)$ は3の倍数である。
したがって，**計算の結果は3の倍数といえる。**

教科書 p.33

Q4 3 の2桁の自然数の計算について，和を求めた場合はどのようなことがいえるかを予想しなさい。また，予想したことを，文字を使って説明しなさい。

解答 (予想) **11の倍数になる。**
(説明) $\boldsymbol{(10x+y)+(10y+x)=10x+y+10y+x=11x+11y=11(x+y)}$
$x+y$ は整数だから，$11(x+y)$ は11の倍数である。
したがって，計算の結果は11の倍数といえる。

3節 関係を表す式

1 等式の変形

CHECK! 確認したら✓を書こう

教科書の要点

□等式の変形　初めの式を変形してxの値を求める式を導くことを，xについて解くという。

例 $\boldsymbol{2x+y=16}$ を変形して$\boldsymbol{x}$について解くと，$\boldsymbol{x=8-\frac{1}{2}y}$ となる。

教科書 p.34

? 気温は，地上から上空およそ10kmまでの範囲(はんい)では，高さが1km高くなるごとに6℃ずつ下がる。地上の気温が+24℃のとき，x km上空の気温をy℃とすると，xとyの関係は，次の式で表される。

$y=24-6x$

(1) 3km上空の気温を求めよう。
(2) 気温が−18℃となるのは何km上空だろうか。このことを求めるには，どのような式をつくればよいだろうか。

ガイド (1) $x=3$ を代入すると，$y=24-6\times3=24-18=6$
(2) その位置の気温の値をyに代入してxについての方程式を解けばよい。
$y=-18$ のとき，$-18=24-6x$　　$6x=24+18$　　$x=7$

解答 (1) **6℃**
(2) **7km上空，$\boldsymbol{-18=24-6x}$**

教科書 p.34

活動1 ?考えよう の式を使って，上空の気温から，その高さを求める方法を考えよう。

$$y=24-6x$$

$-6x$，y を移項すると，$6x=24-y$

両辺を□でわると，　$x=\dfrac{24-y}{\square}$

(1)　+12℃，−6℃となるのは何km上空ですか。

ガイド　x の値を求める式に y の値を代入して計算する。

解答　**6**，**6**

(1)　$y=12$ を代入すると，$x=2$　　+12℃になるのは **2 km** 上空

$y=-6$ を代入すると，$x=5$　　−6℃になるのは **5 km** 上空

教科書 p.34

Q1　次の式を，[　]内の文字について解きなさい。

(1)　$x+y=-5$　$[y]$　　　(2)　$3x+y=15$　$[x]$

解答　(1)　$x+y=-5$　　$\boldsymbol{y=-x-5}$

(2)　$3x+y=15$　　$3x=15-y$　　$\boldsymbol{x=\dfrac{15-y}{3}}$ または，$\boldsymbol{x=5-\dfrac{y}{3}}$

教科書 p.34

プラス・ワン　$2x-5y+20=0$　$[y]$

解答　$2x-5y+20=0$　　$-5y=-2x-20$　　$\boldsymbol{y=\dfrac{2x+20}{5}}$ または，$\boldsymbol{y=\dfrac{2}{5}x+4}$

教科書 p.35

Q2　2で，高さを求める式を導きなさい。また，この式を使って，面積が $10\,\mathrm{cm}^2$，底辺の長さが5 cmの三角形の高さを求めなさい。

ガイド　$S=\dfrac{1}{2}ah$ を h について解くと，$\dfrac{1}{2}ah=S$　　$ah=2S$　　$h=\dfrac{2S}{a}$

この式に，$S=10$，$a=5$ を代入すると，$h=\dfrac{2\times10}{5}=4$

解答　高さを求める式…$\boldsymbol{h=\dfrac{2S}{a}}$

三角形の高さ… **4 cm**

教科書 p.35

Q3　3でつくった式を使って，周の長さが40cm，横の長さが5 cmの長方形の縦の長さを求めなさい。

ガイド　$a=\dfrac{\ell}{2}-b$ に，$\ell=40$，$b=5$ を代入すると，$a=\dfrac{40}{2}-5=20-5=15$

解答　**15cm**

教科書 p.35

Q4 次の式を，［　］内の文字について解きなさい。

(1) $\ell=2(a+b)$ ［b］　(2) $V=\frac{1}{3}a^2h$ ［h］

(3) $S=\frac{1}{2}(a+b)h$ ［a］　(4) $\ell=2a+2\pi r$ ［a］

解答 (1) $\ell=2(a+b)$

$a+b=\frac{\ell}{2}$

$\boldsymbol{b=\frac{\ell}{2}-a}$

(2) $V=\frac{1}{3}a^2h$

$a^2h=3V$

$\boldsymbol{h=\frac{3V}{a^2}}$

(3) $S=\frac{1}{2}(a+b)h$

$(a+b)h=2S$

$a+b=\frac{2S}{h}$

$\boldsymbol{a=\frac{2S}{h}-b}$

(4) $\ell=2a+2\pi r$

$2a=\ell-2\pi r$

$\boldsymbol{a=\frac{\ell}{2}-\pi r}$

1章をふり返ろう

教科書 p.36

1 次の式は，それぞれ単項式（たんこうしき），多項式のどちらですか。
また，それぞれ何次式ですか。

ア $5ab$　**イ** $3x-2y$　**ウ** $-3x^2y^3$　**エ** $1+2x+3x^2$

解答 **ア…単項式，2次式**　**イ…多項式，1次式**
ウ…単項式，5次式　**エ…多項式，2次式**

教科書 p.36

2 次の計算をしなさい。

(1) $6x-5y+3y-x$　(2) $x^2-4x-4x-6x^2$

(3) $(5x+4y)+(3x-3y)$　(4) $(-3x+7y)-(8y-2x)$

解答 (1) $6x-5y+3y-x=6x-x-5y+3y=\boldsymbol{5x-2y}$

(2) $x^2-4x-4x-6x^2=x^2-6x^2-4x-4x=\boldsymbol{-5x^2-8x}$

(3) $(5x+4y)+(3x-3y)=5x+4y+3x-3y=\boldsymbol{8x+y}$

(4) $(-3x+7y)-(8y-2x)=-3x+7y-8y+2x=\boldsymbol{-x-y}$

教科書 p.36

3 次の(1)，(2)で，上の式に下の式を加えなさい。また，上の式から下の式をひきなさい。

(1)
$-2x+3y$
$3x-2y$

(2)
$a-2b+3$
$5a-2b-3$

解答 (1)(和)

$$\begin{array}{rr} & -2x+3y \\ +) & 3x-2y \\ \hline & \boldsymbol{x+y} \end{array}$$

(差)

$$\begin{array}{rr} & -2x+3y \\ -) & 3x-2y \\ \hline & \end{array} \quad ⇨ \quad \begin{array}{rr} & -2x+3y \\ +) & -3x+2y \\ \hline & \boldsymbol{-5x+5y} \end{array}$$

(2)(和)

$$\begin{array}{rr} & a-2b+3 \\ +) & 5a-2b-3 \\ \hline & \boldsymbol{6a-4b} \end{array}$$

(差)

$$\begin{array}{rr} & a-2b+3 \\ -) & 5a-2b-3 \\ \hline & \end{array} \quad ⇨ \quad \begin{array}{rr} & a-2b+3 \\ +) & -5a+2b+3 \\ \hline & \boldsymbol{-4a \quad +6} \end{array}$$

教科書 p.36

4 次の計算をしなさい。

(1) $6x\times(-9y)$　(2) $-(3a)^2\times a$　(3) $14x^2y\div(-7xy)$

(4) $-3(4x-y)$　(5) $(-12a+21b)\div 3$　(6) $4(a-2b)+5(2a-b)$

解答 (1) $6x\times(-9y)=\boldsymbol{-54xy}$

(2) $-(3a)^2\times a=-9a^2\times a=\boldsymbol{-9a^3}$

(3) $14x^2y\div(-7xy)=-\dfrac{14x^2y}{7xy}=\boldsymbol{-2x}$

(4) $-3(4x-y)=\boldsymbol{-12x+3y}$

(5) $(-12a+21b)\div 3=\boldsymbol{-4a+7b}$

(6) $4(a-2b)+5(2a-b)=4a-8b+10a-5b=\boldsymbol{14a-13b}$

教科書 p.36

5 $x=3$，$y=-4$ のとき，次の式の値を求めなさい。

(1) $(2x-y)-(x+3y)$　(2) $12x^2y\div 4x\times y$

解答 (1) $(2x-y)-(x+3y)=2x-y-x-3y=x-4y$

この式に $x=3$，$y=-4$ を代入して，

$x-4y=3-4\times(-4)=3+16=\boldsymbol{19}$

(2) $12x^2y\div 4x\times y=12x^2y\times\dfrac{1}{4x}\times y=3xy^2$

この式に $x=3$，$y=-4$ を代入して，

$3xy^2=3\times3\times(-4)^2=3\times3\times16=\boldsymbol{144}$

教科書 p.36

6 次の式を，[ ]内の文字について解きなさい。

(1) $3x+4y=12$　[x]　(2) $\ell=2\pi r$　[r]

解答 (1) $3x+4y=12$　$3x=-4y+12$　$\boldsymbol{x=\dfrac{-4y+12}{3}}$ または，$\boldsymbol{x=-\dfrac{4}{3}y+4}$

(2) $\ell=2\pi r$　$2\pi r=\ell$　$\boldsymbol{r=\dfrac{\ell}{2\pi}}$

教科書 p.36

7 長方形の縦，横の長さをそれぞれ3倍にすると，面積はもとの長方形の面積の何倍になりますか。文字を使って説明しなさい。

解答 **もとの長方形をA，縦，横の長さをそれぞれ3倍にした長方形をBとする。Aの**

縦の長さを a，横の長さを b とすると，
Aの面積は ab，Bの面積は，$3a\times3b=9ab$ である。
したがって，BはAの9倍になる。

教科書 p.36　⑧ 文字を使った式を学習して，よかったことをあげてみましょう。

解答 (例)　具体的な場面で，文字を有効に使って数量の大きさや数量の間の関係を表すことで，**数量の特徴を考えることができる。**

力をのばそう

教科書 p.37　❶ 縦が a cm，横が b cmの長方形の紙を丸めて，右の図(教科書37ページ)のような2通りの筒(つつ)ア，イを作ります。この筒を円柱とみるとき，筒ア，イの体積の比を求めなさい。

解答 **ア**は，底面の円周の長さが b cmで，高さが a cmの円柱である。

底面の半径は $\dfrac{b}{2\pi}$ cmだから，体積は　$\pi\times\left(\dfrac{b}{2\pi}\right)^2\times a=\dfrac{ab^2}{4\pi}$ (cm³)

イは，底面の円周の長さが a cmで，高さが b cmの円柱である。

底面の半径は $\dfrac{a}{2\pi}$ cmだから，体積は　$\pi\times\left(\dfrac{a}{2\pi}\right)^2\times b=\dfrac{a^2b}{4\pi}$ (cm³)

(**ア**の体積)：(**イ**の体積) $=\dfrac{ab^2}{4\pi}:\dfrac{a^2b}{4\pi}=\boldsymbol{b:a}$

教科書 p.37　❷ 一の位の数が0でない3桁(けた)の自然数を A とします。A の百の位と一の位の数を入れかえてできる数を B とするとき，次の(1)，(2)に答えなさい。

(1) $A-B$ がどんな数になるかを予想しなさい。

(2) (1)で予想したことを，文字を使って説明しなさい。

ガイド (1)具体例を考える。$A=823$，$B=328$ とすると，$823-328=495=99\times5$

解答 (1)　(例)**99の倍数になる。**

(2)　**A の百の位の数を a，十の位の数を b，一の位の数を c とすると，**

A は，$100a+10b+c$，

A の百の位と一の位の数を入れかえてできる数 B は，$100c+10b+a$ と表せる。

$$A-B=100a+10b+c-(100c+10b+a)$$
$$=99a-99c$$
$$=99(a-c)$$

$a-c$ は整数だから，$99(a-c)$ は99の倍数である。

したがって，$A-B$ は99の倍数である。

参考 このほか，$99=3\times33=9\times11$ より，3の倍数，9の倍数，11の倍数，33の倍数とも考えられる。

学びにプラス 比の性質について文字を使って考えよう

1年で，次の比の性質が成り立つことを学びました。

$a:b=c:d$ ならば $ad=bc$

この性質が成り立つことは，式を変形して説明することができます。

$a:b=c:d$ だから，$\dfrac{a}{b}=\dfrac{c}{d}$

両辺に bd をかけると，

$$\frac{a}{b}\times bd=\frac{c}{d}\times bd$$

$$ad=bc$$

したがって，$a:b=c:d$ ならば $ad=bc$ である。

上の説明を参考にして，$a:b=c:d$ ならば $a:c=b:d$ であることを説明してみましょう。

ガイド 等式の性質と，$A=B$ のとき $\dfrac{A}{C}=\dfrac{B}{C}$ (ただし，$C\neq 0$)を利用する。

解答 $a:b=c:d$ ならば $ad=bc$

だから，両辺を cd でわると，

$\dfrac{ad}{cd}=\dfrac{bc}{cd}$，$\dfrac{a}{c}=\dfrac{b}{d}$ より，

$a:c=b:d$ になる。

活用・探究 つながる・ひろがる・数学の世界

倍数の見分け方

3桁の整数で，それが何の倍数であるかを判断する方法(教科書38ページ)について考えましょう。

(1) 9の倍数の見分け方を，文字を使って説明してみましょう。

> 百の位の数を x，十の位の数を y，一の位の数を z とする。
> ただし，x は1から9まで，y，z は0から9までの整数である。
>
> $100x+10y+z=\boxed{}+x+\boxed{}+y+z$
>
> $=\boxed{}+(x+y+z)$
>
> $x+y+z$ は9の倍数だから，n を整数とすると，$x+y+z=9n$ と表せる。
>
> $99x+9y+(x+y+z)=99x+9y+\boxed{}$
>
> $=9(\boxed{})$
>
> ここで，$11x+y+n$ は整数だから，$9(11x+y+n)$ は9の倍数である。
> したがって，各位の数の和が9の倍数である3桁の整数は，9の倍数である。

(2) 3桁の整数が3の倍数であるかどうかは，各位の数の和が3の倍数かどうかで判断できます。このことを，(1)を参考にして，説明してみましょう。

解答 (1) (上から順に)

$99x$, $9y$, $99x+9y$, $9n$, $11x+y+n$

(2) **3桁の整数の百の位，十の位，一の位の数をそれぞれ x，y，z とすると，その数は，$100x+10y+z$ と表せる。**
また，各位の数の和は，$x+y+z$ と表せる。
ただし，x は1から9までの整数，y，z は0から9までの整数である。
各位の数の和が3の倍数のとき，
$x+y+z=3n$ ……①
と表せる。ただし，n は整数である。
$100x+10y+z=99x+9y+(x+y+z)$ だから，①より，
$100x+10y+z=99x+9y+3n$
$=3(33x+3y+n)$
$33x+3y+n$ は整数だから，$3(33x+3y+n)$ は3の倍数である。
したがって，3桁の整数で，各位の数の和が3の倍数ならば，その整数は3の倍数である。

自分で課題をつくって取り組もう

(例)・ほかの倍数の見分け方を調べて説明しよう。

ガイド $100a+10b+c$ と表せる自然数で考える。例えば，2の倍数のときは，$2A+B$ の形にして，$2A$ は2の倍数だから，B が2の倍数になる条件を考えればよい。

解答 (例) 2の倍数…$100a+10b+c=2(50a+5b)+c$ より，

一の位が2の倍数であればよい。

4の倍数…$100a+10b+c=4\times25a+(10b+c)$ より，

下2桁の数が4の倍数であればよい。

2章 連立方程式

教科書 p.40

マイさんのクラスでは，職場体験に行くことになりました。

(1) 25人で3人班と2人班をつくるとき，それぞれの班の数の組み合わせは，どんな場合が考えられますか。

解答 教科書42ページの 活動1 および Q1 の解答参照。

1節 連立方程式

1 2元1次方程式とその解

教科書の要点

□**2元1次方程式** 2つの文字 x，y をふくむ等式 $ax+by=c$（a，b，c は定数，$a \neq 0$，$b \neq 0$）の形で表される方程式を，x，y についての2元1次方程式という。また，2元1次方程式を成り立たせる x，y の値の組を，その方程式の解という。

例 $5x-2y=4$ は2元1次方程式である。

教科書 p.42

活動1 (教科書)40，41ページで，人数の関係を式に表して考えよう。

3人班の数を x，2人班の数を y とすると，このときの x と y の関係は，次の式で表すことができる。

$3x+2y=25$ ……①

(1) 式①で，$x=1$ のとき，y の値(あたい)を求めなさい。

(2) (1)以外に，式①から考えられる班の数の組み合わせを調べ，右の表(教科書42ページ)に書きなさい。

(3) $x=2$，$y=10$ のとき，式①は成り立ちますか。

(4) 式①は，x，y の値の組によって，成り立ったり成り立たなかったりする等式といってよいですか。

ガイド (2) $x=9$ を①に代入すると，$3x$ だけで27になるので，x が9以上では y が自然数にならないことがわかる。①の式の x に1から8までの自然数を代入して y の値を求め，そのうち y の値が自然数になるものを選ぶ。

解答 (1) ①に $x=1$ を代入して，$3\times1+2y=25$ $2y=22$ より，$y=$ **11**

(2)

3人班(x)	1	2	3	4	5	6	7	8
2人班(y)	11	×	8	×	5	×	2	×

(3) 左辺の式 $3x+2y$ に $x=2$，$y=10$ を代入すると，$3\times2+2\times10=26$ で，右辺の25と等しくならないので，$x=2$，$y=10$ のとき，式①は**成り立たない。**

(4) (1)~(3)の結果から，**そういってよい。**

教科書 p.42

たしかめ 1　次のうち，2元1次方程式はどれですか。すべて選びなさい。

ア　$2x+y=1$　　イ　$4x+1=17$　　ウ　$y=x+6$　　エ　$x+\frac{1}{2}y$

ガイド　イは，$4x=16$ だから，1元1次方程式である。
ウは，$-x+y=6$ と変形すると，$ax+by=c$ の形である。
エは，＝で結ばれていない。

解答　ア，ウ

教科書 p.42

Q1　1の(2)で求めた解のうち，(1，11)以外の解をすべて書きなさい。

ガイド　x，y の値の組は(x, y)と表すことができる。

解答　**(3，8)，(5，5)，(7，2)**

教科書 p.42

Q2　2元1次方程式 $2x+y=3$ の解を3ついいなさい。

ガイド　$2x+y=3$ の式の x に1，2，3などを代入して y の値を求めればよい。
$x=1$ を代入すると，$2\times1+y=3$　$y=3-2=1$
$x=2$ を代入すると，$2\times2+y=3$　$y=3-4=-1$
$x=3$ を代入すると，$2\times3+y=3$　$y=3-6=-3$

解答　(例) **(1，1)，(2，−1)，(3，−3)，(4，−5)，(−1，5)**　など。

2 連立方程式とその解

CHECK! 確認したら✓を書こう

教科書の要点

□連立方程式
方程式を組にしたものを，連立方程式(れんりつ)という。

例 $\begin{cases} 3x+4y=21 \\ x+y=9 \end{cases}$

□連立方程式の解
連立方程式で，2つの方程式を両方とも成り立たせる x，y の値の組(x, y)を，その連立方程式の**解**といい，解を求めることを，その連立方程式を解くという。

□解の書き表し方
解が(3，5)であることを，$\begin{cases} x=3 \\ y=5 \end{cases}$ と書くことにする。
解を，$x=3$，$y=5$ や，$(x, y)=(3, 5)$ と書くこともある。

教科書 p.43

考えよう　3人班と2人班を合わせて班の数が11になるようにしたい。それぞれの班をいくつつくればよいだろうか。考えられる場合をすべてあげてみよう。

ガイド　3人班の数を決めると，2人班の数は11−(3人班の数)で決まる。たとえば，
3人班が1つのときの2人班の数は，$11-1=10$ となる。
3人班がない場合や2人班がない場合も考える。

解答

3人班	0	1	2	3	4	5	6	7	8	9	10	11
2人班	11	10	9	8	7	6	5	4	3	2	1	0

教科書 p.43

活動1 (教科書)40，41ページで，班の数を11にするとき，３人班と２人班をそれぞれいくつつくればよいだろうか。

ア　３人班に入る人数と２人班に入る人数は，合わせて25人

イ　３人班の数と２人班の数は，合わせて11

３人班の数を x，２人班の数を y とすると，

アから，$3x+2y=25$　……①

イから，　$x+y=11$　……②

という２つの２元１次方程式ができる。

(1)　方程式①，②の両辺は，それぞれどのような数量を表していますか。

(2)　方程式①，②を両方とも成り立たせる０以上の整数 x，y の値の組を求めなさい。

(3)　３人班と２人班の数を求めなさい。

ガイド (2)　教科書42ページの 1 (2)，教科書42ページの Q1 で求めた解と，教科書43ページの ? で求めた解で共通するものを選べばよい。

解答 (1)　①　**生徒の人数**　　②　**班の数**

(2)　**(3，8)**

(3)　３人班の数…**3**　　２人班の数…**8**

教科書 p.44

Q1 連立方程式 $\begin{cases} x+y=8 \\ 3x+2y=21 \end{cases}$ の解を，次の**ア**〜**エ**のなかから選びなさい。

ア $\begin{cases} x=1 \\ y=7 \end{cases}$　**イ** $\begin{cases} x=3 \\ y=5 \end{cases}$　**ウ** $\begin{cases} x=5 \\ y=3 \end{cases}$　**エ** $\begin{cases} x=9 \\ y=-1 \end{cases}$

ガイド x，y にそれぞれの値を代入し，方程式が成り立つかどうかを調べればよい。

たとえば，**ア** $\begin{cases} x=1 \\ y=7 \end{cases}$ は $\begin{cases} 1+7=8 \\ 3\times1+2\times7=3+14=17 \end{cases}$

$x+y=8$ は成り立つが，$3x+2y=21$ は成り立たない。

解答 **ウ**

Q2 (教科書)43ページの 1 で，体験できる職場の数が12か所になったので，３人班と２人班の数を合わせて12にします。３人班の数を x，２人班の数を y として，連立方程式をつくり，それぞれの班の数を求めなさい。

ガイド 1 の条件と変わらないのは $3x+2y=25$ である。一方，$x+y=12$ の解で，０以上の整数 x，y の値の組は，(0，12)，(1，11)，(2，10)，(3，9)，(4，8)，(5，7)，(6，6)，(7，5)，(8，4)，(9，3)，(10，2)，(11，1)，(12，0)で，これらと，教科書42ページの 1 (2)と教科書42ページの Q1 で求めた解のうちで共通するものを選べばよい。

解答 $\begin{cases} \boldsymbol{3x+2y=25} \\ \boldsymbol{x+y=12} \end{cases}$

３人班の数…**1**　　２人班の数…**11**

2節 連立方程式の解き方

① 連立方程式の解き方

CHECK! 確認したら✓を書こう

教科書の要点

□ y を消去する	x と y についての連立方程式から，y をふくまない方程式を導くことを，その連立方程式から y を消去するという。
□連立方程式の解き方	連立方程式を解くには，2つの文字のどちらか一方を消去して，文字が1つの1元1次方程式を導けばよい。
□加減法	2つの式の左辺と左辺，右辺と右辺をそれぞれ加えたりひいたりして，1つの文字を消去して解く方法を，加減法(かげんほう)という。

考えよう 写真3枚と封筒(ふうとう)1枚の重さは15g，写真1枚と封筒1枚の重さは9gである。また，封筒1枚の重さは写真2枚の重さと等しい。
写真1枚と封筒1枚の重さはどのようにすれば求められるだろうか。

解答 教科書46ページの 活動1，教科書50ページの 活動1 参照

活動1 (教科書)45ページの ? 考えよう で，つばささんの考え方を式に表して，連立方程式を解いてみよう。
写真1枚の重さを x g，封筒1枚の重さを y gとすると，次の連立方程式をつくることができる。

$$\begin{cases} 3x+y=15 & \cdots\cdots① \\ x+y=9 & \cdots\cdots② \end{cases}$$

①と②の y の係数が等しいので，①の各辺から②の各辺をひくと，③のように，文字を1つだけふくむ方程式にすることができる。

$$\begin{array}{rr} & 3x+y=15 \\ -) & x+y=\ \ 9 \\ \hline & 2x\quad\ =\ \ 6 \end{array} \cdots\cdots③$$

(1) ③から x の値を求めなさい。また，その値を②に代入して，y の値を求めなさい。
(2) (1)で求めた x と y の値の組が解であることを，①，②に代入して確かめなさい。
(3) 写真1枚の重さと封筒1枚の重さは，それぞれ何gですか。

解答 (1) $2x=6$ より，$x=3$
$x=3$ を②に代入すると，$3+y=9$ よって，$y=6$

答 $\begin{cases} x=3 \\ y=6 \end{cases}$

(2) ①，②に，(1)で求めた $x=3$，$y=6$ をそれぞれ代入すると，
①では，左辺 $=3\times3+6=15$，右辺 $=15$
②では，左辺 $=3+6=9$，右辺 $=9$
よって，$\begin{cases} x=3 \\ y=6 \end{cases}$ **は解である。**

(3) 写真1枚の重さ… **3 g**　　封筒1枚の重さ… **6 g**

Q1 次の連立方程式から，x または y を消去しなさい。

(1) $\begin{cases} 2x+y=27 \\ x+y=15 \end{cases}$　　(2) $\begin{cases} x+4y=9 \\ x+2y=7 \end{cases}$

ガイド (1) 上と下の式の y の係数が等しいので，ひくことによって y が消去できる。
(2) 上と下の式の x の係数が等しいので，ひくことによって x が消去できる。

解答 (1) $\begin{cases} 2x+y=27 & \cdots\cdots① \\ x+y=15 & \cdots\cdots② \end{cases}$

$$\begin{array}{lrl} ① & 2x+y & =27 \\ ② & -)\ \ x+y & =15 \\ \hline & \boldsymbol{x} & \boldsymbol{=12} \end{array}$$

(2) $\begin{cases} x+4y=9 & \cdots\cdots① \\ x+2y=7 & \cdots\cdots② \end{cases}$

$$\begin{array}{lrl} ① & x+4y & =9 \\ ② & -)\ \ x+2y & =7 \\ \hline & \boldsymbol{2y} & \boldsymbol{=2} \end{array}$$

活動2 次の連立方程式の解き方を考えよう。

$\begin{cases} 3x+2y=13 & \cdots\cdots① \\ x-2y=-1 & \cdots\cdots② \end{cases}$

(1) ①の各辺から②の各辺をひいて，x か y を消去することができますか。
(2) 1つの文字を消去して解きなさい。
(3) どのようにして文字を消去しましたか。

解答 (1) ①の各辺から②の各辺をひくと，

$$\begin{array}{lrl} ① & 3x+2y & =13 \\ ② & -)\ \ x-2y & =-1 \\ \hline & 2x+4y & =14 \end{array}$$

答 **x と y のどちらも消去できない。**

(2) 教科書47ページの解答例を参照。
(3) ①と②の y の係数の絶対値が等しく符号が反対なので，**①の各辺と②の各辺をたして y を消去した。**

Q2 次の連立方程式を加減法で解きなさい。

(1) $\begin{cases} 4x+y=8 \\ x+y=5 \end{cases}$　　(2) $\begin{cases} -x+3y=10 \\ x-y=-2 \end{cases}$

(3) $\begin{cases} 4x+y=1 \\ -4x+3y=-13 \end{cases}$　　(4) $\begin{cases} 4x-3y=5 \\ 2x-3y=1 \end{cases}$

ガイド それぞれの連立方程式の上と下の式で，1つの文字の係数の絶対値が等しいので，左辺と左辺，右辺と右辺をそれぞれ加えるか，ひいて，その文字を消去する。

解答 (1) $\begin{cases} 4x+y=8 & \cdots\cdots① \\ x+y=5 & \cdots\cdots② \end{cases}$

$$\begin{array}{lrl} ① & 4x+y & =8 \\ ② & -)\ \ x+y & =5 \\ \hline & 3x & =3 \\ & x & =1 \end{array}$$

$x=1$ を②に代入すると，

$1+y=5$

$y=4$

答 $\begin{cases} \boldsymbol{x=1} \\ \boldsymbol{y=4} \end{cases}$

(2) $\begin{cases} -x+3y=10 & \cdots\cdots① \\ x-y=-2 & \cdots\cdots② \end{cases}$

$$\begin{array}{rr} ① & -x+3y=10 \\ ② & +)\quad x-\ \ y=-2 \\ \hline & 2y=8 \\ & y=4 \end{array}$$

$y=4$ を②に代入すると，

$x-4=-2$

$x=2$

答 $\begin{cases} \boldsymbol{x=2} \\ \boldsymbol{y=4} \end{cases}$

(3) $\begin{cases} 4x+y=1 & \cdots\cdots① \\ -4x+3y=-13 & \cdots\cdots② \end{cases}$

$$\begin{array}{rr} ① & 4x+\ \ y=1 \\ ② & +)\ -4x+3y=-13 \\ \hline & 4y=-12 \\ & y=-3 \end{array}$$

$y=-3$ を①に代入すると，

$4x+(-3)=1$

$4x=4$

$x=1$

答 $\begin{cases} \boldsymbol{x=1} \\ \boldsymbol{y=-3} \end{cases}$

(4) $\begin{cases} 4x-3y=5 & \cdots\cdots① \\ 2x-3y=1 & \cdots\cdots② \end{cases}$

$$\begin{array}{rr} ① & 4x-3y=5 \\ ② & -)\ 2x-3y=1 \\ \hline & 2x\qquad =4 \\ & x=2 \end{array}$$

$x=2$ を①に代入すると，

$4\times2-3y=5$

$-3y=-3$

$y=1$

答 $\begin{cases} \boldsymbol{x=2} \\ \boldsymbol{y=1} \end{cases}$

教科書 p.47

プラス・ワン

(1) $\begin{cases} x-y=-3 \\ x+y=11 \end{cases}$　　(2) $\begin{cases} 6x-7y=-32 \\ 6x+7y=-4 \end{cases}$

ガイド 上と下の式の x と y の係数の絶対値がそれぞれ等しいので，どちらかの文字を消去する。

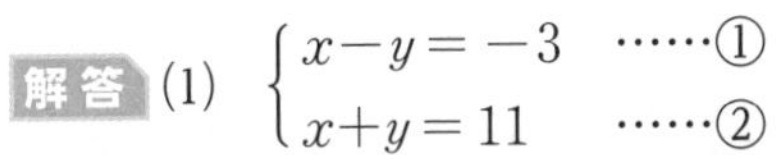

解答 (1) $\begin{cases} x-y=-3 & \cdots\cdots① \\ x+y=11 & \cdots\cdots② \end{cases}$

$$\begin{array}{rr} ① & x-y=-3 \\ ② & +)\ x+y=11 \\ \hline & 2x\qquad =8 \\ & x=4 \end{array}$$

$x=4$ を②に代入すると，

$4+y=11$

$y=7$

答 $\begin{cases} \boldsymbol{x=4} \\ \boldsymbol{y=7} \end{cases}$

(2) $\begin{cases} 6x-7y=-32 & \cdots\cdots① \\ 6x+7y=-4 & \cdots\cdots② \end{cases}$

$$\begin{array}{rr} ① & 6x-7y=-32 \\ ② & +)\ 6x+7y=-4 \\ \hline & 12x\qquad =-36 \\ & x=-3 \end{array}$$

$x=-3$ を②に代入すると，

$6\times(-3)+7y=-4$

$7y=14$

$y=2$

答 $\begin{cases} \boldsymbol{x=-3} \\ \boldsymbol{y=2} \end{cases}$

別解 (1)

$$\begin{array}{rr} ① & x-y=-3 \\ ② & -)\ x+y=11 \\ \hline & -2y=-14 \\ & y=7 \end{array}$$

$y=7$ を①に代入すると，

$x-7=-3$

$x=4$

(2)

$$\begin{array}{rr} ① & 6x-7y=-32 \\ ② & -)\ 6x+7y=-4 \\ \hline & -14y=-28 \\ & y=2 \end{array}$$

$y=2$ を①に代入すると，

$6x-7\times2=-32$

$6x=-18$

$x=-3$

CHECK! 確認したら✓を書こう

教科書の要点

□加減法で解くための工夫	連立方程式で，2つの式をそのまま加えたりひいたりしても文字を消去できない場合は，xまたはyの係数の絶対値を等しくしてから解く。

教科書 p.48

活動3　次の連立方程式を加減法で解く方法を考えよう。

$$\begin{cases} 2x+7y=22 & \cdots\cdots① \\ x+2y=8 & \cdots\cdots② \end{cases}$$

②の両辺に2をかけて，次のように計算する。

$$\begin{array}{lrl} ① & & 2x+7y=22 \\ ②\times 2 & -) & 2x+4y=16 \\ \hline & & 3y=6 \quad \cdots\cdots③ \end{array}$$

(1)　②の両辺に2をかけたのはなぜですか。

(2)　③からyの値を求めなさい。また，その値を②に代入して，xの値を求めなさい。

(3)　(2)で求めたxとyの値の組が解であることを確かめなさい。

解答 (1)　**xの係数の絶対値を等しくするため。**

(2)　$y=\mathbf{2}$　　$x+2\times 2=8$　　$x=\mathbf{4}$

(3)　①では，左辺$=2\times 4+7\times 2=22$

右辺$=22$

②では，左辺$=4+2\times 2=8$

右辺$=8$

よって，$\begin{cases} x=4 \\ y=2 \end{cases}$ **は解である。**

Q3　次の連立方程式を加減法で解きなさい。

$$\begin{cases} 2x-3y=14 \\ x+4y=-4 \end{cases}$$

ガイド　下の式の両辺に2をかけて，xの係数をそろえて解く。

解答

$$\begin{cases} 2x-3y=14 & \cdots\cdots① \\ x+4y=-4 & \cdots\cdots② \end{cases}$$

$$\begin{array}{lrl} ① & & 2x-3y=14 \\ ②\times 2 & -) & 2x+8y=-8 \\ \hline & & -11y=22 \\ & & y=-2 \end{array}$$

$y=-2$を②に代入すると，

$x+4\times(-2)=-4$

$x-8=-4$

$x=4$

答 $\begin{cases} x=4 \\ y=-2 \end{cases}$

教科書 p.48

プラス・ワン① $\begin{cases} 2x-y=3 \\ 5x-2y=6 \end{cases}$

ガイド 上の式の両辺に2をかけて，yの係数をそろえて解く。

解答 $\begin{cases} 2x-y=3 & \cdots\cdots① \\ 5x-2y=6 & \cdots\cdots② \end{cases}$

$$\begin{array}{lrl} ①\times 2 & 4x-2y & =6 \\ ② & -)\ 5x-2y & =6 \\ \hline & -x & =0 \\ & x & =0 \end{array}$$

$x=0$を①に代入すると，

$2\times 0-y=3$

$-y=3$

$y=-3$

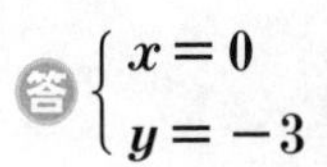

答 $\begin{cases} x=0 \\ y=-3 \end{cases}$

教科書 p.48

活動4 次の連立方程式を加減法で解く方法を考えよう。

$\begin{cases} -2x+y=7 & \cdots\cdots① \\ x-3y=4 & \cdots\cdots② \end{cases}$

(1) xを消去するには，どちらの式の両辺にどんな数をかければよいですか。

(2) (1)をもとにして，この連立方程式を解きなさい。

ガイド (1) xを消去するには，xの係数の絶対値を等しくする。

解答 (1) **②の式の両辺に2をかければよい。**

(2) $\begin{cases} -2x+y=7 & \cdots\cdots① \\ x-3y=4 & \cdots\cdots② \end{cases}$

$$\begin{array}{lrl} ① & -2x+\ y & =7 \\ ②\times 2 & +)\ 2x-6y & =8 \\ \hline & -5y & =15 \\ & y & =-3 \end{array}$$

$y=-3$を②に代入すると，

$x-3\times(-3)=4$

$x+9=4$

$x=-5$

答 $\begin{cases} x=-5 \\ y=-3 \end{cases}$

教科書 p.48

Q4 4 で，yを消去するにはどのようにすればよいかを考えて，解きなさい。また，求めた解が 4 の(2)と同じになることを確かめなさい。

ガイド yを消去するには，yの係数の絶対値を等しくする。

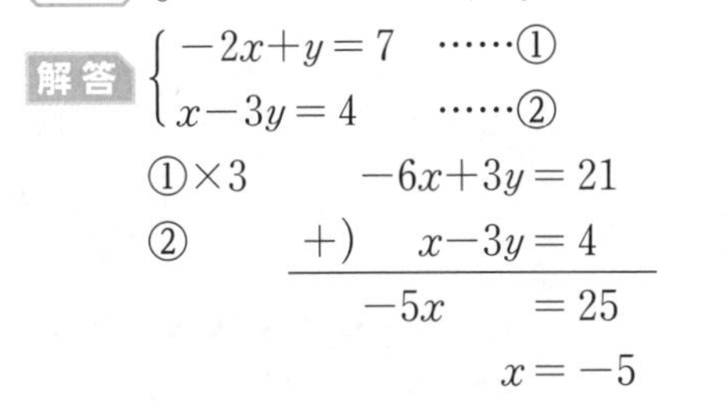

解答 $\begin{cases} -2x+y=7 & \cdots\cdots① \\ x-3y=4 & \cdots\cdots② \end{cases}$

$$\begin{array}{lrl} ①\times 3 & -6x+3y & =21 \\ ② & +)\ \ x-3y & =4 \\ \hline & -5x & =25 \\ & x & =-5 \end{array}$$

$x=-5$を①に代入すると，

$-2\times(-5)+y=7$

$10+y=7$

$y=-3$

答 $\begin{cases} x=-5 \\ y=-3 \end{cases}$

求めた解は，4 の(2)と同じである。

Q5 次の連立方程式を解きなさい。

$\begin{cases} 4x-y=7 \\ -2x+3y=-1 \end{cases}$

解答 $\begin{cases} 4x-y=7 & \cdots\cdots① \\ -2x+3y=-1 & \cdots\cdots② \end{cases}$

$$\begin{array}{lrl} ①\times3 & 12x-3y & =21 \\ ② & +)\ -2x+3y & =-1 \\ \hline & 10x & =20 \\ & x & =2 \end{array}$$

$x=2$ を①に代入すると，

$4\times2-y=7$

$8-y=7$

$y=1$

答 $\begin{cases} \boldsymbol{x=2} \\ \boldsymbol{y=1} \end{cases}$

Q6 **5** で，y を消去するにはどのようにすればよいかを考えて，解きなさい。

ガイド y の係数の絶対値を等しくする。

解答 ①の両辺に 3，②の両辺に 7 をかければよい。

$$\begin{array}{lrl} ①\times3 & 9x+21y & =69 \\ ②\times7 & -)\ 35x+21y & =-35 \\ \hline & -26x & =104 \\ & x & =-4 \end{array}$$

$x=-4$ を①に代入すると，

$3\times(-4)+7y=23$

$y=5$

答 $\begin{cases} \boldsymbol{x=-4} \\ \boldsymbol{y=5} \end{cases}$

Q7 次の連立方程式を解きなさい。

(1) $\begin{cases} 2x+7y=-1 \\ 3x+2y=7 \end{cases}$　　(2) $\begin{cases} 4x+3y=-10 \\ 6x-4y=19 \end{cases}$

ガイド どちらか一方の式の両辺に数をかけるだけでは係数の絶対値が等しくならない場合は，両方の式の両辺にそれぞれの数をかけて係数の絶対値が等しくなるようにする。

注意 文字の係数の絶対値を等しくするときは，計算が簡単になるほうの文字に着目する。

解答 (1) $\begin{cases} 2x+7y=-1 & \cdots\cdots① \\ 3x+2y=7 & \cdots\cdots② \end{cases}$

$$\begin{array}{lrl} ①\times3 & 6x+21y & =-3 \\ ②\times2 & -)\ 6x+\ \ 4y & =14 \\ \hline & 17y & =-17 \\ & y & =-1 \end{array}$$

$y=-1$ を①に代入すると，

$2x+7\times(-1)=-1$

$2x=6$

$x=3$

答 $\begin{cases} \boldsymbol{x=3} \\ \boldsymbol{y=-1} \end{cases}$

(2) $\begin{cases} 4x+3y=-10 & \cdots\cdots① \\ 6x-4y=19 & \cdots\cdots② \end{cases}$

$$\begin{array}{lrl} ①\times3 & 12x+9y & =-30 \\ ②\times2 & -)\ 12x-8y & =38 \\ \hline & 17y & =-68 \\ & y & =-4 \end{array}$$

$y=-4$ を①に代入すると，

$4x+3\times(-4)=-10$

$4x=2$

$x=\frac{1}{2}$

答 $\begin{cases} \boldsymbol{x=\frac{1}{2}} \\ \boldsymbol{y=-4} \end{cases}$

プラス・ワン②

(1) $\begin{cases} 5x+2y=-15 \\ 3x+7y=-9 \end{cases}$　　(2) $\begin{cases} 7x-2y=22 \\ 5x-3y=0 \end{cases}$

解答 (1) $\begin{cases} 5x+2y=-15 & \cdots\cdots① \\ 3x+7y=-9 & \cdots\cdots② \end{cases}$

$$\begin{array}{lrl} ①\times 3 & 15x+6y & =-45 \\ ②\times 5 & -)\ 15x+35y & =-45 \\ \hline & -29y & =0 \\ & y & =0 \end{array}$$

$y=0$ を①に代入すると，

$5x+2\times 0=-15$

$5x=-15$

$x=-3$

答 $\begin{cases} \boldsymbol{x=-3} \\ \boldsymbol{y=0} \end{cases}$

(2) $\begin{cases} 7x-2y=22 & \cdots\cdots① \\ 5x-3y=0 & \cdots\cdots② \end{cases}$

$$\begin{array}{lrl} ①\times 3 & 21x-6y & =66 \\ ②\times 2 & -)\ 10x-6y & =0 \\ \hline & 11x & =66 \\ & x & =6 \end{array}$$

$x=6$ を②に代入すると，

$5\times 6-3y=0$

$-3y=-30$

$y=10$

答 $\begin{cases} \boldsymbol{x=6} \\ \boldsymbol{y=10} \end{cases}$

CHECK! 確認したら✓を書こう

教科書の要点

□代入法　代入によって**1**つの文字を消去して連立方程式を解く方法を**代入法**(だいにゅうほう)という。

活動1 (教科書)45ページの ? 考えよう で，あおいさんの考え方を式に表して，連立方程式を解いてみよう。

写真1枚の重さをxg，封筒1枚の重さをygとすると，次の連立方程式をつくることができる。

$\begin{cases} y=2x & \cdots\cdots① \\ x+y=9 & \cdots\cdots② \end{cases}$

②のyを①の$2x$に置きかえると，次の③のように文字が1つの方程式にすることができる。

$x+2x=9$ ……③

(1) ③からxの値を求めなさい。また，その値を①に代入して，yの値を求めなさい。

(2) (1)で求めたxとyの値の組が解であることを，①，②に代入して確かめなさい。

(3) 写真1枚の重さと封筒1枚の重さは，それぞれ何gですか。

ガイド (1) xについての1次方程式を解けばよい。

解答 (1) ③を解くと，$3x=9$　　$\boldsymbol{x=3}$

また，$x=3$を①に代入すると，$y=2\times 3$　　$\boldsymbol{y=6}$

(2) ①の両辺に，$x=3$，$y=6$ を代入すると，左辺$=6$，右辺$=2\times 3=6$ より，等式が成り立つ。また，②の左辺に，$x=3$，$y=6$ を代入すると，左辺$=3+6=9$，右辺$=9$ より，等式が成り立つ。

よって，$\boldsymbol{x=3}$，$\boldsymbol{y=6}$ **が解である。**

(3) 写真1枚の重さ…**3 g**　　封筒1枚の重さ…**6 g**

Q1 次の連立方程式から，x または y を消去しなさい。

(1) $\begin{cases} y=4x \\ 2x+y=24 \end{cases}$　　(2) $\begin{cases} x+3y=8 \\ x=-5y \end{cases}$

ガイド (1)では $y=4x$ を，(2)では $x=-5y$ をもう一方の式に代入する。

解答 (1) $\begin{cases} y=4x & \cdots\cdots① \\ 2x+y=24 & \cdots\cdots② \end{cases}$

①を②に代入して y を消去すると，

$\boldsymbol{2x+4x=24}$

(2) $\begin{cases} x+3y=8 & \cdots\cdots① \\ x=-5y & \cdots\cdots② \end{cases}$

②を①に代入して x を消去すると，

$\boldsymbol{-5y+3y=8}$

教科書 p.51

Q2 次の連立方程式を代入法で解きなさい。

(1) $\begin{cases} y=2x \\ x+2y=-5 \end{cases}$　　(2) $\begin{cases} 3x+2y=7 \\ x=-3y \end{cases}$

解答 (1) $\begin{cases} y=2x & \cdots\cdots① \\ x+2y=-5 & \cdots\cdots② \end{cases}$

①を②に代入して y を消去すると，

$$x+2\times(2x)=-5$$
$$x+4x=-5$$
$$5x=-5$$
$$x=-1$$

$x=-1$ を①に代入すると，

$$y=2\times(-1)$$
$$=-2$$

答 $\begin{cases} \boldsymbol{x=-1} \\ \boldsymbol{y=-2} \end{cases}$

(2) $\begin{cases} 3x+2y=7 & \cdots\cdots① \\ x=-3y & \cdots\cdots② \end{cases}$

②を①に代入して x を消去すると，

$$3\times(-3y)+2y=7$$
$$-9y+2y=7$$
$$-7y=7$$
$$y=-1$$

$y=-1$を②に代入すると，

$$x=-3\times(-1)$$
$$=3$$

答 $\begin{cases} \boldsymbol{x=3} \\ \boldsymbol{y=-1} \end{cases}$

活動2 次の連立方程式を解いてみよう。

$\begin{cases} x=y+2 & \cdots\cdots① \\ 3x+y=-10 & \cdots\cdots② \end{cases}$

(1) 代入法で解きなさい。

(2) (1)では，どちらの文字を消去しましたか。

解答 (1) 教科書51ページの「解答例」を参照

(2) ②の x を $y+2$ に置きかえて解いているから，**x を消去した。**

教科書 p.51

Q3 次の連立方程式を解きなさい。

(1) $\begin{cases} y=x-4 \\ 2x+y=-13 \end{cases}$　(2) $\begin{cases} x=4y+3 \\ 2x+y=15 \end{cases}$　(3) $\begin{cases} x-y=3 \\ y=2x-1 \end{cases}$

(4) $\begin{cases} y=-2x+4 \\ 2x-3y=12 \end{cases}$　(5) $\begin{cases} y=3x-2 \\ y=x-6 \end{cases}$

解答 (1) $\begin{cases} y=x-4 & \cdots\cdots① \\ 2x+y=-13 & \cdots\cdots② \end{cases}$

①を②に代入すると，$2x+(x-4)=-13$　$3x=-9$　$x=-3$

$x=-3$ を①に代入すると，$y=-3-4$　$y=-7$

答 $\begin{cases} \boldsymbol{x=-3} \\ \boldsymbol{y=-7} \end{cases}$

(2) $\begin{cases} x=4y+3 & \cdots\cdots① \\ 2x+y=15 & \cdots\cdots② \end{cases}$

①を②に代入すると，$2(4y+3)+y=15$　$9y=9$　$y=1$

$y=1$ を①に代入すると，$x=4\times1+3$　$x=7$

答 $\begin{cases} \boldsymbol{x=7} \\ \boldsymbol{y=1} \end{cases}$

(3) $\begin{cases} x-y=3 & \cdots\cdots① \\ y=2x-1 & \cdots\cdots② \end{cases}$

②を①に代入すると，$x-(2x-1)=3$　$-x=2$　$x=-2$

$x=-2$ を②に代入すると，$y=2\times(-2)-1$　$y=-5$

答 $\begin{cases} \boldsymbol{x=-2} \\ \boldsymbol{y=-5} \end{cases}$

(4) $\begin{cases} y=-2x+4 & \cdots\cdots① \\ 2x-3y=12 & \cdots\cdots② \end{cases}$

①を②に代入すると，

$2x-3\times(-2x+4)=12$　$2x+6x-12=12$　$8x=24$　$x=3$

$x=3$ を①に代入すると，$y=-2\times3+4$　$y=-2$

答 $\begin{cases} \boldsymbol{x=3} \\ \boldsymbol{y=-2} \end{cases}$

(5) $\begin{cases} y=3x-2 & \cdots\cdots① \\ y=x-6 & \cdots\cdots② \end{cases}$

①を②に代入すると，$3x-2=x-6$　$2x=-4$　$x=-2$

$x=-2$ を②に代入すると，$y=-2-6$　$y=-8$

答 $\begin{cases} \boldsymbol{x=-2} \\ \boldsymbol{y=-8} \end{cases}$

教科書 p.51

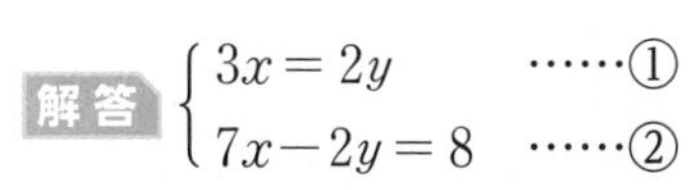

プラス・ワン $\begin{cases} 3x=2y \\ 7x-2y=8 \end{cases}$

解答 $\begin{cases} 3x=2y & \cdots\cdots① \\ 7x-2y=8 & \cdots\cdots② \end{cases}$

①の $2y$ を，②の $2y$ とおきかえると，$7x-3x=8$　$4x=8$　$x=2$

$x=2$ を①に代入すると，$3\times2=2y$　$y=3$

答 $\begin{cases} \boldsymbol{x=2} \\ \boldsymbol{y=3} \end{cases}$

② いろいろな連立方程式の解き方

CHECK! 確認したら✓を書こう

教科書の要点

□かっこがある連立方程式　かっこがある連立方程式は，かっこをはずし，整理してから解く。

例 $2(4x-3y)+5x=10$ は，

$8x-6y+5x=10$　$13x-6y=10$ とする。

□小数がある連立方程式　係数に小数がある連立方程式は，両辺に10や100などをかけて，係数を整数になおしてから解くとよい。

例 $2.5x-0.3y=2$ は，

両辺を10倍して，$25x-3y=20$ とする。

□分数がある連立方程式　係数に分数がある連立方程式は，両辺に分母の最小公倍数をかけて，分母をはらってから解くとよい。

※分母に最小公倍数をかけるのは，両辺にかける数をいちばん小さい数にして，計算を簡単にするためである。

例 $\frac{x}{3}+\frac{2}{5}y=4$ は，

両辺に分母の最小公倍数の15をかけて，$5x+6y=60$ とする。

□$A=B=C$ の形の方程式　$A=B=C$ の形の方程式は，

$\begin{cases} A=B \\ A=C \end{cases}$ $\begin{cases} A=B \\ B=C \end{cases}$ $\begin{cases} A=C \\ B=C \end{cases}$ のいずれかを解けばよい。

活動1 次の連立方程式の解き方を考えよう。

$\begin{cases} -2x+7y=-15 & \cdots\cdots① \\ 10x-3(2x-5y)=1 & \cdots\cdots② \end{cases}$

②を簡単な式にするために，分配法則を使って計算すると，

$10x-6x+15y=1$

$4x+15y=1$　……③

①と③を組にすると次の連立方程式が得られる。

$\begin{cases} -2x+7y=-15 \\ 4x+15y=1 \end{cases}$

(1) ①と③を組にした連立方程式を解きなさい。

(2) (1)で求めた x と y の値の組が，①と②を組にした連立方程式の解でもあることを確かめなさい。

解答 (1)

$$\begin{array}{lrr} ①\times2 & & -4x+14y=-30 \\ ③ & +) & 4x+15y=\ \ \ 1 \\ \hline & & 29y=-29 \\ & & y=-1 \end{array}$$

$y=-1$ を①に代入すると，

$-2x+7\times(-1)=-15$

$-2x=-8$

$x=4$

答 $\begin{cases} x=4 \\ y=-1 \end{cases}$

(2) ①では，左辺$=-2\times4+7\times(-1)=-15$，右辺$=-15$

②では，左辺$=10\times4-3\{2\times4-5\times(-1)\}=40-3\times13=1$

右辺$=1$

よって，$x=4$，$y=-1$ **は①と②を組にした連立方程式の解でもある。**

教科書 p.52

Q1 次の連立方程式を解きなさい。

$$\begin{cases} 3x+8y=5 \\ x-4(x-y)=-29 \end{cases}$$

解答 $\begin{cases} 3x+8y=5 & \cdots\cdots① \\ x-4(x-y)=-29 & \cdots\cdots② \end{cases}$

②のかっこをはずすと，$x-4x+4y=-29$　$-3x+4y=-29$ ……③

① $3x+8y=5$

③ $+)\ -3x+4y=-29$

$12y=-24$

$y=-2$

$y=-2$ を①に代入すると，

$3x+8\times(-2)=5$

$3x=21$

$x=7$

答 $\begin{cases} \boldsymbol{x=7} \\ \boldsymbol{y=-2} \end{cases}$

プラス・ワン① $\begin{cases} 3(x-y)+y=6 \\ 5x-2(3x+y)=-4 \end{cases}$

解答 $\begin{cases} 3(x-y)+y=6 & \cdots\cdots① \\ 5x-2(3x+y)=-4 & \cdots\cdots② \end{cases}$

①，②のかっこをそれぞれはずして整理すると，

$$\begin{cases} 3x-2y=6 & \cdots\cdots③ \\ -x-2y=-4 & \cdots\cdots④ \end{cases}$$

③ $3x-2y=6$

④ $-)\ -x-2y=-4$

$4x\quad=10$

$x=\frac{5}{2}$

$x=\frac{5}{2}$ を④に代入すると，

$-\frac{5}{2}-2y=-4$

$-2y=-\frac{3}{2}$

$y=\frac{3}{4}$

答 $\begin{cases} \boldsymbol{x=\frac{5}{2}} \\ \boldsymbol{y=\frac{3}{4}} \end{cases}$

活動2 次の連立方程式の解き方を考えよう。

$$\begin{cases} 2x-4y=-11 & \cdots\cdots① \\ 0.6x+0.5y=1.8 & \cdots\cdots② \end{cases}$$

②の両辺に10をかけると，

$6x+5y=18$ ……③

(1) ②の両辺に10をかけたのはなぜですか。

(2) ①と③を組にした連立方程式をつくって解きなさい。

解答 (1) **係数を整数にするため。**

(2) 連立方程式は $\begin{cases} 2x-4y=-11 \\ 6x+5y=18 \end{cases}$

①×3 $6x-12y=-33$

③ $-)\ 6x+\ 5y=18$

$-17y=-51$

$y=3$

$y=3$ を①に代入すると，

$2x-4\times3=-11$

$2x=1$

$x=\frac{1}{2}$

答 $\begin{cases} \boldsymbol{x=\frac{1}{2}} \\ \boldsymbol{y=3} \end{cases}$

教科書 p.53

Q2 次の連立方程式を解きなさい。

(1) $\begin{cases} 0.2x+0.7y=-0.1 \\ 3x+2y=7 \end{cases}$　　(2) $\begin{cases} 0.01y=0.02-0.14x \\ 13x+2y=-26 \end{cases}$

ガイド (1) 係数を整数にするために，上の式の両辺に10をかける。

(2) 係数を整数にするために，上の式の両辺に100をかける。

解答 (1) $\begin{cases} 0.2x+0.7y=-0.1 & \cdots\cdots① \\ 3x+2y=7 & \cdots\cdots② \end{cases}$

①の両辺に10をかけると，

$2x+7y=-1$ ……③

$$\begin{array}{lrl} ③\times3 & 6x+21y & =-3 \\ ②\times2 & -)\ 6x+\ 4y & =14 \\ \hline & 17y & =-17 \\ & y & =-1 \end{array}$$

$y=-1$ を②に代入すると，

$3x+2\times(-1)=7$

$3x=9$

$x=3$

答 $\begin{cases} \boldsymbol{x=3} \\ \boldsymbol{y=-1} \end{cases}$

(2) $\begin{cases} 0.01y=0.02-0.14x & \cdots\cdots① \\ 13x+2y=-26 & \cdots\cdots② \end{cases}$

①の両辺に100をかけると，

$y=2-14x$ ……③

③を②に代入すると，

$13x+2(2-14x)=-26$

$-15x=-30$

$x=2$

$x=2$ を③に代入すると，

$y=2-14\times2$

$y=-26$

答 $\begin{cases} \boldsymbol{x=2} \\ \boldsymbol{y=-26} \end{cases}$

教科書 p.53

プラス・ワン② $\begin{cases} 0.7x+0.2y=5.4 \\ 0.8x-0.4y=-2 \end{cases}$

解答 $\begin{cases} 0.7x+0.2y=5.4 & \cdots\cdots① \\ 0.8x-0.4y=-2 & \cdots\cdots② \end{cases}$

①，②の両辺に10をかけると，

$\begin{cases} 7x+2y=54 & \cdots\cdots③ \\ 8x-4y=-20 & \cdots\cdots④ \end{cases}$

$$\begin{array}{lrl} ③\times2 & 14x+4y & =108 \\ ④ & +)\ \ 8x-4y & =-20 \\ \hline & 22x\qquad & =88 \\ & x & =4 \end{array}$$

$x=4$ を③に代入すると，

$7\times4+2y=54$

$2y=26$

$y=13$

答 $\begin{cases} \boldsymbol{x=4} \\ \boldsymbol{y=13} \end{cases}$

活動3 次の連立方程式の解き方を考えよう。

$\begin{cases} \dfrac{1}{4}x+\dfrac{2}{5}y=3 & \cdots\cdots① \\ x-2y=-24 & \cdots\cdots② \end{cases}$

①の両辺に20をかけると，

$\left(\dfrac{1}{4}x+\dfrac{2}{5}y\right)\times20=3\times20$　　$\dfrac{1}{4}x\times20+\dfrac{2}{5}y\times20=3\times20$　　$5x+8y=60$ ……③

(1) ①の両辺に20をかけたのはなぜですか。

(2) ②と③を組にした連立方程式をつくって解きなさい。

解答 (1) 係数を整数にするために，分母の最小公倍数20を両辺にかけた。

(2) $\begin{cases} x-2y=-24 & \cdots\cdots② \\ 5x+8y=60 & \cdots\cdots③ \end{cases}$

②×4　$4x-8y=-96$

③　$+)\ 5x+8y=60$

$9x\qquad=-36$

$x=-4$

$x=-4$ を②に代入すると，

$-4-2y=-24$

$-2y=-20$

$y=10$

答 $\begin{cases} \boldsymbol{x=-4} \\ \boldsymbol{y=10} \end{cases}$

Q3 次の連立方程式を解きなさい。

(1) $\begin{cases} \frac{2}{3}x-\frac{1}{2}y=1 \\ -7x+6y=-15 \end{cases}$　(2) $\begin{cases} \frac{x}{4}=\frac{y}{2}-1 \\ 2x+y=7 \end{cases}$

ガイド (1) 係数を整数にするために，上の式の両辺に最小公倍数 6 をかける。

(2) 係数を整数にするために，上の式の両辺に最小公倍数 4 をかける。

解答 (1) $\begin{cases} \frac{2}{3}x-\frac{1}{2}y=1 & \cdots\cdots① \\ -7x+6y=-15 & \cdots\cdots② \end{cases}$

①×6　$\frac{2}{3}x\times6-\frac{1}{2}y\times6=1\times6$

$4x-3y=6\quad\cdots\cdots③$

②　$-7x+6y=-15$

③×2　$+)\quad 8x-6y=12$

$x\qquad=-3$

$x=-3$ を③に代入すると，

$4\times(-3)-3y=6$

$-3y=18$

$y=-6$

答 $\begin{cases} \boldsymbol{x=-3} \\ \boldsymbol{y=-6} \end{cases}$

(2) $\begin{cases} \frac{x}{4}=\frac{y}{2}-1 & \cdots\cdots① \\ 2x+y=7 & \cdots\cdots② \end{cases}$

①×4　$\frac{x}{4}\times4=\frac{y}{2}\times4-1\times4$

$x=2y-4\quad\cdots\cdots③$

③を②に代入すると，

$2\times(2y-4)+y=7$

$4y-8+y=7$

$5y=15$

$y=3$

$y=3$ を③に代入すると，

$x=2\times3-4$

$=6-4$

$=2$

答 $\begin{cases} \boldsymbol{x=2} \\ \boldsymbol{y=3} \end{cases}$

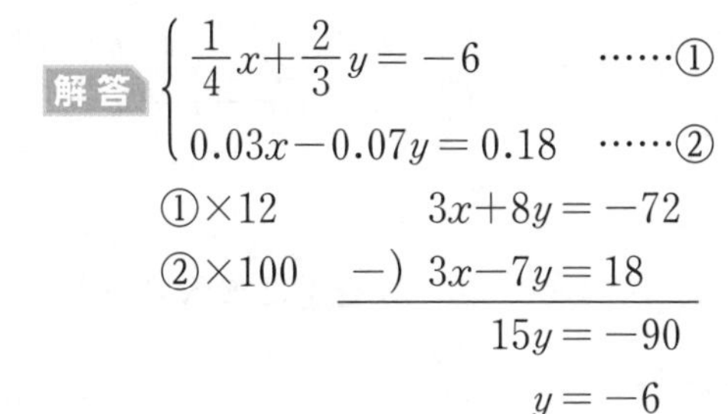

プラス・ワン③ $\begin{cases} \frac{1}{4}x+\frac{2}{3}y=-6 \\ 0.03x-0.07y=0.18 \end{cases}$

解答 $\begin{cases} \frac{1}{4}x+\frac{2}{3}y=-6 & \cdots\cdots① \\ 0.03x-0.07y=0.18 & \cdots\cdots② \end{cases}$

①×12　$3x+8y=-72$

②×100　$-)\ 3x-7y=18$

$15y=-90$

$y=-6$

$y=-6$ を $3x-7y=18$ に代入すると，

$3x-7\times(-6)=18$

$3x=-24$

$x=-8$

答 $\begin{cases} \boldsymbol{x=-8} \\ \boldsymbol{y=-6} \end{cases}$

活動4 次の方程式の解き方を考えよう。

$6x+5y=-3x+2y=9$

この方程式は，$6x+5y$ と $-3x+2y$ と 9 の 3 つの数量が，互(たが)いに等しいことを表している。

このことから，次のような連立方程式をつくることができる。

$$\begin{cases} 6x+5y=9 & \cdots\cdots① \\ -3x+2y=9 & \cdots\cdots② \end{cases}$$

(1) 上でつくった連立方程式を解きなさい。

(2) マイさんは次のような連立方程式をつくりました。この連立方程式を解きなさい。

マイさんの考え

$$\begin{cases} 6x+5y=-3x+2y \\ -3x+2y=9 \end{cases}$$

(3) (1)と(2)の解を比べなさい。どのようなことがわかりますか。

解答 (1)
$$\begin{cases} 6x+5y=9 & \cdots\cdots① \\ -3x+2y=9 & \cdots\cdots② \end{cases}$$

$$\begin{array}{lr} ① & 6x+5y=9 \\ ②\times2 & +)\ -6x+4y=18 \\ \hline & 9y=27 \\ & y=3 \end{array}$$

$y=3$ を①に代入すると，

$6x+5\times3=9$

$6x=-6$

$x=-1$

答 $\begin{cases} \boldsymbol{x=-1} \\ \boldsymbol{y=3} \end{cases}$

(2)
$$\begin{cases} 6x+5y=-3x+2y & \cdots\cdots③ \\ -3x+2y=9 & \cdots\cdots② \end{cases}$$

③を整理すると，

$9x+3y=0$ ……④

$$\begin{array}{lr} ④ & 9x+3y=0 \\ ②\times3 & +)\ -9x+6y=27 \\ \hline & 9y=27 \\ & y=3 \end{array}$$

$y=3$ を④に代入すると，

$9x+3\times3=0$

$9x=-9$

$x=-1$

答 $\begin{cases} \boldsymbol{x=-1} \\ \boldsymbol{y=3} \end{cases}$

(3) **どちらも解は同じになる。**

Q4 次の連立方程式を解きなさい。

(1) $2x-y=-3x+2y=7$　　(2) $3x+y=5=-x-2y$

解答 (1)
$$\begin{cases} 2x-y=7 & \cdots\cdots① \\ -3x+2y=7 & \cdots\cdots② \end{cases}$$

$$\begin{array}{lr} ①\times2 & 4x-2y=14 \\ ② & +)\ -3x+2y=7 \\ \hline & x\quad\ \ =21 \end{array}$$

$x=21$ を①に代入すると，

$2\times21-y=7$

$-y=-35$

$y=35$

答 $\begin{cases} \boldsymbol{x=21} \\ \boldsymbol{y=35} \end{cases}$

(2)
$$\begin{cases} 3x+y=5 & \cdots\cdots① \\ -x-2y=5 & \cdots\cdots② \end{cases}$$

$$\begin{array}{lr} ①\times2 & 6x+2y=10 \\ ② & +)\ -x-2y=5 \\ \hline & 5x\quad\ \ =15 \\ & x=3 \end{array}$$

$x=3$ を①に代入すると，

$3\times3+y=5$

$y=-4$

答 $\begin{cases} \boldsymbol{x=3} \\ \boldsymbol{y=-4} \end{cases}$

教科書 p.54

プラス・ワン $3x-y=-2x+2y=x-2$

解答 $\begin{cases} 3x-y=x-2 & \cdots\cdots① \\ -2x+2y=x-2 & \cdots\cdots② \end{cases}$

①を整理すると，$2x-y=-2$ ……③

②を整理すると，$-3x+2y=-2$ ……④

$$\begin{array}{lrl} ③\times2 & 4x-2y & =-4 \\ ④ & +)\ -3x+2y & =-2 \\ \hline & x & =-6 \end{array}$$

$x=-6$ を③に代入すると，

$2\times(-6)-y=-2$

$-y=10$

$y=-10$

答 $\begin{cases} x=-6 \\ y=-10 \end{cases}$

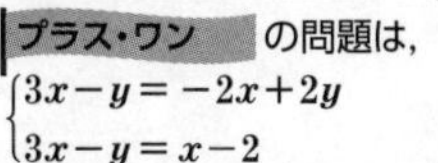

教科書 p.54

学びにプラス いろいろな方法で解いてみよう

次の連立方程式を，いろいろな方法で解いてみましょう。

(1) $\begin{cases} x+y=6 \\ 2x+3y=11 \end{cases}$　　(2) $3x-y=2x-3(3x-y)=1$

ガイド (1) 代入法と加減法で解いてみる。

(2) $A=B=C$ の形なので，$\begin{cases} A=C \\ B=C \end{cases}$ と $\begin{cases} A=B \\ A=C \end{cases}$ で解いてみる。

解答 (1) $\begin{cases} x+y=6 & \cdots\cdots① \\ 2x+3y=11 & \cdots\cdots② \end{cases}$

（代入法で解く）

①より，$x=-y+6$ ……③

③を②に代入すると，

$2(-y+6)+3y=11$

$-2y+12+3y=11$

$y=-1$

$y=-1$ を③に代入すると，

$x=-(-1)+6$

$x=7$

答 $\begin{cases} x=7 \\ y=-1 \end{cases}$

（加減法で解く）

$$\begin{array}{lrl} ①\times2 & 2x+2y & =12 \\ ② & -)\ 2x+3y & =11 \\ \hline & -y & =1 \\ & y & =-1 \end{array}$$

$y=-1$ を①に代入すると，

$x-1=6$

$x=7$

答 $\begin{cases} x=7 \\ y=-1 \end{cases}$

(2) $2x-3(3x-y)=2x-9x+3y=-7x+3y$ なので，
$3x-y=-7x+3y=1$ を解く。

（方法１）

$$\begin{cases} 3x-y=1 & \cdots\cdots① \\ -7x+3y=1 & \cdots\cdots② \end{cases}$$

$$\begin{array}{lrr} ①\times3 & & 9x-3y=3 \\ ② & +) & -7x+3y=1 \\ \hline & & 2x \quad\;\; =4 \\ & & x=2 \end{array}$$

$x=2$ を①に代入すると，

$3\times2-y=1$

$-y=-5$

$y=5$

答 $\begin{cases} x=2 \\ y=5 \end{cases}$

（方法２）

$$\begin{cases} 3x-y=-7x+3y & \cdots\cdots① \\ 3x-y=1 & \cdots\cdots② \end{cases}$$

①より，$3x-y+7x-3y=0$

$10x-4y=0$

$5x-2y=0$ ……③

$$\begin{array}{lrr} ②\times2 & & 6x-2y=2 \\ ③ & -) & 5x-2y=0 \\ \hline & & x \quad\;\; =2 \end{array}$$

$x=2$ を②に代入すると，

$3\times2-y=1$

$-y=-5$

$y=5$

答 $\begin{cases} x=2 \\ y=5 \end{cases}$

たしかめよう

1 次の連立方程式を加減法で解きなさい。

(1) $\begin{cases} x+2y=8 \\ x+y=6 \end{cases}$　(2) $\begin{cases} -2x+y=4 \\ 2x-3y=-8 \end{cases}$

(3) $\begin{cases} x-2y=1 \\ 2x+y=12 \end{cases}$　(4) $\begin{cases} 2x-3y=-13 \\ 5x+2y=15 \end{cases}$

解答 (1)

$$\begin{cases} x+2y=8 & \cdots\cdots① \\ x+y=6 & \cdots\cdots② \end{cases}$$

$$\begin{array}{lrr} ① & & x+2y=8 \\ ② & -) & x+\;\;y=6 \\ \hline & & y=2 \end{array}$$

$y=2$ を②に代入すると，

$x+2=6$

$x=4$

答 $\begin{cases} x=4 \\ y=2 \end{cases}$

(2)

$$\begin{cases} -2x+y=4 & \cdots\cdots① \\ 2x-3y=-8 & \cdots\cdots② \end{cases}$$

$$\begin{array}{lrr} ① & & -2x+\;\;y=4 \\ ② & +) & 2x-3y=-8 \\ \hline & & -2y=-4 \\ & & y=2 \end{array}$$

$y=2$ を①に代入すると，

$-2x+2=4$

$x=-1$

答 $\begin{cases} x=-1 \\ y=2 \end{cases}$

(3)

$$\begin{cases} x-2y=1 & \cdots\cdots① \\ 2x+y=12 & \cdots\cdots② \end{cases}$$

$$\begin{array}{lrr} ①\times2 & & 2x-4y=2 \\ ② & -) & 2x+\;\;y=12 \\ \hline & & -5y=-10 \\ & & y=2 \end{array}$$

$y=2$ を①に代入すると，

$x-2\times2=1$

$x=5$

答 $\begin{cases} x=5 \\ y=2 \end{cases}$

(4) $\begin{cases} 2x-3y=-13 & \cdots\cdots① \\ 5x+2y=15 & \cdots\cdots② \end{cases}$

$$\begin{array}{lrl} ①\times 2 & 4x-6y & =-26 \\ ②\times 3 & +)\ 15x+6y & =45 \\ \hline & 19x & =19 \\ & x & =1 \end{array}$$

$x=1$ を①に代入すると,

$2\times 1-3y=-13$

$-3y=-15$

$y=5$

答 $\begin{cases} x=1 \\ y=5 \end{cases}$

教科書 p.55

2 次の連立方程式を代入法で解きなさい。

(1) $\begin{cases} x+6y=-2 \\ x=-7y \end{cases}$ (2) $\begin{cases} y=-x+3 \\ 2x+y=7 \end{cases}$

(3) $\begin{cases} 5x-3y=11 \\ y=-2x \end{cases}$ (4) $\begin{cases} y=5x-3 \\ y=3x-1 \end{cases}$

解答 (1) $\begin{cases} x+6y=-2 & \cdots\cdots① \\ x=-7y & \cdots\cdots② \end{cases}$

②を①に代入すると,

$-7y+6y=-2$

$-y=-2$

$y=2$

$y=2$ を②に代入すると,

$x=-7\times 2$

$x=-14$

答 $\begin{cases} x=-14 \\ y=2 \end{cases}$

(2) $\begin{cases} y=-x+3 & \cdots\cdots① \\ 2x+y=7 & \cdots\cdots② \end{cases}$

①を②に代入すると,

$2x+(-x+3)=7$

$2x-x+3=7$

$x=4$

$x=4$ を①に代入すると,

$y=-4+3$

$y=-1$

答 $\begin{cases} x=4 \\ y=-1 \end{cases}$

(3) $\begin{cases} 5x-3y=11 & \cdots\cdots① \\ y=-2x & \cdots\cdots② \end{cases}$

②を①に代入すると,

$5x-3\times(-2x)=11$

$5x+6x=11$

$11x=11$

$x=1$

$x=1$ を②に代入すると,

$y=-2\times 1$

$y=-2$

答 $\begin{cases} x=1 \\ y=-2 \end{cases}$

(4) $\begin{cases} y=5x-3 & \cdots\cdots① \\ y=3x-1 & \cdots\cdots② \end{cases}$

①を②に代入すると,

$5x-3=3x-1$

$2x=2$

$x=1$

$x=1$を②に代入すると,

$y=3\times 1-1$

$y=2$

答 $\begin{cases} x=1 \\ y=2 \end{cases}$

3 次の連立方程式を解きなさい。

(1) $\begin{cases} 3x-5y=3 \\ x=2y \end{cases}$　(2) $\begin{cases} x+5y=14 \\ -x+2y=0 \end{cases}$

(3) $\begin{cases} 5x+2y=9 \\ 4x-3y=21 \end{cases}$　(4) $\begin{cases} 5x+4y=2x-y-2 \\ x-y=2 \end{cases}$

ガイド (1)は代入法で，(2)(3)は加減法で，(4)は上の式を整理してから解くとよい。

解答 (1) $\begin{cases} 3x-5y=3 & \cdots\cdots① \\ x=2y & \cdots\cdots② \end{cases}$

②を①に代入すると，

$3\times 2y-5y=3$

$6y-5y=3$

$y=3$

$y=3$を②に代入すると，

$x=2\times 3$

$x=6$

答 $\begin{cases} \boldsymbol{x=6} \\ \boldsymbol{y=3} \end{cases}$

(2) $\begin{cases} x+5y=14 & \cdots\cdots① \\ -x+2y=0 & \cdots\cdots② \end{cases}$

$$\begin{array}{lrr} ① & & x+5y=14 \\ ② & +) & -x+2y=0 \\ \hline & & 7y=14 \\ & & y=2 \end{array}$$

$y=2$ を①に代入すると，

$x+5\times 2=14$

$x=4$

答 $\begin{cases} \boldsymbol{x=4} \\ \boldsymbol{y=2} \end{cases}$

(3) $\begin{cases} 5x+2y=9 & \cdots\cdots① \\ 4x-3y=21 & \cdots\cdots② \end{cases}$

$$\begin{array}{lrr} ①\times 3 & & 15x+6y=27 \\ ②\times 2 & +) & 8x-6y=42 \\ \hline & & 23x \quad =69 \\ & & x=3 \end{array}$$

$x=3$ を①に代入すると，

$5\times 3+2y=9$

$2y=-6$

$y=-3$

答 $\begin{cases} \boldsymbol{x=3} \\ \boldsymbol{y=-3} \end{cases}$

(4) $\begin{cases} 5x+4y=2x-y-2 & \cdots\cdots① \\ x-y=2 & \cdots\cdots② \end{cases}$

①を整理すると，

$3x+5y=-2$ ……③

$$\begin{array}{lrr} ②\times 3 & & 3x-3y=6 \\ ③ & -) & 3x+5y=-2 \\ \hline & & -8y=8 \\ & & y=-1 \end{array}$$

$y=-1$ を②に代入すると，

$x-(-1)=2$

$x=1$

答 $\begin{cases} \boldsymbol{x=1} \\ \boldsymbol{y=-1} \end{cases}$

教科書 p.55

4 次の連立方程式を解きなさい。

(1) $\begin{cases} x-3(y-5)=0 \\ 7x=6y \end{cases}$　(2) $\begin{cases} x+y=-10 \\ 0.03x-0.02y=0.2 \end{cases}$

(3) $\begin{cases} \dfrac{1}{3}x-2y=-\dfrac{2}{3} \\ 4x-9y=22 \end{cases}$　(4) $\begin{cases} \dfrac{1}{2}x-\dfrac{1}{3}y=-\dfrac{1}{2} \\ x-3y=6 \end{cases}$

ガイド (1)　かっこをはずしてから解く。

(2)～(4)　係数を整数にするために，(2)は下の式の両辺に100をかける。また，(3)は上の式の両辺に 3 をかけ，(4)は上の式の両辺に 6 をかける。

解答 (1) $\begin{cases} x-3(y-5)=0 & \cdots\cdots① \\ 7x=6y & \cdots\cdots② \end{cases}$

①のかっこをはずして変形すると，

$x-3y=-15$ ……③

②を変形して，$7x-6y=0$ ……④

$$\begin{array}{lr} ③\times 2 & 2x-6y=-30 \\ ④ & -)\ 7x-6y=0 \\ \hline & -5x \qquad =-30 \end{array}$$

$x=6$

$x=6$ を②に代入すると，

$7\times 6=6y$

$y=7$

答 $\begin{cases} \boldsymbol{x=6} \\ \boldsymbol{y=7} \end{cases}$

(2) $\begin{cases} x+y=-10 & \cdots\cdots① \\ 0.03x-0.02y=0.2 & \cdots\cdots② \end{cases}$

②の両辺に100をかけると，

$3x-2y=20$ ……③

$$\begin{array}{lr} ①\times 2 & 2x+2y=-20 \\ ③ & +)\ 3x-2y=20 \\ \hline & 5x \qquad =0 \end{array}$$

$x=0$

$x=0$ を①に代入すると，

$0+y=-10$

$y=-10$

答 $\begin{cases} \boldsymbol{x=0} \\ \boldsymbol{y=-10} \end{cases}$

(3) $\begin{cases} \dfrac{1}{3}x-2y=-\dfrac{2}{3} & \cdots\cdots① \\ 4x-9y=22 & \cdots\cdots② \end{cases}$

①の両辺に 3 をかけると，

$\left(\dfrac{1}{3}x-2y\right)\times 3=-\dfrac{2}{3}\times 3$

$x-6y=-2$ ……③

$$\begin{array}{lr} ② & 4x-\ 9y=22 \\ ③\times 4 & -)\ 4x-24y=-8 \\ \hline & 15y=30 \end{array}$$

$y=2$

$y=2$ を③に代入すると，

$x-6\times 2=-2$

$x=10$

答 $\begin{cases} \boldsymbol{x=10} \\ \boldsymbol{y=2} \end{cases}$

(4) $\begin{cases} \dfrac{1}{2}x-\dfrac{1}{3}y=-\dfrac{1}{2} & \cdots\cdots① \\ x-3y=6 & \cdots\cdots② \end{cases}$

①の両辺に 6 をかけると，

$\left(\dfrac{1}{2}x-\dfrac{1}{3}y\right)\times 6=-\dfrac{1}{2}\times 6$

$3x-2y=-3$ ……③

$$\begin{array}{lr} ③ & 3x-2y=-3 \\ ②\times 3 & -)\ 3x-9y=18 \\ \hline & 7y=-21 \end{array}$$

$y=-3$

$y=-3$ を②に代入すると，

$x-3\times(-3)=6$

$x=-3$

答 $\begin{cases} \boldsymbol{x=-3} \\ \boldsymbol{y=-3} \end{cases}$

5 次の方程式を解きなさい。

$4x+y=3x-y=7$

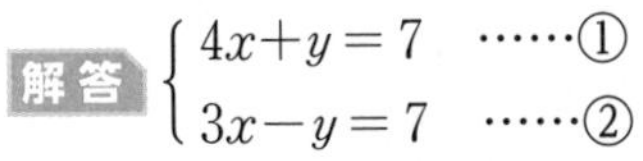

解答 $\begin{cases} 4x+y=7 & \cdots\cdots① \\ 3x-y=7 & \cdots\cdots② \end{cases}$

$$\begin{array}{lr} ① & 4x+y=7 \\ ② & +)\ 3x-y=7 \\ \hline & 7x \qquad =14 \end{array}$$

$x=2$

$x=2$ を①に代入すると，

$4\times 2+y=7$

$y=-1$

答 $\begin{cases} \boldsymbol{x=2} \\ \boldsymbol{y=-1} \end{cases}$

3節 連立方程式の利用

1 連立方程式を使って問題を解決しよう

CHECK! 確認したら✓を書こう

教科書の要点

□応用問題の解き方　2つの文字を使ったほうが1つの文字だけを使うよりも方程式をつくりやすい場合は，連立方程式を利用して解くとよい。
連立方程式を使って問題を解くには，まず，わかっている数量と求める数量を明らかにし，何を x，y にするかを決める。次に，等しい関係にある数量を見つけて2つの方程式をつくればよい。

□応用問題の解の確かめ　連立方程式を解いて，解(x，y)を求め，この解を答えとしてよいかどうかを確かめ，答えを決める。

教科書 p.56

考えよう　班で1台ずつタブレットを使い，調べ学習とその発表をする。用意されたタブレットは10台で，クラスの人数は36人である。全員が4人班か3人班のどちらかに入るには，それぞれ何班つくればよいだろうか。

解答 4人班の数を x とすると，3人班の数は $10-x$
クラスの人数が36人であることから，このことを式に表すと，
$4\times x+3\times(10-x)=36$
これを解いて，$x=6$
4人班の数は，6
3人班の数は，$10-6=4$

答 4人班… **6班**　　3人班… **4班**

教科書 p.56

活動1 考えよう の問題を，連立方程式をつくって解いてみよう。

❶ タブレットの数が10台なので，つくる班の数は10。クラスの人数は36人。4人班の数を x，3人班の数を y とする。

❷ 班の数と人数の関係について表を使って調べると，

	4人班	3人班	合計
班の数(班)	x	y	10
人数(人)	□	□	36

班の数の関係から，$x+y=10$ ……①
人数の関係から，$4x+3y=36$ ……②

(1) ①と②を組にした連立方程式を解きなさい。
(2) (1)で求めた解を問題の答えとしてよいかどうかを確かめ，答えを求めなさい。

解答 (表の中) $\boldsymbol{4x}$，$\boldsymbol{3y}$

(1) $\begin{cases} x+y=10 & \cdots\cdots① \\ 4x+3y=36 & \cdots\cdots② \end{cases}$

$$\begin{array}{lrl} ①\times4 & 4x+4y &= 40 \\ ② & -)\ 4x+3y &= 36 \\ \hline & y &= 4 \end{array}$$

$y=4$ を①に代入すると，

$x+4=10$

$x=6$

答 $\begin{cases} \boldsymbol{x=6} \\ \boldsymbol{y=4} \end{cases}$

(2) (1)の解が0以上10以下の数である。

また，4人班の数が6，3人班の数が4とすると，クラスの人数は

$4\times6+3\times4=36$(人)

また，タブレットの台数は

$6+4=10$(台)

よって，問題の答えとしてよい。

答 4人班…**6班**

3人班…**4班**

Q1 1本40円の鉛筆(えんぴつ)と1本50円の鉛筆を合わせて15本買ったら，代金は640円でした。

1と同じ手順で連立方程式をつくって，40円の鉛筆と50円の鉛筆の本数を求めなさい。

解答 40円の鉛筆の本数を x 本，50円の鉛筆の本数を y 本とすると，鉛筆の本数の関係から，$x+y=15$

代金の関係から，$40x+50y=640$

$\begin{cases} x+y=15 & \cdots\cdots① \\ 40x+50y=640 & \cdots\cdots② \end{cases}$

$$\begin{array}{lrl} ①\times50 & 50x+50y &= 750 \\ ② & -)\ 40x+50y &= 640 \\ \hline & 10x &= 110 \\ & x &= 11 \end{array}$$

$x=11$ を①に代入すると，

$11+y=15$

$y=4$

40円の鉛筆11本，50円の鉛筆4本は，問題の答えとしてよい。

答 40円の鉛筆…**11本**

50円の鉛筆…**4本**

Q2 ある動物園の入園料は，大人1人600円，子ども1人200円です。AさんとBさんの家族が一緒(いっしょ)に入園したところ，9人で合計3800円でした。大人と子どもの人数をそれぞれ求めなさい。

解答 大人の人数を x 人，子どもの人数を y 人とすると，

$\begin{cases} x+y=9 & \cdots\cdots① \\ 600x+200y=3800 & \cdots\cdots② \end{cases}$

$$\begin{array}{lrl} ①\times600 & 600x+600y &= 5400 \\ ② & -)\ 600x+200y &= 3800 \\ \hline & 400y &= 1600 \\ & y &= 4 \end{array}$$

$y=4$ を①に代入すると，

$x+4=9$

$x=5$

大人の人数5人，子どもの人数4人は，問題の答えとしてよい。

答 大人…**5人**　子ども…**4人**

② 筑波山で歩いた道のりを求めよう

CHECK! 確認したら✓を書こう

教科書の要点

□速さの問題　求めるものを文字 x，y などで表し，道のり，速さ，時間の関係を表す方程式を2つつくればよい。

教科書 p.58

上り坂が急になった場所から頂上までは，何mあったんだろう。

解答 800m（考え方はこのあとを確認してください。）

教科書 p.58

上のメール（教科書58ページ）を読んで，お姉さんが分速25mで歩いた道のりと，分速16mで歩いた道のりを求めよう。

(1) 道のり，速さ，時間の関係について調べなさい。

	歩いた時間		撮影(さつえい)や休憩に使った時間	合計
	筑波山神社から地点Aまで	地点Aから女体山頂まで		
道のり(m)	x	y		2800
速さ(m/min)	25	16		
時間(min)	□	□	60	□

(2) (1)で調べたことをもとに，連立方程式をつくりなさい。

(3) (2)でつくった連立方程式を解きなさい。

(4) (3)で求めた解を問題の答えとしてよいかどうかを確かめ，答えを求めなさい。

ガイド (1) （時間）＝（道のり）÷（速さ）だから，筑波山神社から地点Aまで歩いた時間は $x \div 25 = \dfrac{x}{25}$ (min)

地点Aから女体山頂まで歩いた時間は $y \div 16 = \dfrac{y}{16}$ (min)

このことから表をつくると，下のようになる。

	歩いた時間		撮影や休憩に使った時間	合計
	筑波山神社から地点Aまで	地点Aから女体山頂まで		
道のり(m)	x	y		2800
速さ(m/min)	25	16		
時間(min)	$\dfrac{x}{25}$	$\dfrac{y}{16}$	60	190

解答 (1) （表の中） $\dfrac{x}{25}$，$\dfrac{y}{16}$，190

(2) $\begin{cases} x+y=2800 \\ \dfrac{x}{25}+\dfrac{y}{16}+60=190 \end{cases}$

(3) $\begin{cases} x+y=2800 & \cdots\cdots① \\ \dfrac{x}{25}+\dfrac{y}{16}+60=190 & \cdots\cdots② \end{cases}$

$\dfrac{x}{25}+\dfrac{y}{16}=130 \quad \cdots\cdots②'$

①×25　　$25x+25y=70000$

②'×400　$-)\ 16x+25y=52000$

$9x \quad =18000$

$x=2000$

$x=2000$ を①に代入すると，

$2000+y=2800$

$y=800$

よって $\begin{cases} x=\mathbf{2000} \\ y=\mathbf{800} \end{cases}$

(4) (3)の解から筑波山神社から地点Aまでの道のりを2000m，地点Aから女体山頂までの道のりを800mとすると，

筑波山神社から女体山頂までの道のりは $2000+800=2800$(m)

また，かかった時間は $\dfrac{2000}{25}+\dfrac{800}{16}+60=80+50+60=190$(min)

よって問題の答えとしてよい。

答 筑波山神社から地点Aまでの道のり…**2000 m**
地点Aから女体山頂までの道のり　…**800 m**

教科書 p.59

Q1 上(教科書58・59ページ)の問題で，筑波山神社から地点Aまで歩いた時間と，地点Aから女体山頂まで歩いた時間をそれぞれ求めなさい。

ガイド 筑波山神社から地点Aまで歩いた時間は $\dfrac{x}{25}$ 分，地点Aから女体山頂まで歩いた時間は $\dfrac{y}{16}$ 分である。

解答 $x=2000$ を $\dfrac{x}{25}$ に代入すると，$\dfrac{2000}{25}=80$(min)

$y=800$ を $\dfrac{y}{16}$ に代入すると，$\dfrac{800}{16}=50$(min)

答 筑波山神社から地点Aまで歩いた時間…**80分**
地点Aから女体山頂まで歩いた時間　…**50分**

教科書 p.59

Q2 Bさんは，15kmのハイキングコースを4時間かけて歩きました。初めは時速4kmで歩き，途中(とちゅう)から上り坂になったので，時速3kmで歩きました。
時速4kmと時速3kmで歩いた道のりをそれぞれ求めなさい。

ガイド 道のり，速さ，時間についての表をつくると，次のようになる。

	歩き	歩き(上り坂)	合計
道のり(km)	x	y	15
速さ(km/h)	4	3	
時間(h)	$\dfrac{x}{4}$	$\dfrac{y}{3}$	4

解答 時速4kmで x km，時速3kmで y kmの道のりを歩いたとすると，

$\begin{cases} x+y=15 & \cdots\cdots① \\ \dfrac{x}{4}+\dfrac{y}{3}=4 & \cdots\cdots② \end{cases}$

$$
\begin{array}{lr}
①\times 3 & 3x+3y=45 \\
②\times 12 & -)\ 3x+4y=48 \\
\hline
 & -y=-3 \\
 & y=3
\end{array}
$$

$y=3$ を①に代入すると,

$x+3=15$

$x=12$

よって, $\begin{cases} x=12 \\ y=3 \end{cases}$

時速 4 kmで歩いた道のり 12km,
時速 3 kmで歩いた道のり 3 kmは,
問題の答えとしてよい。

答 時速 4 kmで歩いた道のり…**12km**
時速 3 kmで歩いた道のり… **3 km**

③ 割合の問題を解決しよう

活動1 あおいさんは，選挙における10代の投票率について，次のような記事(教科書60ページ)を見つけた。
18歳と19歳の有権者数をそれぞれ求めよう。

(1) 18歳の有権者を x 人，19歳の有権者を y 人として，有権者数，投票率，投票者数の関係について調べなさい。

	18歳	19歳	合計
有権者数(人)	x	y	2400
投票率(%)	52	40	45
投票者数(人)			

(2) 有権者数の関係から方程式をつくりなさい。また，投票者数の関係から方程式をつくりなさい。

(3) 連立方程式をつくって解き，答えを求めなさい。

解答 (1) (表の中) $\frac{52}{100}x$, $\frac{40}{100}y$, $2400\times\frac{45}{100}$

(2) 有権者数の関係について, $x+y=2400$

投票者数の関係について, $\frac{52}{100}x+\frac{40}{100}y=2400\times\frac{45}{100}$

(3) $\begin{cases} x+y=2400 & \cdots\cdots ① \\ \frac{52}{100}x+\frac{40}{100}y=2400\times\frac{45}{100} & \cdots\cdots ② \end{cases}$

$$
\begin{array}{lr}
①\times 52 & 52x+52y=124800 \\
②\times 100 & -)\ 52x+40y=108000 \\
\hline
 & 12y=16800 \\
 & y=1400
\end{array}
$$

$y=1400$ を①に代入すると,

$x+1400=2400$

$x=1000$

よって $\begin{cases} x=1000 \\ y=1400 \end{cases}$

18歳の有権者数1000人,
19歳の有権者数1400人は,
問題の答えとしてよい。

答 18歳の有権者数…**1000人**
19歳の有権者数…**1400人**

教科書 p.60

Q1 ある店でケーキと紅茶を買いました。それぞれ定価で買ったときは合わせて600円でしたが，セットで買ったときは100円安く買うことができました。セットで買ったときのレシートを見ると，ケーキは定価の２割引き，紅茶は定価の1割引きでした。次の(1)，(2)に答えなさい。

(1)　ケーキの定価を x 円，紅茶の定価を y 円として，数量の関係について調べなさい。

	ケーキ	紅茶	合計
定価(円)	x	y	600
セットで安くなった金額(円)			100

(2)　(1)で調べたことをもとに，ケーキと紅茶の定価をそれぞれ求めなさい。

解答 (1)　(表の中)　$\frac{2}{10}x$，$\frac{1}{10}y$

(2) $\begin{cases} x+y=600 & \cdots\cdots① \\ \frac{2}{10}x+\frac{1}{10}y=100 & \cdots\cdots② \end{cases}$

$$\begin{array}{lrl} ①\times2 & 2x+2y & =1200 \\ ②\times10 & -)\ 2x+\ y & =1000 \\ \hline & y & =200 \end{array}$$

$y=200$ を①に代入すると，

$x+200=600$

$x=400$

よって，$\begin{cases} x=400 \\ y=200 \end{cases}$

ケーキの定価400円，

紅茶の定価200円は，

問題の答えとしてよい。

答 ケーキの定価…**400円**

紅茶の定価　…**200円**

2章をふり返ろう

1　次のうち，２元１次方程式はどれですか。すべて選びなさい。

ア　$2x-10=-3x$　　**イ**　$2x+7y=-16$　　**ウ**　$3x-5y$

エ　$5a=4b+8$　　**オ**　$x=6x-y$

ガイド ２元１次方程式は，２つの文字をふくむ等式の形で表される方程式である。

解答 **イ，エ，オ**

教科書 p.61

2　乾電池(かんでんち)を20本買います。２本組を x 個と４本組を y 個買うとき，次の(1)，(2)に答えなさい。

(1)　x，y の関係を等式で表しなさい。

(2)　(1)の等式を成り立たせる自然数 x，y の値(あたい)の組(x，y)をすべて求めなさい。

ガイド (2)　(1)の等式を変形して y について解くと，$y=-\frac{1}{2}x+5$

y は自然数だから $\frac{1}{2}x$ も自然数でなければならないので，x は２の倍数になる。

解答 (1) $\boldsymbol{2x+4y=20}$ または，$\boldsymbol{x+2y=10}$

(2) $(x,\ y)=\boldsymbol{(2,\ 4),\ (4,\ 3),\ (6,\ 2),\ (8,\ 1)}$

教科書 p.61

3 次の連立方程式を加減法で解きなさい。

(1) $\begin{cases} 2x-y=-1 \\ 2x+y=11 \end{cases}$　　(2) $\begin{cases} 5x+3y=-13 \\ 2x+3y=-7 \end{cases}$

解答 (1) $\begin{cases} 2x-y=-1 & \cdots\cdots① \\ 2x+y=11 & \cdots\cdots② \end{cases}$

$$\begin{array}{rr} ① & 2x-y=-1 \\ ② & +)\ 2x+y=11 \\ \hline & 4x\quad=10 \end{array}$$

$$x=\frac{5}{2}$$

$x=\frac{5}{2}$ を②に代入すると，

$$2\times\frac{5}{2}+y=11$$
$$5+y=11$$
$$y=6$$

答 $\begin{cases} \boldsymbol{x=\frac{5}{2}} \\ \boldsymbol{y=6} \end{cases}$

(2) $\begin{cases} 5x+3y=-13 & \cdots\cdots① \\ 2x+3y=-7 & \cdots\cdots② \end{cases}$

$$\begin{array}{rr} ① & 5x+3y=-13 \\ ② & -)\ 2x+3y=-7 \\ \hline & 3x\quad=-6 \end{array}$$

$$x=-2$$

$x=-2$ を②に代入すると，

$$2\times(-2)+3y=-7$$
$$-4+3y=-7$$
$$3y=-3$$
$$y=-1$$

答 $\begin{cases} \boldsymbol{x=-2} \\ \boldsymbol{y=-1} \end{cases}$

教科書 p.61

4 次の連立方程式を代入法で解きなさい。

(1) $\begin{cases} x=5y \\ 3x-13y=6 \end{cases}$　　(2) $\begin{cases} 4x+5y=33 \\ y=x+3 \end{cases}$

解答 (1) $\begin{cases} x=5y & \cdots\cdots① \\ 3x-13y=6 & \cdots\cdots② \end{cases}$

①を②に代入すると，

$$3\times5y-13y=6$$
$$15y-13y=6$$
$$2y=6$$
$$y=3$$

$y=3$ を①に代入すると，

$x=5\times3=15$

答 $\begin{cases} \boldsymbol{x=15} \\ \boldsymbol{y=3} \end{cases}$

(2) $\begin{cases} 4x+5y=33 & \cdots\cdots① \\ y=x+3 & \cdots\cdots② \end{cases}$

②を①に代入すると，

$$4x+5\times(x+3)=33$$
$$4x+5x+15=33$$
$$9x=18$$
$$x=2$$

$x=2$ を②に代入すると，

$y=2+3=5$

答 $\begin{cases} \boldsymbol{x=2} \\ \boldsymbol{y=5} \end{cases}$

5 次の連立方程式を解きなさい。

(1) $\begin{cases} 6x+10=4(x+y) \\ 4x=3y \end{cases}$　　(2) $\begin{cases} x-6y=-2 \\ 0.13x=0.42y-0.56 \end{cases}$

(3) $\begin{cases} \dfrac{1}{8}x=y-\dfrac{1}{2} \\ x-2y=8 \end{cases}$　　(4) $5x+y=4x-y=9$

ガイド (1)はかっこをはずし，(2)(3)は係数を整数になおし，(4)は9を2回使った組み合わせの式をつくって解くとよい。

解答 (1) $\begin{cases} 6x+10=4(x+y) & \cdots\cdots① \\ 4x=3y & \cdots\cdots② \end{cases}$

①のかっこをはずすと，

$6x+10=4x+4y$

$2x-4y=-10$ ……③

②の式を変形すると，

$4x-3y=0$ ……④

③×2　$4x-8y=-20$

④　$-)\ 4x-3y=0$

$-5y=-20$

$y=4$

$y=4$ を②に代入すると，

$4x=3\times4$

$x=3$

答 $\begin{cases} \boldsymbol{x=3} \\ \boldsymbol{y=4} \end{cases}$

(2) $\begin{cases} x-6y=-2 & \cdots\cdots① \\ 0.13x=0.42y-0.56 & \cdots\cdots② \end{cases}$

②の両辺に100をかけると，

$13x=42y-56$ ……③

③の式を変形すると，

$13x-42y=-56$ ……④

①×13　$13x-78y=-26$

④　$-)\ 13x-42y=-56$

$-36y=30$

$y=-\dfrac{5}{6}$

$y=-\dfrac{5}{6}$ を①に代入すると，

$x-6\times\left(-\dfrac{5}{6}\right)=-2$

$x=-7$

答 $\begin{cases} \boldsymbol{x=-7} \\ \boldsymbol{y=-\dfrac{5}{6}} \end{cases}$

(3) $\begin{cases} \dfrac{1}{8}x=y-\dfrac{1}{2} & \cdots\cdots① \\ x-2y=8 & \cdots\cdots② \end{cases}$

①の両辺に8をかけると，

$x=8y-4$ ……③

③を②に代入すると，

$(8y-4)-2y=8$

$8y-4-2y=8$

$6y=12$

$y=2$

$y=2$ を③に代入すると，

$x=8\times2-4$

$x=12$

答 $\begin{cases} \boldsymbol{x=12} \\ \boldsymbol{y=2} \end{cases}$

(4) $\begin{cases} 5x+y=9 & \cdots\cdots① \\ 4x-y=9 & \cdots\cdots② \end{cases}$

①　$5x+y=9$

②　$+)\ 4x-y=9$

$9x\quad=18$

$x=2$

$x=2$ を①に代入すると，

$5\times2+y=9$

$10+y=9$

$y=-1$

答 $\begin{cases} \boldsymbol{x=2} \\ \boldsymbol{y=-1} \end{cases}$

教科書 p.61

6 2種類の缶詰(かんづめ)A，Bがあります。Aを3個，Bを2個買うときの代金は1400円，Aを7個，Bを4個買うときの代金は3100円でした。A，Bのそれぞれの値段を求めなさい。

解答 A1個，B1個の値段をそれぞれ x円，y円とすると，

$$\begin{cases} 3x+2y=1400 & \cdots\cdots① \\ 7x+4y=3100 & \cdots\cdots② \end{cases}$$

①×2　　$6x+4y=2800$

②　　$-)\ 7x+4y=3100$

$-x=-300$

$x=300$

$x=300$ を①に代入すると，

$3\times300+2y=1400$

$2y=500$

$y=250$

よって，$\begin{cases} x=300 \\ y=250 \end{cases}$

A1個の値段300円，
B1個の値段250円は，
問題の答えとしてよい。

答 A…**300円**　　B…**250円**

教科書 p.61

7 連立方程式を利用して問題を解決するとよいのは，どのようなときですか。

解答 **わからない2つの数量を求めるとき**　など。

力をのばそう

教科書 p.62

1 次の連立方程式を解きなさい。

(1) $\begin{cases} 7x-16y=60 \\ x=4y \end{cases}$　　(2) $\begin{cases} 2x+3y=12 \\ 5x+2y=8 \end{cases}$

(3) $\begin{cases} 2(x+y)=-y \\ y=-x+2 \end{cases}$　　(4) $\begin{cases} 0.5x+1.5y=1.5 \\ \frac{1}{3}x=\frac{3}{4}-\frac{1}{2}y \end{cases}$

ガイド (1) 代入法で解くとよい。
(2) 加減法で解くとよい。
(3) かっこをはずしてから解く。
(4) 上の式の両辺に2，下の式の両辺に12をかけて，係数を整数にする。

解答 (1) $\begin{cases} 7x-16y=60 & \cdots\cdots① \\ x=4y & \cdots\cdots② \end{cases}$

②を①に代入すると，

$7\times4y-16y=60$

$28y-16y=60$

$12y=60$

$y=5$

$y=5$ を②に代入すると，

$x=4\times5=20$

答 $\begin{cases} \boldsymbol{x=20} \\ \boldsymbol{y=5} \end{cases}$

(2) $\begin{cases} 2x+3y=12 & \cdots\cdots① \\ 5x+2y=8 & \cdots\cdots② \end{cases}$

①×5　　$10x+15y=60$

②×2　　$-)\ 10x+\ 4y=16$

$11y=44$

$y=4$

$y=4$ を①に代入すると，

$2x+3\times4=12$

$2x=0$

$x=0$

答 $\begin{cases} \boldsymbol{x=0} \\ \boldsymbol{y=4} \end{cases}$

(3) $\begin{cases} 2(x+y)=-y & \cdots\cdots① \\ y=-x+2 & \cdots\cdots② \end{cases}$

①のかっこをはずすと，

$2x+2y=-y$

$2x+3y=0 \quad \cdots\cdots③$

②を③に代入すると，

$2x+3\times(-x+2)=0$

$2x-3x+6=0$

$-x=-6$

$x=6$

$x=6$ を②に代入すると，

$y=-6+2$

$y=-4$

答 $\begin{cases} \boldsymbol{x=6} \\ \boldsymbol{y=-4} \end{cases}$

(4) $\begin{cases} 0.5x+1.5y=1.5 & \cdots\cdots① \\ \frac{1}{3}x=\frac{3}{4}-\frac{1}{2}y & \cdots\cdots② \end{cases}$

①×2　$x+3y=3 \quad \cdots\cdots③$

②×12　$4x=9-6y \quad \cdots\cdots④$

③の式を変形すると，

$x=-3y+3 \quad \cdots\cdots⑤$

⑤を④に代入すると，

$4\times(-3y+3)=9-6y$

$-12y+12=9-6y$

$-6y=-3$

$y=\frac{1}{2}$

$y=\frac{1}{2}$ を⑤に代入すると，

$x=-3\times\frac{1}{2}+3$

$=\frac{3}{2}$

答 $\begin{cases} \boldsymbol{x=\frac{3}{2}} \\ \boldsymbol{y=\frac{1}{2}} \end{cases}$

2 次の連立方程式の解の x の値が 2 であるとき，次の(1)，(2)に答えなさい。

$\begin{cases} 5x+3y=7 \\ 4x-2by=-2 \end{cases}$

(1) 解の y の値を求めなさい。

(2) b の値を求めなさい。

ガイド $x=2$ が解であることより，どちらの式にも代入できる。

解答 (1) $\begin{cases} 5x+3y=7 & \cdots\cdots① \\ 4x-2by=-2 & \cdots\cdots② \end{cases}$

①に $x=2$ を代入すると，

$5\times2+3y=7 \qquad 3y=-3 \qquad \boldsymbol{y=-1}$

(2) ②に $x=2$，$y=-1$ を代入すると，

$4\times2-2\times b\times(-1)=-2 \qquad 2b=-10 \qquad \boldsymbol{b=-5}$

3 40人のクラスでゲームをしたところ，全体の平均点は68点，男子の平均点は70点，女子の平均点は65点でした。このクラスの男子と女子の人数を求めなさい。

ガイド 男子の人数を x 人，女子の人数を y 人とすると，(合計)＝(平均点)×(人数)だから，
男子の点数の合計は，$70\times x=70x$(点)，
女子の点数の合計は，$65\times y=65y$(点)，
クラス全体の点数の合計は，$68\times40=2720$(点)となる。このことから表をつくると，右のようになる。

	男子	女子	クラス全体
人数(人)	x	y	40
点数(点)	$70x$	$65y$	2720

解答 男子の人数を x 人，女子の人数を y 人とすると，

$$\begin{cases} x+y=40 & \cdots\cdots① \\ 70x+65y=68\times40 & \cdots\cdots② \end{cases}$$

②の両辺を5でわると，

$14x+13y=544$ ……③

①×13　　$13x+13y=520$

③　　$-)\ 14x+13y=544$

$-x\qquad=-24$

$x=24$

$x=24$ を①に代入すると，

$24+y=40$

$y=16$

よって，$\begin{cases} x=24 \\ y=16 \end{cases}$

男子の人数24人，女子の人数16人は，問題の答えとしてよい。

答 男子…**24人**　女子…**16人**

教科書 p.62

4 濃度（のうど）が8％の食塩水と3％の食塩水を混ぜて，濃度が5％の食塩水を350g作ります。それぞれ何g混ぜればよいですか。

ガイド 8％の食塩水を x g，3％の食塩水を y g混ぜるとして表をつくると，右のようになる。

	8％の食塩水	3％の食塩水	5％の食塩水
食塩水の重さ(g)	x	y	350
食塩の重さ(g)	$\frac{8}{100}x$	$\frac{3}{100}y$	$350\times\frac{5}{100}$

食塩水の重さについての式と，食塩の重さについての式をつくる。

解答 8％の食塩水を x g，3％の食塩水を y g混ぜるとすると，

$$\begin{cases} x+y=350 & \cdots\cdots① \\ \frac{8}{100}x+\frac{3}{100}y=350\times\frac{5}{100} & \cdots\cdots② \end{cases}$$

②の両辺に100をかけると，

$8x+3y=1750$ ……③

①×3　　$3x+3y=1050$

③　　$-)\ 8x+3y=1750$

$-5x\qquad=-700$

$x=140$

$x=140$ を①に代入すると，

$140+y=350$

$y=210$

よって，$\begin{cases} x=140 \\ y=210 \end{cases}$

8％の食塩水140g，3％の食塩水210gは，問題の答えとしてよい。

答 8％の食塩水…**140g**
3％の食塩水…**210g**

5 ある会社では，昨年度の従業員数は605人でしたが，今年度は男子が8％減り，女子が15％増えて621人になりました。今年度の男子と女子の従業員数をそれぞれ求めなさい。

ガイド 昨年度の男子の従業員数を x 人，女子の従業員数を y 人とすると，

今年度に減った男子の従業員数は，$x\times\frac{8}{100}=\frac{8}{100}x$(人)，

増えた女子の従業員数は，$y\times\frac{15}{100}=\frac{15}{100}y$(人)となる。また，昨年度から増えた従業員数は，$621-605=16$(人)である。このことから表をつくると，次のようになる。昨年度の従業員数についての式と，従業員数の増減について式をつくる。

解答 昨年度の男子の従業員数を x 人，女子の従業員数を y 人とすると，

$$\begin{cases} x+y=605 & \cdots\cdots① \\ -\dfrac{8}{100}x+\dfrac{15}{100}y=16 & \cdots\cdots② \end{cases}$$

	男子	女子	従業員数
昨年度(人)	x	y	605
増減(人)	$-\dfrac{8}{100}x$	$\dfrac{15}{100}y$	16

②の両辺に100をかけると，

$-8x+15y=1600$　……③

①×8　　$8x+8y=4840$

③　　$+)\ -8x+15y=1600$

$23y=6440$

$y=280$

$y=280$ を①に代入すると，

$x+280=605$

$x=325$

よって，$\begin{cases} x=325 \\ y=280 \end{cases}$

したがって，今年度の男子の従業員数は，

$325-\dfrac{8}{100}\times325=299$(人)

今年度の女子の従業員数は，

$621-299=322$(人)

男子の従業員数299人，
女子の従業員数322人は，
問題の答えとしてよい。

答 男子の従業員…**299人**
女子の従業員…**322人**

別解 今年度の男子の従業員数は，昨年度の $100-8=92$(%)より $\dfrac{92}{100}x$(人)，

今年度の女子の従業員数は，昨年度の $100+15=115$(%)より $\dfrac{115}{100}y$(人)と

表されるから，$\begin{cases} x+y=605 \\ \dfrac{92}{100}x+\dfrac{115}{100}y=621 \end{cases}$ として解いてもよい。

活用・探究 つながる・ひろがる・数学の世界

どんな運動をどれくらい行えばいい？

まきさんの家族は，健康のために，どんな運動をどれくらい行えばよいかを話し合っています。お兄さんが，次の資料(教科書63ページ)について説明してくれました。

身体活動量(エクササイズ) ＝ 身体活動の強度 × 身体活動の実施(じっし)時間(時間)

(1)　まきさんは，「卓球」を30分間行いました。このときの身体活動量を求めましょう。

(2)　お母さんは，週に合計23エクササイズの目標を達成するために，あと7エクササイズが必要です。「バレーボール」と「動物と遊ぶ(活発に)」を合計2時間行って7エクササイズにするためには，それぞれ何時間行えばよいですか。

ガイド (2)　バレーボールを行う時間を x 時間，動物と遊ぶ(活発に)を行う時間を y 時間とすると，バレーボールの身体活動量は $3\times x$ (エクササイズ)，動物と遊ぶ(活発に)の身体活動量は $5\times y$ (エクササイズ)である。このことから表をつくると，次のようになる。身体活動量についての式と，身体活動の実施時間についての式をつくる。

解答 (1)　$4\times\dfrac{30}{60}=2$

答 **2エクササイズ**

(2) バレーボールを行う時間をx時間，動物と遊ぶ(活発に)を行う時間をy時間とすると，

	バレーボール	動物と遊ぶ(活発に)	合計
実施時間(時間)	x	y	2
身体活動の強度	3	5	
身体活動量(エクササイズ)	$3x$	$5y$	7

$$\begin{cases} x+y=2 & \cdots\cdots① \\ 3x+5y=7 & \cdots\cdots② \end{cases}$$

①×5　$5x+5y=10$
②　$-)\ 3x+5y=7$
$2x\qquad=3$

$$x=\frac{3}{2}$$

$x=\frac{3}{2}$を①に代入すると，

$$\frac{3}{2}+y=2$$

$$y=\frac{1}{2}$$

よって，$\begin{cases} x=\frac{3}{2} \\ y=\frac{1}{2} \end{cases}$

バレーボールの実施時間1.5時間，動物と遊ぶ(活発に)の実施時間0.5時間は，問題の答えとしてよい。

答 バレーボールを1.5時間，動物と遊ぶ(活発に)を0.5時間行えばよい。

教科書 p.63

自分で課題をつくって取り組もう

(例)・生活のなかで取り組めそうな運動の種類と時間を考えて，運動の計画を立ててみよう。

解答 (例)・毎日30分間散歩する。

教科書 p.64

発展 学びにプラス 3つの文字をふくむ連立方程式

トライアスロンは，スイム(水泳)，バイク(自転車)，ラン(長距離走(ちょうきょりそう))の3種目を1人で連続して行う競技です。オリンピックでは，3種目を合わせた距離は51.5kmで，バイクの距離はランの距離の4倍です。ある選手は，スイムを時速3km，バイクを時速30km，ランを時速15kmで進み，2時間30分でゴールしました。このことから，それぞれの種目の距離を求めてみましょう。

スイムの距離を$x$km，バイクの距離を$y$km，ランの距離を$z$kmとすると，距離，時間，速さの関係から次のように表せます。

$x+y+z=51.5$ ……①　$\frac{x}{3}+\frac{y}{30}+\frac{z}{15}=2.5$ ……②　$y=4z$ ……③

3つの文字をふくむ連立方程式も，連立2元1次方程式と同じようにして，1つの文字を消去して，文字が2つの連立方程式を導けば，解くことができます。

(1) ③の$4z$を①と②のyに代入して，xとzの関係を表す式をつくりなさい。

□$=51.5$ ……④　□$=2.5$ ……⑤

(2) ④と⑤を組にした連立方程式を解きなさい。

(3) (2)で求めたzの値を③に代入して，yの値を求めなさい。

(4) (2)，(3)で求めた解を問題の答えとしてよいかどうかを確かめ，答えを求めなさい。

解答 (1) ③を①に代入すると，

$x+4z+z=51.5$

$\boxed{x+5z}=51.5$ ……④

③を②に代入すると，

$\dfrac{x}{3}+\dfrac{4z}{30}+\dfrac{z}{15}=2.5$

$\boxed{\dfrac{x}{3}+\dfrac{z}{5}}=2.5$ ……⑤

(2) ④×5　　$5x+25z=257.5$

⑤×15　$-)\ 5x+\ 3z=37.5$

$22z=220$

$z=10$

$z=10$ を④に代入すると，

$x+5\times10=51.5$

$x=1.5$

答 $\begin{cases} x=1.5 \\ z=10 \end{cases}$

(3) $z=10$ を③に代入すると，$y=4\times10=$ **40**

(4) スイムの距離を1.5km，バイクの距離を40km，ランの距離を10kmとすると，3種目を合わせた距離は　$1.5+40+10=51.5$(km)

スイムを時速3km，バイクを時速30km，ランを時速15kmで進んだ時間は

$\dfrac{1.5}{3}+\dfrac{40}{30}+\dfrac{10}{15}=\dfrac{75}{30}=\dfrac{5}{2}$(時間)

バイクの距離とランの距離の関係は，$40\div10=4$(倍)

よって，(2)，(3)で求めた解を問題の答えとしてよい。

答 スイムの距離…**1.5km**　バイクの距離…**40km**　ランの距離…**10km**

MATHFUL 数と式　古くから伝わる連立方程式

教科書 p.65

1 きじの数を x，うさぎの数を y として，連立方程式をつくって解き，孫子算経(そんしさんけい)の方法と比べてみましょう。

解答 きじの数を x，うさぎの数を y として，頭の数と脚の数の式をつくると，

$\begin{cases} x+y=35 & \cdots\cdots① \\ 2x+4y=94 & \cdots\cdots② \end{cases}$

②の両辺を2でわると，

$x+2y=47$ ……③

③　　$x+2y=47$

①　$-)\ x+\ y=35$

$y=12$

$y=12$ を①に代入すると，

$x+12=35$　　$x=23$

きじの数23，うさぎの数12は，問題の答えとしてよい。

答 きじの数…**23**　　うさぎの数…**12**

※孫子算経の方法と連立方程式による解法を比べると，

㋐は，②÷2−①＝③−①

㋑は，①を $x=35-y$ とし，$y=12$ を代入して x の値を求める過程と対応している。

教科書 p.65

2 上(教科書65ページ)のきじとうさぎの問題を鶴と亀にかえて，左(教科書65ページ)の和歌の方法で鶴の数を求めてみましょう。

ガイド 1の問題における「きじ」を「鶴」に，「うさぎ」を「亀」と名前を変えたにすぎない。和歌によまれているやり方を方程式の解き方に置きかえる。

解答 和歌で述べていることを1の解答の式番号で表すと，$x=①\times2-②\div2$ ということである。$①\times2\rightarrow2x+2y=70$，$②\div2\rightarrow x+2y=47$ だから，

$①\times2-②\div2\rightarrow x=23$　となり，鶴の数が**23**となる。

3章 1次関数

1節 1次関数

① 1次関数

CHECK! 確認したら✓を書こう

教科書の要点

□1次関数 $y=ax+b$

y が x の関数で，y が x の1次式，つまり，$y=ax+b$（a，b は定数，$a \neq 0$）で表されるとき，y は x の1次関数であるという。

- 1次関数 $y=ax+b$ は，x に比例する量 ax と一定の量 b との和とみることができる。
- 特に，$b=0$ のときは，$y=ax$ となり，y は x に比例するので，比例は1次関数の特別な場合である。

教科書 p.66

配膳台をのばすときに変化する数量の関係は？

上の写真（教科書66ページ）のような配膳台（はいぜんだい）は，のばして使うことができます。配膳台をのばすときに変化するいろいろな数量を見つけて，その変化のようすを調べましょう。

(1) のばしたAの横の長さを x cm，Aの面積を y cm^2（教科書67ページ参照）として，x と y の関係を調べよう。

x(cm)	0	1	2	3	4	5	…	150
y(cm^2)	0						…	

(2) のばしたAの横の長さを x cm，配膳台全体の横の長さを y cm（教科書67ページ参照）として，x と y の関係を調べよう。

x(cm)	0	1	2	3	4	5	…	150
y(cm)	150						…	

(3) (1)，(2)の変化のようすを見て，共通していることや異なっていることをあげよう。

ガイド (3) (1)のように，x の値が2倍，3倍，……になると，y の値が2倍，3倍，……になるとき，y は x に比例するという。

解答 (1) （左から順に）**80，160，240，320，400，……，12000**

(2) （左から順に）**151，152，153，154，155，……，300**

(3) （例） 共通していること…**x の値が1増加すると，y の値が一定の値だけ増加する。**

異なっていること…**(1)は x の値が2倍，3倍，……になると，y の値が2倍，3倍，……になるが，(2)はそうではない。**

教科書 p.68

?（考えよう） 深さ25cmの円柱状の容器に，水が5cmの高さまで入っている。この容器に，満水になるまで一定の割合で水を入れていくとき，時間の変化にともなって変わる数量をいろいろとあげてみよう。

解答 (例) **水面の高さや水の体積，水が入っていない部分の体積。**

活動1 考えよう で，水を入れ始めてからx分後の水面の高さをy cmとすると，次の表のようになった。このときのxとyの関係について調べよう。

x(分)	0	1	2	3	4	5	…
y(cm)	5	7	9	11	13	15	…

(1) 水を入れ始めてから6分後の水面の高さは何cmですか。また，7分後の水面の高さは何cmですか。

(2) 水面の高さの増した分は，1分後には2 cm，2分後には4 cmとなります。3分後，4分後，5分後には，それぞれ何cmになりますか。表を完成させなさい。

x(分)	0	1	2	3	4	5	…
y(cm)	5	7	9	11	13	15	…
水面の高さの増した分(cm)	0	2	4	□	□	□	…

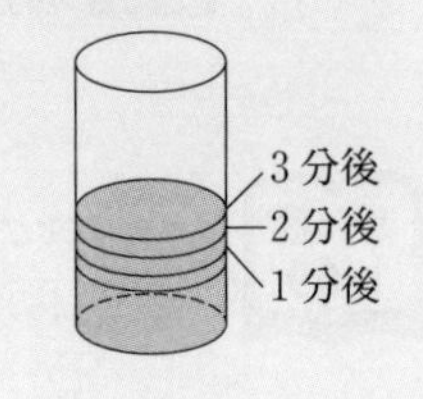

(3) 水を入れ始めてからの時間と水面の高さの増した分は，どんな関係ですか。

(4) x分後の水面の高さの増した分を，xを使って表しなさい。

(5) 初めの水面の高さは5 cmであることから，yをxの式で表しなさい。

(6) yはxの関数であるといえますか。

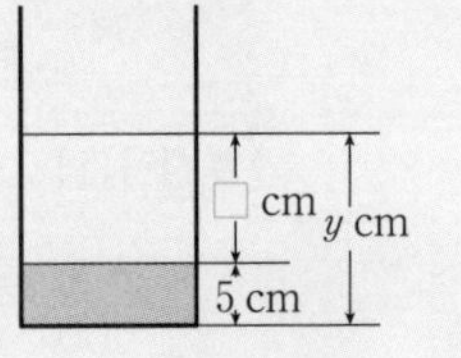

ガイド (1) 水面の高さは1分で2 cmずつ高くなっている。

(3) xの値が2倍，3倍，……になると，yの値が2倍，3倍，……になっている。

(6) xの値を決めると，yの値がただ1つに決まる。

解答 (1) 6分後…**17cm**　　7分後…**19cm**

(2) (左から順に)**6，8，10**

(3) **比例**

(4) $2x$

(5) $y=2x+5$

(6) **yはxの関数であるといえる。**

Q1 1 の(5)で求めた式を使って，10分後の水面の高さを求めなさい。また，30秒後の水面の高さを求めなさい。

ガイド 10分後の水面の高さは，$y=2x+5$ に $x=10$ を代入すると，$y=2\times10+5=25$

30秒$\left(\frac{1}{2}分\right)$後の高さは，$y=2x+5$ に $x=\frac{1}{2}$ を代入すると，$y=2\times\frac{1}{2}+5=6$

解答 10分後…**25cm**　　30秒後…**6 cm**

教科書 p.69

Q2 1 で，x と y の変域を求めなさい。

ガイド 水面の高さが25cmのとき，この容器は満水になるので，そのときの時間を求めると，
$y=25$ のとき，$25=2x+5$ より，$x=10$ となる。
水面の高さは5cmから25cmまで増加する。

解答 $\boldsymbol{0 \leqq x \leqq 10}$　　$\boldsymbol{5 \leqq y \leqq 25}$

教科書 p.69

Q3 1 で，時間 x に比例する量と一定の量はそれぞれ何ですか。

解答 時間 x に比例する量…**水面の高さの増した分**
一定の量…**初めの水面の高さ**

教科書 p.69

Q4 次の(1)~(4)で，y は x の1次関数であるといえますか。
(1) 縦が5cm，横が x cmの長方形の周の長さが y cm
(2) 1個320円のケーキを x 個買うときの代金が y 円
(3) 半径が x cmの円の面積が y cm²
(4) 230ページの本を x ページ読んだときの残りが y ページ

ガイド (1) 長方形の周の長さは，$y=2(5+x)$ より，
$y=2x+10$ となり，$y=ax+b$ で $a=2$，$b=10$ のとき。
(2) $y=320x$ より，$y=ax+b$ で $a=320$，$b=0$ のとき。
(3) (円の面積) $=\pi\times$(半径)^2 から，$y=\pi x^2$ となる。
(4) $y=230-x$ より $y=ax+b$ で $a=-1$，$b=230$ のとき。

解答 (1) **y は x の1次関数であるといえる。**
(2) **y は x の1次関数であるといえる。**
(3) **y は x の1次関数であるとはいえない。**
(4) **y は x の1次関数であるといえる。**

② 1次関数の値の変化のようす

CHECK! 確認したら✓を書こう

教科書の要点

□1次関数の値の変化

1次関数 $\boldsymbol{y=ax+b}$ では，$\boldsymbol{x}$ の値が1ずつ増加すると，対応する $\boldsymbol{y}$ の値は a ずつ増加する。
1次関数 $\boldsymbol{y=ax+b}$ では，$\boldsymbol{x}$ の値がどこからどれだけ増加しても，その変化の割合は一定であり，a に等しい。

$$(\text{変化の割合})=\frac{(y\text{の増加量})}{(x\text{の増加量})}=a$$

例 $\boldsymbol{y=5x-3}$ の変化の割合は一定で，**5**である。

教科書 p.70

? 関数 $y=2x$ で，x の値が変化すると，それに対応して y の値はどのように変化するだろうか。

解答 ・**x の値が増加すると，y の値も増加する。**
・**x の値が 1 ずつ増加すると，y の値は 2 ずつ増加する。**
・**x の値が 2 倍，3 倍，……になると，y の値も 2 倍，3 倍，……になる。**
など。

教科書 p.70

活動1 1次関数 $y=2x+5$ で，x の値が変化するときの，対応する y の値の変化のようすを調べよう。
(1) x の値が 2 倍，3 倍，4 倍，……になると，対応する y の値も 2 倍，3 倍，4 倍，……になりますか。
(2) x の値が 1 ずつ増加すると，対応する y の値はどのように変化しますか。

（x の増加はすべて 1，y の増加はすべて □）

x	…	−3	−2	−1	0	1	2	3	…
y	…	−1	1	3	5	7	9	11	…

(3) x の値が0.5から1.5まで 1 増加すると，対応する y の値はいくつからいくつまで，いくら増加しますか。また，−3.5から−2.5まで 1 増加すると，どうなりますか。

解答 (1) **2 倍，3 倍，4 倍，……にならない。**
(2) □はすべて 2
2 ずつ増加する。
(3) $x=0.5$ のとき，$y=2\times0.5+5=6$
$x=1.5$ のとき，$y=2\times1.5+5=8$
答 **6 から 8 まで 2 増加する。**
$x=-3.5$ のとき，$y=2\times(-3.5)+5=-2$
$x=-2.5$ のとき，$y=2\times(-2.5)+5=0$
答 **−2から 0 まで 2 増加する。**

教科書 p.70

Q1 1次関数 $y=-3x+4$ で，x の値が 1 ずつ増加すると，対応する y の値はいくらずつ増加しますか。また，その y の増加する量と $y=-3x+4$ の x の係数 −3 はどのような関係になっていますか。

（x の増加はすべて 1，y の増加はすべて □）

x	…	−4	−3	−2	−1	0	1	2	3	4	…
y	…	□	□	□	7	4	1	□	□	□	…

解答 y の空らんの□は左から順に，**16，13，10，−2，−5，−8**
下の段の□は，すべて −3
−3 ずつ増加する。
y の増加する量 −3 は $y=-3x+4$ の x の係数 −3 に等しい。

教科書 p.71

活動2 深さ25cmの円柱状の容器Aに，一定の割合で水を入れている。
次の表(教科書71ページ)は，水を入れ始めてからx分後の水面の高さを$y$cmとして，xとyの値をそれぞれ表したものである。xの値が3から7まで増加するときの$\dfrac{(y\text{の値の増加量})}{(x\text{の値の増加量})}$を求めよう。

(1) xの値の増加量を求めなさい。

(2) yの値の増加量を求めなさい。

(3) $\dfrac{(y\text{の値の増加量})}{(x\text{の値の増加量})}$を求めなさい。

(4) (3)の値は，1分間あたりのどのような量を表していますか。

ガイド (4) 3分後の水面の高さは11cm，7分後には19cmになったので，
$7-3=4$(分)で，$19-11=8$(cm) 増えたことになる。
したがって，1分間に$8\div4=2$(cm) 増える。

解答 (1) xの値は3から7まで増加するから，$7-3=\mathbf{4}$

(2) yの値は11から19まで増加するから，$19-11=\mathbf{8}$

(3) $\dfrac{8}{4}=\mathbf{2}$

(4) **容器Aの水面の位置の変化**

教科書 p.71

Q2 円柱状の容器Bに一定の割合で水を入れています。右の表(教科書71ページ)は，水を入れ始めてからx分後の水面の高さを$y$cmとして，xとyの関係を表したものです。このとき，2と同じことを調べなさい。

ガイド (4) 2分後の水面の高さは9cm，4分後には17cmになったので，
$4-2=2$(分)で，$17-9=8$(cm) 増えたことになる。
したがって，1分間に$8\div2=4$(cm)増える。

解答 (1) xの値は2から4まで増加するから，$4-2=\mathbf{2}$

(2) yの値は9から17まで増加するから，$17-9=\mathbf{8}$

(3) $\dfrac{8}{2}=\mathbf{4}$

(4) **容器Bの水面の位置の変化**

注意 以下，「xの値の増加量」を，単に「xの増加量」と表す。

教科書 p.72

Q3 3で，xの値が次のように増加するときの変化の割合を求めなさい。

(1) -4から5まで

(2) -6から-2まで

ガイド $(\text{変化の割合})=\dfrac{(y\text{の増加量})}{(x\text{の増加量})}$

解答 (1) $x=-4$のとき，$y=-3\times(-4)+2=14$
$x=5$のとき，$y=-3\times5+2=-13$
$(\text{変化の割合})=\dfrac{-13-14}{5-(-4)}=\dfrac{-27}{9}=\mathbf{-3}$

(2) $x=-6$ のとき，$y=-3\times(-6)+2=20$

$x=-2$ のとき，$y=-3\times(-2)+2=8$

$$(\text{変化の割合})=\frac{8-20}{-2-(-6)}=\frac{-12}{4}=\mathbf{-3}$$

教科書 p.72

Q4 Q3 で，変化の割合と x の値が 1 ずつ増加するときの y の増加量をそれぞれ比べなさい。

解答 たとえば，x の値が 1 から 2 まで 1 増加するとき，

$x=1$ のとき，$y=-3\times1+2=-1$

$x=2$ のとき，$y=-3\times2+2=-4$

よって，y の増加量は，$-4-(-1)=-3$

したがって，**変化の割合に等しい。**

教科書 p.72

Q5 1 次関数 $y=-3x+2$ の変化の割合をいいなさい。

ガイド 変化の割合は，$y=ax+b$ の a の値になる。

解答 $\mathbf{-3}$

教科書 p.72

Q6 1 次関数 $y=4x-1$ で，x の値が 5 増加するときの y の増加量を求めなさい。

ガイド $(\text{変化の割合})=\dfrac{(y\text{の増加量})}{(x\text{の増加量})}$ より，

$(y$ の増加量$)=($変化の割合$)\times(x$ の増加量$)$

解答 変化の割合は 4 だから，

x の値が 5 増加するときの y の増加量は，$4\times5=\mathbf{20}$

教科書 p.72

Q7 反比例 $y=\dfrac{6}{x}$ について，x の値が次のように増加するときの変化の割合を求めなさい。

(1) 2 から 6 まで

(2) -3 から -1 まで

解答 (1) 反比例 $y=\dfrac{6}{x}$ について，

x の値が 2 から 6 まで増加するとき，x の増加量は，$6-2=4$

$x=2$ のとき，$y=\dfrac{6}{2}=3$，$x=6$ のとき，$y=\dfrac{6}{6}=1$ より，

y の増加量は，$1-3=-2$

$$(\text{変化の割合})=\frac{-2}{4}=\mathbf{-\frac{1}{2}}$$

3章 1節 1次関数

(2) 反比例 $y=\frac{6}{x}$ について，

x の値が -3 から -1 まで増加するとき，x の増加量は，$-1-(-3)=2$

$x=-3$ のとき，$y=\frac{6}{-3}=-2$，$x=-1$ のとき，$y=\frac{6}{-1}=-6$ より，

y の増加量は，$-6-(-2)=-4$

(変化の割合) $=\frac{-4}{2}=\mathbf{-2}$

注意 反比例の変化の割合は一定ではない。

3 1次関数のグラフ

CHECK! 確認したら✓を書こう

教科書の要点

□1次関数のグラフ	1次関数 $\boldsymbol{y=ax+b}$ のグラフは，対応する $\boldsymbol{x}$，$\boldsymbol{y}$ の値の組を座標とする点の集合であり，直線になる。
□グラフの平行移動	1次関数 $\boldsymbol{y=ax+b}$ のグラフは，$\boldsymbol{y=ax}$ のグラフを，y 軸(じく)の正の向きに，b だけ平行移動させたものである。
□切片	$\boldsymbol{y=ax+b}$ の $\boldsymbol{b}$ は，この直線と $\boldsymbol{y}$ 軸との交点 $(\boldsymbol{0},\ \boldsymbol{b})$ の $\boldsymbol{y}$ 座標である。$\boldsymbol{b}$ を，この直線の切片(せっぺん)という。 例 $\boldsymbol{y=6x-2}$ のグラフの切片は，$\mathbf{-2}$ である。

教科書 p.73

活動1 1次関数 $y=2x+5$ のグラフについて調べよう。

(1) 次の表を完成させなさい。

x	…	-4	-3	-2	-1	0	1	2	3	4	…
y	…					5					…

(2) (1)の表の対応する x，y の値の組を座標とする点を，右の座標平面上(教科書73ページ)にとりなさい。

(3) x の値を0.5きざみにとり，その点を右の座標平面上(教科書73ページ)にとりなさい。

(4) x の値をさらに小きざみにした点をとると，それらの点はどのように並ぶと考えられますか。

解答 (1) (左から順に) $\mathbf{-3}$，$\mathbf{-1}$，$\mathbf{1}$，$\mathbf{3}$，$\mathbf{7}$，$\mathbf{9}$，$\mathbf{11}$，$\mathbf{13}$

(2)

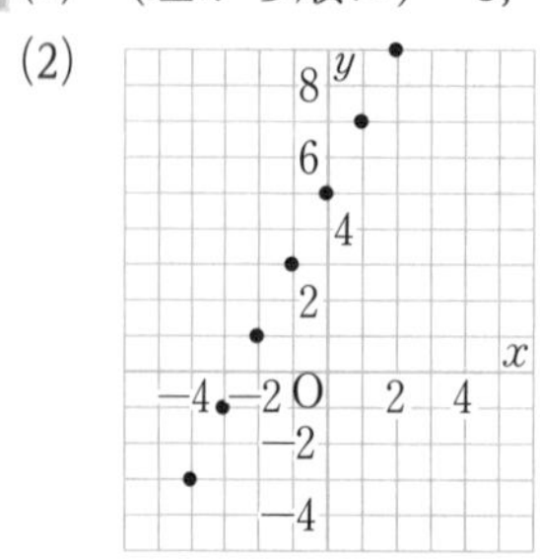

(3)

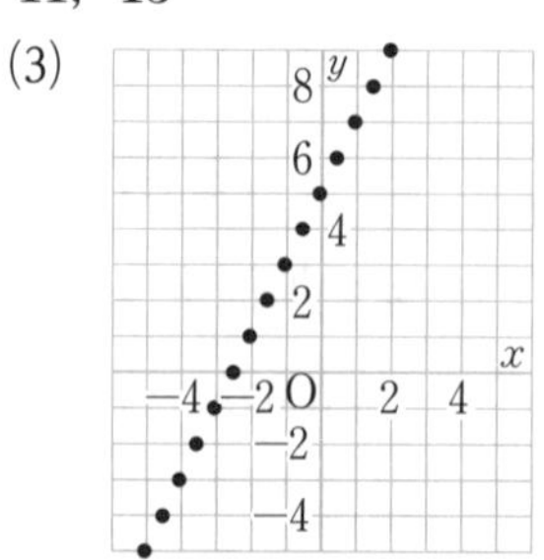

(4) **直線上に並ぶ。**

教科書 p.73

Q1 右の図(教科書73ページ)の直線上の $x=-5$ に対応する y の値を読み取りなさい。その x, y の値は式 $y=2x+5$ を成り立たせますか。

ガイド グラフから読み取った, $x=-5$, $y=-5$ を式に代入すると,
右辺 $=2\times(-5)+5=-5$, 左辺 $=-5$ より, 右辺と左辺の値が一致する。

解答 **$y=-5$**
$x=-5$, $y=-5$ は,
$y=2x+5$ を成り立たせる。

与えられた式に x の値や y の値を代入して，等式が成り立つかどうかを調べればいいんだね。

教科書 p.73

Q2 1次関数 $y=-2x+4$ のグラフを, 対応する x, y の値の組を求めて上の座標平面上(教科書73ページ)にかきなさい。

ガイド

x	…	-4	-3	-2	-1	0	1	2	3	4	…
y	…	12	10	8	6	4	2	0	-2	-4	…

上の表で対応する x, y の値の組 $(x,\ y)$ を座標とする点をとり, これらを直線で結ぶ。

解答 **右の図**

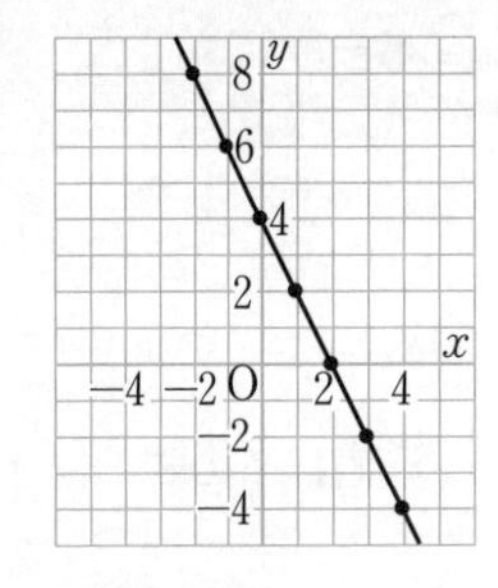

教科書 p.74

活動2 $y=2x+5$ のグラフと $y=2x$ のグラフの関係を調べよう。
(1) 同じ x の値に対して, $2x+5$ の値と $2x$ の値の間には, どのような関係がありますか。
(2) $y=2x+5$ のグラフは, $y=2x$ のグラフをどのように移動させたものと考えられますか。

解答 (1) **$2x+5$ の値は, $2x$ の値より 5 大きい。**
(2) **y 軸の正の向きに, 5 だけ平行移動させたものと考えられる。**

教科書 p.74

たしかめ 1 $y=-x+4$ と $y=-x$ のグラフについて, 2 と同じことを調べなさい。

解答 (1) 同じ x の値に対して, **$-x+4$ の値は, $-x$ の値より 4 大きい。**
(2) $y=-x+4$ のグラフは, $y=-x$ のグラフを, **y 軸の正の向きに 4 だけ平行移動させたものと考えられる。**

教科書 p.74

Q3 $y=2x-3$ のグラフを, $y=2x$ のグラフをもとにして, 2 の座標平面上にかきなさい。

ガイド $y=2x-3$ のグラフは, $y=2x$ のグラフを, y 軸の正の向きに -3 だけ平行移動させたものである。

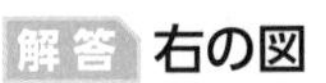

解答 **右の図**

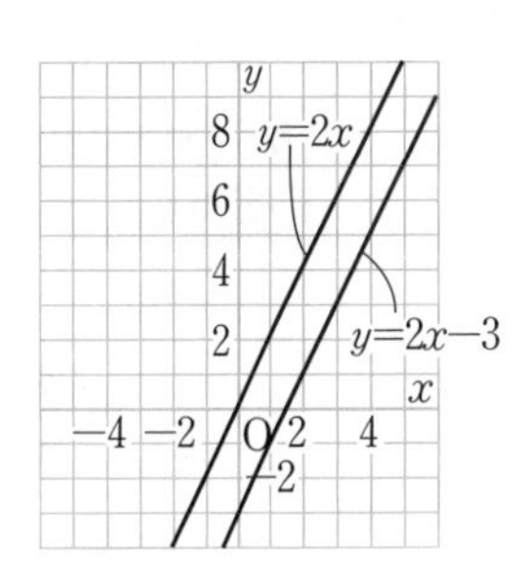

教科書 p.74

Q4 $y=-2x+4$ は，$y=-2x$ のグラフをどのように平行移動させたものですか。また，切片をいいなさい。

解答 $y=-2x+4$ のグラフは，$y=-2x$ のグラフを，**y 軸の正の向きに 4 だけ平行移動させたものである。**

また，**切片は 4 である。**

CHECK! 確認したら✓を書こう

教科書の要点

□**傾き**

1次関数 $\boldsymbol{y=ax+b}$ のグラフは直線であり，$\boldsymbol{a}$ はその直線の傾き(かたむ)きぐあいを表している。$\boldsymbol{a}$ を，この直線の**傾き**という。

例 $\boldsymbol{y=4x-3}$ のグラフの傾きは $\boldsymbol{4}$ である。

□**1次関数のグラフ**

1次関数 $\boldsymbol{y=ax+b}$ のグラフは，傾きが $\boldsymbol{a}$，切片が $\boldsymbol{b}$ の直線である。

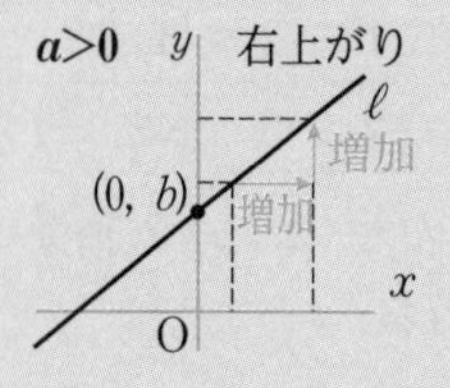

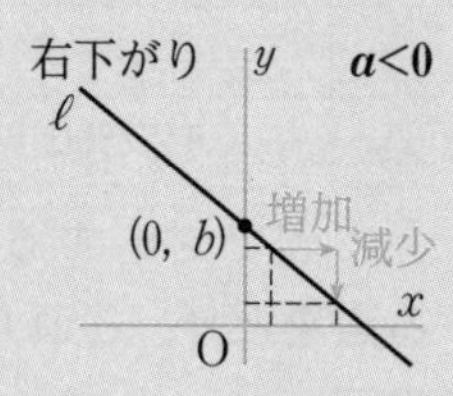

□**直線 ℓ の式**

1次関数 $\boldsymbol{y=ax+b}$ のグラフの直線を $\boldsymbol{\ell}$ とするとき，$\boldsymbol{y=ax+b}$ を**直線 ℓ の式**という。

教科書 p.75

活動3 1次関数 $y=2x+5$ で，x の係数 2 がもつ意味をグラフ(教科書75ページ)で考えよう。

この1次関数では，$\dfrac{(y\text{の増加量})}{(x\text{の増加量})}=2$ である。

(1) x の値が 1 増加すると，y の値はいくら増加しますか。

(2) x の値が 3 増加すると，y の値はいくら増加しますか。

ガイド $\dfrac{(y\text{の増加量})}{(x\text{の増加量})}=2$ に，xの増加量を代入すると，y の増加量が求められる。

(1) y の増加量 $=2\times1=2$　　(2) y の増加量 $=2\times3=6$

解答 (1) **2増加する。**

(2) **6増加する。**

教科書 p.75

Q5 右の $y=-2x+4$ のグラフ(教科書75ページ)で，**3** と同じことを調べなさい。また，x の係数 -2 は，グラフ上でどのようなことを表していますか。

ガイド (1) y の増加量 $=-2\times1=-2$　　(2) y の増加量 $=-2\times3=-6$

解答 (1) **−2増加する。(2 減少する)**

(2) **−6増加する。(6 減少する)**

x の係数 -2 は，グラフ上で，右に 1 進むと 2 下がることを表している。これは，**直線の傾きを表している。**

教科書 p.75

Q6 $y=ax+b$ のグラフで，傾き a が正の数の場合と負の数の場合では，どのようなちがいがありますか。

解答 a が正の数… x の値が増加すると y の値も増加し，グラフは**右上がりの直線**。
a が負の数… x の値が増加すると y の値は減少し，グラフは**右下がりの直線**。

教科書 p.76

Q7 傾きが -1，切片が -3 である直線の式を求めなさい。

ガイド $y=ax+b$ のグラフで，a を傾き，b を切片という。$a=-1, b=-3$ を代入する。

解答 $\boldsymbol{y=-x-3}$

プラス・ワン 傾きが $\dfrac{2}{3}$，切片が 0 である直線の式を求めなさい。

ガイド $a=\dfrac{2}{3}$，$b=0$ を $y=ax+b$ に代入する。

解答 $\boldsymbol{y=\dfrac{2}{3}x}$

CHECK! 確認したら✓を書こう

教科書の要点

□1次関数のグラフのかき方	$\boldsymbol{y=ax+b}$ のグラフのかき方 ① 切片と傾きから**2**点をとってグラフをかく。 ② このグラフ上にあるとわかっている適当な 2 点をとってグラフをかく。

教科書 p.76

活動4 1次関数 $y=2x-3$ のグラフをかいてみよう。

(1) 傾きと切片に着目してかきなさい。

❶ 切片は -3 だから，点A$(0,\ -3)$を通る。

❷ 傾きは 2 だから，たとえば，点Aから右に 1，上に 2 進んだ点B(□，□)を通る。

❸ 2点A，Bを通る直線をひく。

(2) 点Aと点$(2,\ 1)$を通る直線をひいてもよい。それはなぜですか。

解答 (1) ❷ 点B(**1** ， **−1**)　❸ **右の図**

(2) **$x=2$ のとき，$y=2\times2-3=1$ だから，**
$(2,\ 1)$は $y=2x-3$ のグラフ上にある。
よって，点Aと点$(2,\ 1)$を通る直線をひいてもよい。

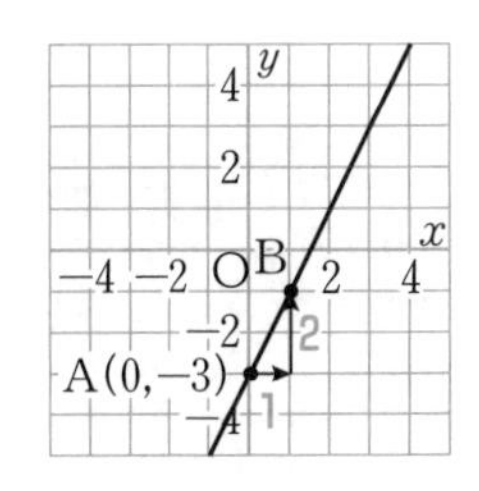

教科書 p.77

たしかめ2 次の1次関数のグラフをかきなさい。

(1) $y=3x+1$　　(2) $y=-x-1$

ガイド 切片と傾きに着目して直線をかく。

(1) グラフの傾きが3，切片が1の直線

(2) グラフの傾きが-1，切片が-1の直線

解答 **右の図**

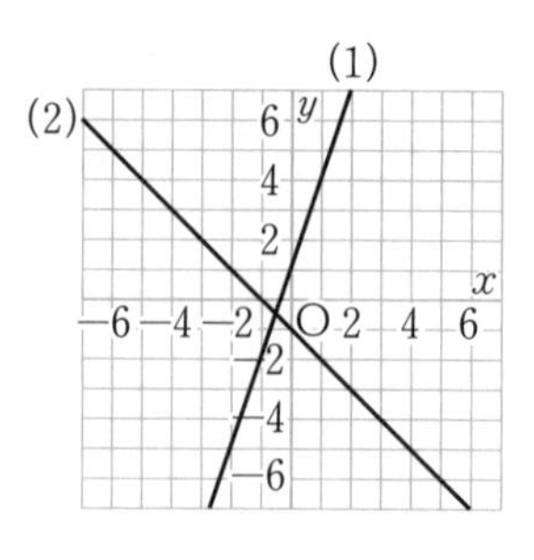

教科書 p.77

活動5 1次関数 $y=-\frac{2}{3}x+1$ のグラフをかいてみよう。

(1) 傾きと切片に着目してかきなさい。

❶ 切片が1だから，y 軸上の点A(0, 1)を通る。

❷ 傾きが $-\frac{2}{3}$ だから，たとえば，点Aから右に3，下に2進んだ点B(　，　)を通る。

❸ 2点A，Bを通る直線をひく。

(2) 点Aと点$(-3,\ 3)$を通る直線をひいてもよい。それはなぜですか。

解答 (1) ❷ 点B(**3** , **−1**)　❸ **右の図**

(2) **$x=-3$ のとき，$y=-\frac{2}{3}\times(-3)+1=3$ だから，**

点$(-3,\ 3)$は $y=-\frac{2}{3}x+1$ のグラフ上にある。

よって，点Aと点$(-3,\ 3)$を通る直線をひいてもよい。

教科書 p.77

Q8 5で，2点$(3,\ -1)$，$(-3,\ 3)$を通る直線をひいてもよいですか。

解答 $y=-\frac{2}{3}x+1$ について，$x=3$ のとき，$y=-\frac{2}{3}\times3+1=-1$

$x=-3$ のとき，$y=-\frac{2}{3}\times(-3)+1=3$

よって，2点$(3,\ -1)$と$(-3,\ 3)$は，直線 $y=-\frac{2}{3}x+1$ 上の点であるから，

$(3,\ -1)$，$(-3,\ 3)$の2点を通る直線をひいてもよい。

教科書 p.77

Q9 次の1次関数のグラフを たしかめ2 の座標平面上にかきなさい。

(1) $y=\frac{3}{4}x+2$　　(2) $y=-\frac{3}{2}x-4$

ガイド x，y の値の組が整数になる2点を求めてかけばよい。

(例) (1) $(0,\ 2)$，$(4,\ 5)$

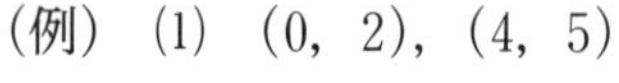

(2) $(0,\ -4)$，$(-2,\ -1)$

解答 **右の図**

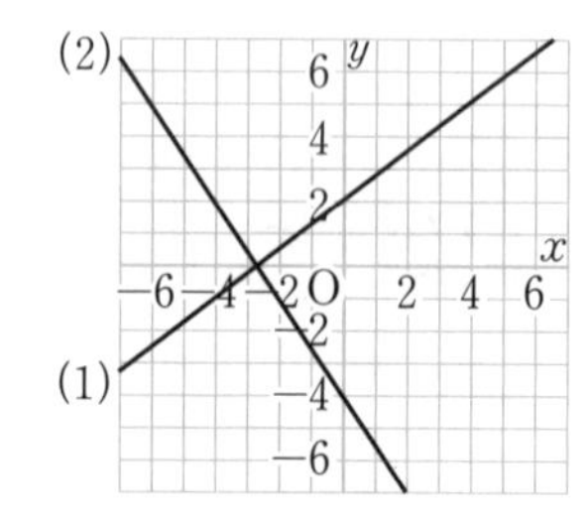

④ 1次関数の式の求め方

CHECK! 確認したら✓を書こう

教科書の要点

□1次関数の式の求め方(1)

座標平面上に直線がかかれているとき

グラフから，切片と傾きを読み取り，$y=ax+b$ の式にあてはめる。

直線の傾きとその直線が通る1点がわかっているとき

例 傾き3で，点(3，10)を通る直線の式

求める式を $y=ax+b$ とおくと，傾き $a=3$ から $y=3x+b$

点(3，10)を通ることから，$10=3\times3+b$ より，$b=1$

したがって，式は $y=3x+1$

教科書 p.78

活動1 右の図(教科書78ページ)は，ある1次関数のグラフである。このグラフから，1次関数の式を求めよう。

(1) グラフの直線を観察すると，右の図(教科書78ページ)のように，y 軸上の点A(0，−1)を通っています。このことから，切片をいいなさい。

(2) 直線は点Aから右に2，上に3進んだ点B(2，2)を通っています。このことから，直線の傾きをいいなさい。

(3) (1)，(2)から，1次関数の式を求めなさい。

解答 (1) -1　(2) $\frac{3}{2}$　(3) $y=\frac{3}{2}x-1$

教科書 p.78

たしかめ1 右の図(教科書78ページ)の直線は，1次関数のグラフです。このとき，y を x の式で表しなさい。

ガイド グラフから切片と傾きを読み取り，直線の式を求める。

(1) 2点(0，1)，(1，3)を通るから，切片は1

この2点で傾きを考えると，右へ1，上へ2進むので2

(2) 2点(0，−3)，(−4，0)を通るから，切片は−3

この2点で傾きを考えると，右へ4，下へ3進むので $-\frac{3}{4}$

解答 (1) $y=2x+1$　(2) $y=-\frac{3}{4}x-3$

教科書 p.79

活動3 右の図(教科書79ページ)は，ある1次関数のグラフで，グラフの直線の傾きが $\frac{1}{2}$ で，点(6，4)を通っている。このグラフから1次関数の式を求めよう。

(1) 求める直線の式を $y=ax+b$ として，直線の傾きと通る点の座標から，式を求めなさい。

(2) 2 と比べて気づいたことをいいなさい。

ガイド (1) 傾きが $\frac{1}{2}$ だから，求める1次関数の式は，$y=\frac{1}{2}x+b$ と表される。

$x=6$，$y=4$ を代入すると，$4=\frac{1}{2}\times6+b$ より，$b=1$

解答 (1) $y=\frac{1}{2}x+1$

(2) **答えの1次関数の式は同じである。**

教科書 p.79

Q1 次のような1次関数の式を求めなさい。

(1) 変化の割合が-3で，$x=1$のとき$y=2$である。

(2) グラフの傾きが3で，点$(2,\ 11)$を通る直線である。

(3) xの値が1増加するとyの値が1減少し，$x=4$のとき$y=6$である。

(4) グラフが，点$(-2,\ -4)$を通り，直線$y=5x-3$に平行な直線である。

ガイド (1) 変化の割合が-3だから，求める1次関数の式は，$y=-3x+b$と表される。
$x=1$，$y=2$を代入すると，$2=-3\times1+b$より，$b=5$

(2) 傾きが3だから，求める1次関数の式は，$y=3x+b$と表される。
$x=2$，$y=11$を代入すると，$11=3\times2+b$より，$b=5$

(3) xの値が1増加するとyの値が1減少することから
変化の割合は，$\frac{-1}{1}=-1$
よって求める1次関数の式は，$y=-x+b$と表される。
$x=4$，$y=6$を代入すると，$6=-4+b$より，$b=10$

(4) 平行な直線の傾きは等しいから，求める式を
$y=5x+b$とおいて，
$x=-2$，$y=-4$を代入すると，
$-4=5\times(-2)+b$より，$b=6$

解答 (1) $\boldsymbol{y=-3x+5}$

(2) $\boldsymbol{y=3x+5}$

(3) $\boldsymbol{y=-x+10}$

(4) $\boldsymbol{y=5x+6}$

CHECK! 確認したら✓を書こう

教科書の要点

□**1次関数の式の求め方(2)**

直線が通る2点がわかっているとき

① 2点の座標から直線の傾きaを求めて，対応するx，yの値（座標）を$y=ax+b$の式にあてはめる。

② 求める式を$y=ax+b$とおいて，対応するx，yの2組の値（2点の座標）を代入して，aとbについての連立方程式をつくり，それを解く。

活動4　ある1次関数のグラフが2点(1, −2), (4, 7)を通る直線になる。この1次関数の式を求める方法を考えよう。

あおいさんの考え

> 直線が通る2点の座標から，直線の傾きは $\dfrac{7-(-2)}{4-1}=3$
> 求める式を $y=3x+b$ とすると，この直線は点(1, −2)を通るから，…

ゆうとさんの考え

> 直線が通る2点の座標から，対応する x, y の値の組を考えると，
> $x=1$ のとき $y=-2$, $x=4$ のとき $y=7$ である。
> 求める1次関数の式を $y=ax+b$ として，
> $x=1$, $y=-2$ を代入すると，$-2=a+b$

(1)　2人の考えで，1次関数の式を求めなさい。

解答 (1)〈あおいさんの考え〉

直線が通る2点の座標から，直線の傾きは $\dfrac{7-(-2)}{4-1}=3$

求める式を $y=3x+b$ とすると，この直線は点(1, −2)を通るから，

$y=3x+b$ に，$x=1$, $y=-2$ を代入すると，$-2=3+b$ より，$b=-5$

よって，求める1次関数の式は，$\boldsymbol{y=3x-5}$

〈ゆうとさんの考え〉

直線が通る2点の座標から，対応する x, y の値の組を考えると，

$x=1$ のとき $y=-2$, $x=4$ のとき $y=7$ である。

求める1次関数の式を $y=ax+b$ として，

$x=1$, $y=-2$ を代入すると，$-2=a+b$ ……①

$x=4$, $y=7$ を代入すると，$7=4a+b$ ……②

①, ②を a, b についての連立方程式とみて解くと，$a=3$, $b=-5$

よって，求める1次関数の式は，$\boldsymbol{y=3x-5}$

Q2　ある1次関数のグラフが2点(1, 2), (4, −4)を通る直線になる。この1次関数の式を求めなさい。

解答 直線の傾きは $\dfrac{-4-2}{4-1}=\dfrac{-6}{3}=-2$ より，求める式は $y=-2x+b$ と表される。

この式に $x=1$, $y=2$ を代入して b を求めると，$b=4$

よって，$\boldsymbol{y=-2x+4}$

別解 求める式を $y=ax+b$ とする。

$x=1$, $y=2$ を代入すると，$2=a+b$ ……①

$x=4$, $y=-4$ を代入すると，$-4=4a+b$ ……②

①, ②を連立方程式として解くと，$a=-2$, $b=4$

よって，$\boldsymbol{y=-2x+4}$

たしかめよう

1 次の(1)～(3)で y が x の１次関数のとき，変化の割合を求めなさい。

(1) x の値が１増加するとき，y の値は３増加する。

(2) x の値が３増加するとき，y の値は９減少する。

(3) x の値が３から８まで増加するとき，y の値は３から -7 まで減少する。

ガイド (変化の割合) $=\dfrac{(y\text{ の増加量})}{(x\text{ の増加量})}$

解答 (1) $\dfrac{3}{1}=\mathbf{3}$　　(2) $\dfrac{-9}{3}=\mathbf{-3}$　　(3) $\dfrac{-7-3}{8-3}=\mathbf{-2}$

教科書 p.81

2 次の(1)，(2)で，y は x の１次関数です。表の□をうめなさい。

(1)

x	-2	-1	0	1	2
y	□	□	5	2	□

(2)

x	-9	-3	□	6	□
y	-9	□	-6	-4	0

ガイド (1) x の値が１増加すると，y の値は３減少するから，$a=-3$ で，

$x=0$ のとき $y=5$ より $b=5$ だから，

この１次関数の式は，$y=-3x+5$

$x=-2$ のとき，$y=-3\times(-2)+5=11$

$x=-1$ のとき，$y=-3\times(-1)+5=8$

$x=2$ のとき，$y=-3\times2+5=-1$

(2) この１次関数の式を $y=ax+b$ とおいて，

$x=-9$，$y=-9$ を代入すると，

$-9=-9a+b$ ……①

$x=6$，$y=-4$ を代入すると，$-4=6a+b$ ……②

①，②を連立方程式として解くと，$a=\dfrac{1}{3}$，$b=-6$

よって，$y=\dfrac{1}{3}x-6$

$x=-3$ のとき，$y=\dfrac{1}{3}\times(-3)-6=-7$

$y=-6$ のとき，$-6=\dfrac{1}{3}x-6$　　$x=0$

$y=0$ のとき，$0=\dfrac{1}{3}x-6$　　$x=18$

解答 (1)

x	-2	-1	0	1	2
y	**11**	**8**	5	2	**−1**

(2)

x	-9	-3	**0**	6	**18**
y	-9	**−7**	-6	-4	0

まずは，１次関数の式を求めるんだね。

3 次の1次関数のグラフをかきなさい。

(1) $y=2x-1$　　(2) $y=-x+4$　　(3) $y=\frac{1}{2}x+2$

ガイド (1)(2) 切片と傾きに着目して直線をひく。

(3) x，y の値の組が整数になる2点を求めて直線をひく。

解答 **右の図**

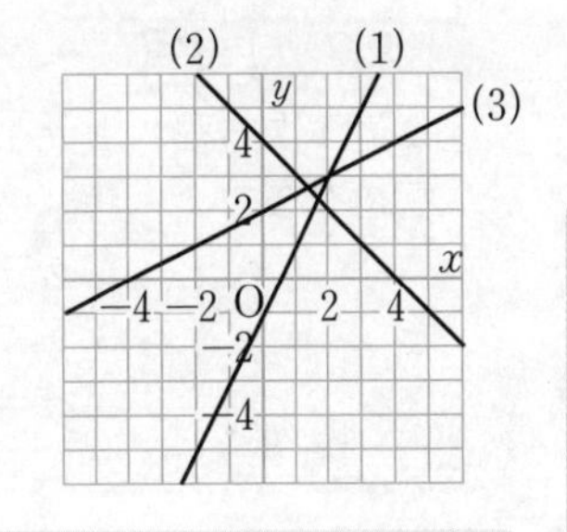

教科書 p.81

4 右の図(教科書81ページ)の(1)~(3)は1次関数のグラフです。このとき，y を x の式で表しなさい。

ガイド グラフから切片と傾きを読み取り，直線の式を求める。

解答 (1) 点(0, −2)を通るから，切片は−2

傾きを考えると，右へ1，上へ3進むので3より，$\boldsymbol{y=3x-2}$

(2) 点(0, 3)を通るから，切片は3

傾きを考えると，右へ2，下へ1進むので $-\frac{1}{2}$ より，$\boldsymbol{y=-\frac{1}{2}x+3}$

(3) 点(0, −4)を通るから，切片は−4

傾きを考えると，右へ4，上へ1進むので $\frac{1}{4}$ より，$\boldsymbol{y=\frac{1}{4}x-4}$

教科書 p.81

5 次のような1次関数の式を求めなさい。

(1) 変化の割合が−2で，$x=2$ のとき $y=4$ である。

(2) グラフが2点(−1, −4)，(5, −1)を通る直線である。

ガイド 求める1次関数の式を $y=ax+b$ とする。

解答 (1) 変化の割合が−2だから，$y=-2x+b$ と表される。

$x=2$，$y=4$ を代入すると，$4=-2\times2+b$ より，$b=8$

よって，$\boldsymbol{y=-2x+8}$

(2) $y=ax+b$ に $x=-1$，$y=-4$ を代入すると，

$-4=-a+b$ ……①

$x=5$，$y=-1$ を代入すると，

$-1=5a+b$ ……②

①，②を連立方程式として解くと，$a=\frac{1}{2}$，$b=-\frac{7}{2}$

よって，$\boldsymbol{y=\frac{1}{2}x-\frac{7}{2}}$

別解 直線の傾きを求めて，$y=\frac{1}{2}x+b$ とおいて求めてもよい。

2節 方程式とグラフ

① 2元1次方程式のグラフ

CHECK! 確認したら✓を書こう

教科書の要点

□2元1次方程式のグラフ　2元1次方程式 $ax+by=c$ の解$(x,\ y)$を座標とする点の集合を，2元1次方程式のグラフという。

- 2元1次方程式 $ax+by=c$ (a，b，cは定数)のグラフは直線である。
- 2元1次方程式のグラフは，その方程式を y について解いたときの1次関数のグラフと一致(いっち)する。

教科書 p.82

活動1　2元1次方程式 $2x+y=6$ の解を求めよう。

(1)　2元1次方程式の解を，表を完成させて求めなさい。

x	-2	-1	0	1	2	3
y						

(2)　(1)で求めた解を座標とする点を，左の座標平面上(教科書82ページ)にとりなさい。

解答 (1)　(左から順に)**10，8，6，4，2，0**

(2)

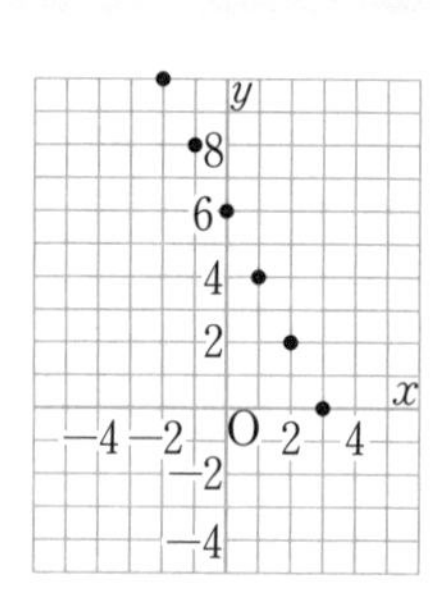

教科書 p.82

Q1　次の(1)~(3)は，1の方程式の解であるといえますか。また，そのことを1のグラフを使って確かめなさい。

(1)　$(4,\ -2)$　　(2)　$\left(\dfrac{1}{2},\ 5\right)$　　(3)　$(-1.5,\ 9)$

ガイド　座標の x，y の値を式に代入して確かめる。

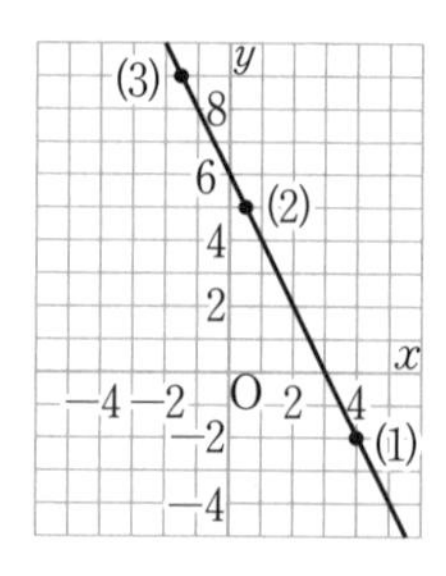

解答 (1)　$2x+y=6$ に，$x=4$，$y=-2$ を代入すると，

左辺 $=2\times4+(-2)=6$　　右辺 $=6$

よって，**解であるといえる。**

(2)　$2x+y=6$ に，$x=\dfrac{1}{2}$，$y=5$ を代入すると，

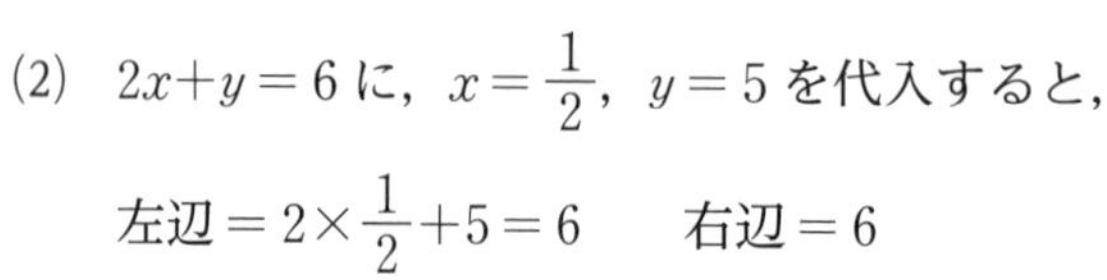

左辺 $=2\times\dfrac{1}{2}+5=6$　　右辺 $=6$

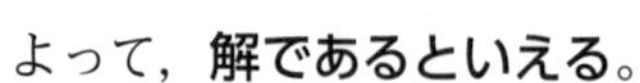

よって，**解であるといえる。**

(3)　$2x+y=6$ に，$x=-1.5$，$y=9$ を代入すると，

左辺 $=2\times(-1.5)+9=6$　　右辺 $=6$

よって，**解であるといえる。**

また，**それぞれの点はグラフ上にあるので，解であることが確かめられる。**

教科書 p.83

Q2 2元1次方程式 $-x+2y=4$ のグラフをかきなさい。

ガイド 方程式の解をいくつか求めて点をとり，これらの点を通る直線で結ぶ。

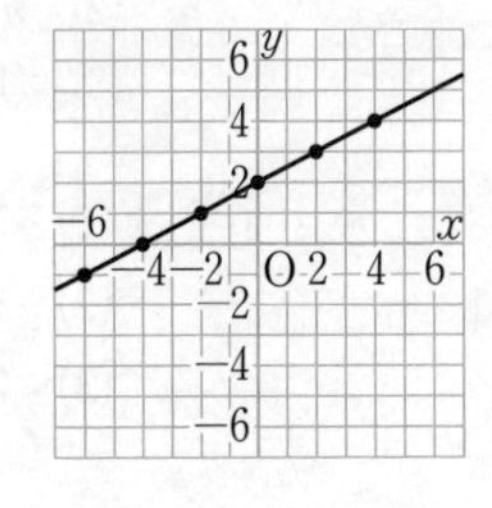

x	-6	-4	-2	0	2	4
y	-1	0	1	2	3	4

解答 **右の図**

教科書 p.83

活動2 2元1次方程式 $2x+y=6$ の x と y の関係を調べよう。

(1) y は x の関数とみることができます。それはなぜですか。

(2) $2x+y=6$ を y について解きなさい。y は x のどのような関数ですか。

(3) (2)で求めた関数のグラフをかき，(教科書)82ページのグラフと比べなさい。

解答 (1) **x の値を決めると，それに対応して y の値がただ1つ決まるので，y は x の関数である。**

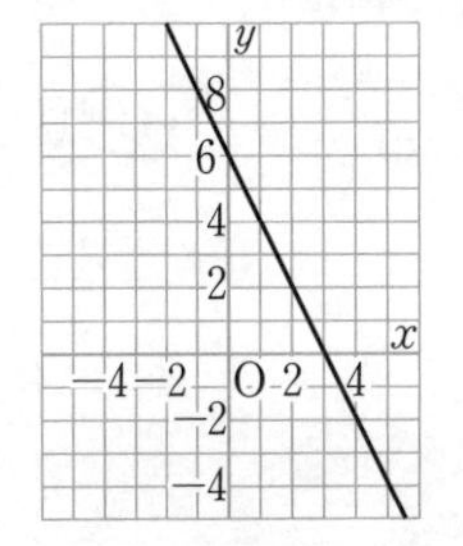

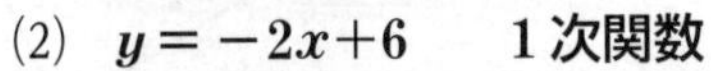

(2) $\boldsymbol{y=-2x+6}$　**1次関数**

(3) **右の図**(切片6，傾き -2 の直線)

教科書82ページの 1 のグラフと一致する。

教科書の要点

□2元1次方程式のグラフのかき方

・2元1次方程式 $\boldsymbol{ax+by=c}$ のグラフは，$\boldsymbol{y}$ について解いて，1次関数を表す式とみてグラフをかく。

例 $\boldsymbol{4x-y=12}$ のグラフは，$\boldsymbol{y=4x-12}$ としてグラフをかく。

・$\boldsymbol{ax+by=c}$ で $\boldsymbol{a=0}$ または $\boldsymbol{b=0}$ のときのグラフ

$\boldsymbol{a=0}$ のとき $\boldsymbol{by=c}$ で，この式のグラフは x 軸(じく)に平行な直線になる。

$\boldsymbol{b=0}$ のとき $\boldsymbol{ax=c}$ で，この式のグラフは y 軸に平行な直線になる。

教科書 p.83

Q3 次の2元1次方程式のグラフを 3 の座標平面上(教科書83ページ)にかきなさい。

(1) $-2x+y=4$　　(2) $x+3y=6$

解答 (1) $-2x+y=4$　$y=2x+4$

右の図(傾き2，切片4の直線)

(2) $x+3y=6$　$3y=-x+6$　$y=-\dfrac{1}{3}x+2$

右の図$\left(\text{傾き}-\dfrac{1}{3}，\text{切片}2\text{の直線}\right)$

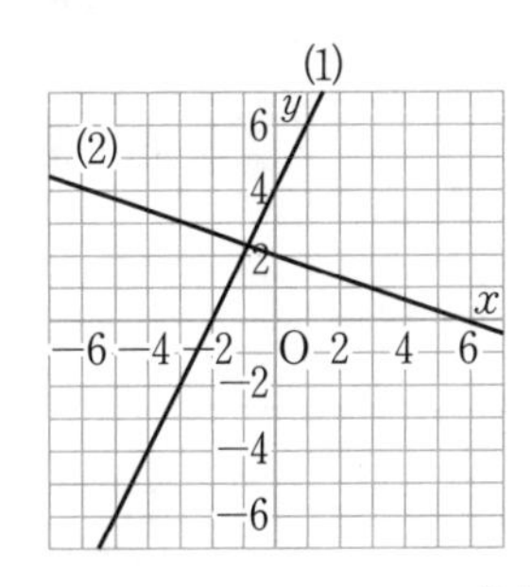

3章 2節 方程式とグラフ

教科書 p.84

活動4 2元1次方程式のグラフが直線であることを使って，$3x+4y=12$ のグラフをかいてみよう。

(1) $x=0$ のときの y の値（あたい）を求めなさい。

(2) $y=0$ のときの x の値を求めなさい。

(3) (1), (2)で求めた2点を使って，グラフをかきなさい。

解答 (1) $3\times0+4y=12$ より，$\boldsymbol{y=3}$

(2) $3x+4\times0=12$ より，$\boldsymbol{x=4}$

(3) **右の図**

((1)より $(0,\ 3)$，(2)より $(4,\ 0)$ の2点を通る直線)

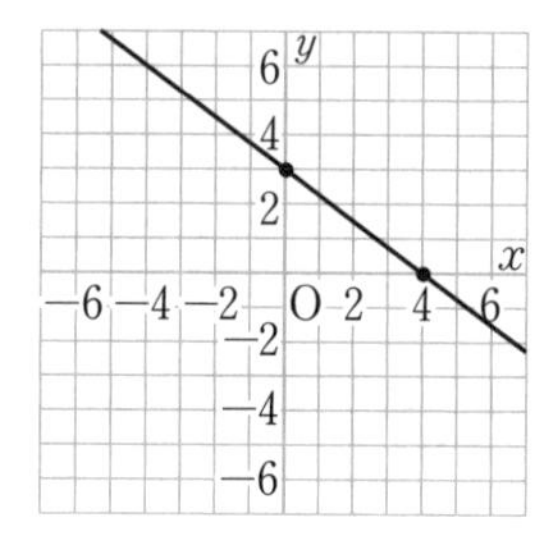

教科書 p.84

Q4 次の2元1次方程式のグラフをかきなさい。

(1) $3x+5y=15$　　(2) $2x-y-6=0$

ガイド (1) $x=0$ のとき，$y=3$

$y=0$ のとき，$x=5$ より，

2点 $(0,\ 3)$，$(5,\ 0)$ を通る直線。

(2) $x=0$ のとき，$y=-6$，

$y=0$ のとき，$x=3$ より，

2点 $(0,\ -6)$，$(3,\ 0)$ を通る直線。

解答 **右の図**

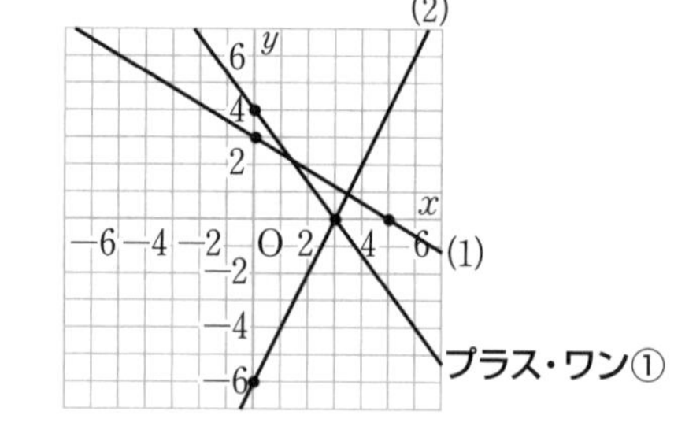

教科書 p.84

プラス・ワン① $\dfrac{x}{3}+\dfrac{y}{4}=1$

ガイド $x=0$ のとき，$y=4$，$y=0$ のとき，$x=3$ より，2点 $(0,\ 4)$，$(3,\ 0)$ を通る直線。

解答 **Q4 内の図**

教科書 p.85

Q5 次の方程式のグラフを，5 の座標平面上(教科書84ページ)にかきなさい。

(1) $y=-2$　　(2) $-2y+10=0$

ガイド (1) x がどんな値をとっても y の値は -2 だから，グラフは y 軸上の点 $(0,\ -2)$ を通り，x 軸に平行な直線になる。

(2) $-2y+10=0$ より，$y=5$ (x 軸に平行)

解答 **右の図**

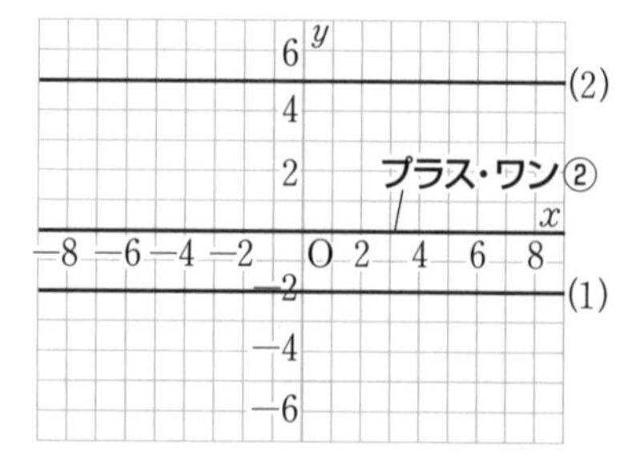

教科書 p.85

プラス・ワン② $y=0$

ガイド x 軸と重なる。

解答 Q5内の図

$y=0$ のグラフは，たとえば $x=1$ や $x=-1$ などのときも $y=0$ だから，点(1, 0)，(−1, 0)を通るグラフになるよ。

教科書 p.85

Q6 次の方程式のグラフを，6の座標平面上(教科書85ページ)にかきなさい。

(1) $x=4$　　(2) $5x+15=0$

ガイド (1) y がどんな値をとっても x の値は 4 だから，グラフは x 軸上の点(4, 0)を通り，y 軸に平行な直線になる。

(2) $5x+15=0$ より，$x=-3$ (y 軸に平行)

解答 右の図

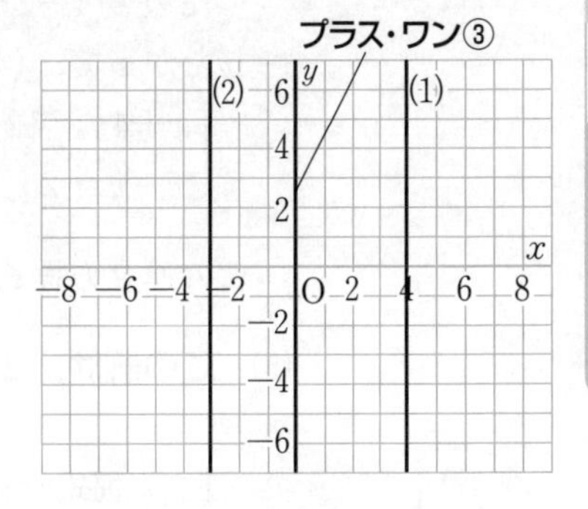

教科書 p.85

プラス・ワン③ $x=0$

ガイド y 軸と重なる。

解答 Q6内の図

2 グラフと連立方程式

CHECK! 確認したら✓を書こう

教科書の要点

□グラフの交点の座標	2 つの 2 元 1 次方程式のグラフの交点の x 座標，y 座標の組は，その 2 つの方程式を組にした連立方程式の解とみることができる。
□連立方程式の解	連立方程式の解は，それぞれの方程式のグラフの交点の座標，つまり，2 直線の交点の座標として求めることができる。

教科書 p.86

活動1 2 つのグラフの交点の座標について調べよう。

(1) 左の図(教科書86ページ)の直線は，2 元 1 次方程式 $x+4y=12$ のグラフです。この図に，2 元 1 次方程式 $x-y=2$ のグラフをかきなさい。

(2) 2 つのグラフの交点の座標を読み取りなさい。

(3) 2 つのグラフの交点の x 座標と y 座標の値の組は，それぞれの方程式の解であるといってよいですか。

(4) 2 つの方程式を組にした連立方程式 $\begin{cases} x+4y=12 \\ x-y=2 \end{cases}$ を解きなさい。

(5) 連立方程式の解がグラフの交点の座標と一致することを確かめなさい。

ガイド 2つのグラフの交点は，2元1次方程式 $x+4y=12$ の直線上の点であり，$x-y=2$ の直線上の点でもあることに着目する。

(1) $x-y=2$ を y について解くと，$y=x-2$

解答 (1) **右の図**

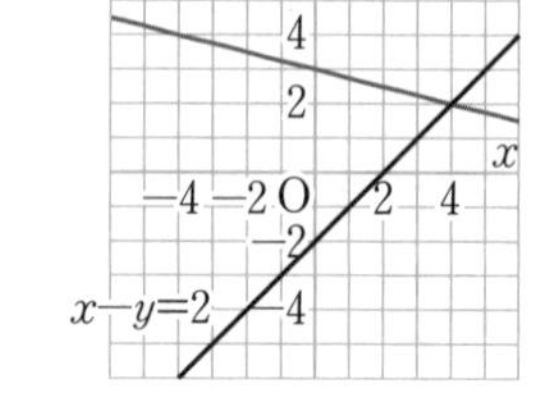

(2) **(4, 2)**

(3) $x=4$，$y=2$ を $x+4y=12$ に代入すると，

左辺 $=4+4\times2=12$　　右辺 $=12$

$x=4$，$y=2$ を $x-y=2$ に代入すると，

左辺 $=4-2=2$　　右辺 $=2$

したがって，(4, 2)はそれぞれの方程式の解である。

(4) $\begin{cases} x+4y=12 & \cdots\cdots① \\ x-y=2 & \cdots\cdots② \end{cases}$

この連立方程式を解くと，$x=4$，$y=2$　　$\begin{cases} \boldsymbol{x=4} \\ \boldsymbol{y=2} \end{cases}$

(5) **この解は，2つのグラフの交点の座標(4, 2)と一致する。**

教科書 p.86

Q1 次の連立方程式の解を，グラフをかいて求めなさい。

$\begin{cases} 2x+y=4 \\ x+3y=-3 \end{cases}$

また，計算で解を求め，一致することを確かめなさい。

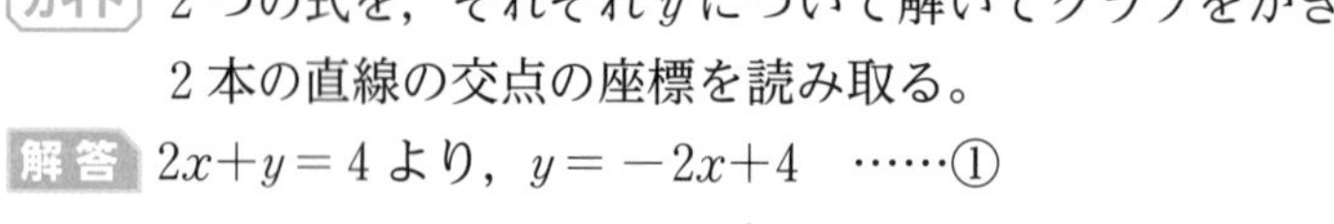

ガイド 2つの式を，それぞれ y について解いてグラフをかき，2本の直線の交点の座標を読み取る。

解答 $2x+y=4$ より，$y=-2x+4$　……①

$x+3y=-3$ より，$y=-\dfrac{1}{3}x-1$　……②

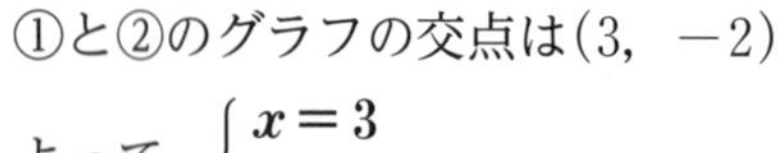

①と②のグラフの交点は(3, −2)

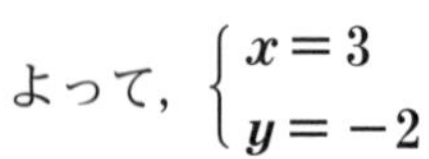

よって，$\begin{cases} \boldsymbol{x=3} \\ \boldsymbol{y=-2} \end{cases}$

計算で解を求めると，

$\begin{cases} 2x+y=4 & \cdots\cdots①' \\ x+3y=-3 & \cdots\cdots②' \end{cases}$

①′−②′×2 より，$-5y=10$　　$y=-2$

これを②′に代入して，$x+3\times(-2)=-3$　　$x=3$

よって，$\begin{cases} x=3 \\ y=-2 \end{cases}$

この解は，2つのグラフの交点の座標(3, −2)と**一致する。**

教科書 p.86

プラス・ワン

(1) $\begin{cases} 3x-y=6 \\ y=3 \end{cases}$　　(2) $\begin{cases} x=2 \\ 2x+3y=7 \end{cases}$

ガイド (1) $3x-y=6$ より，$y=3x-6$ ……①

$y=3$ ……②

①と②のグラフは右の図になり，
交点を読み取ると$(3,\ 3)$
また，①と②を連立方程式とみて解くと，$x=3$，$y=3$
となり，計算結果と一致する。

(2) $x=2$ ……①

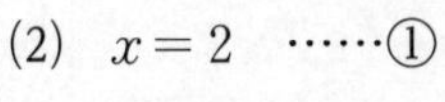

$2x+3y=7$ より，$y=-\dfrac{2}{3}x+\dfrac{7}{3}$ ……②

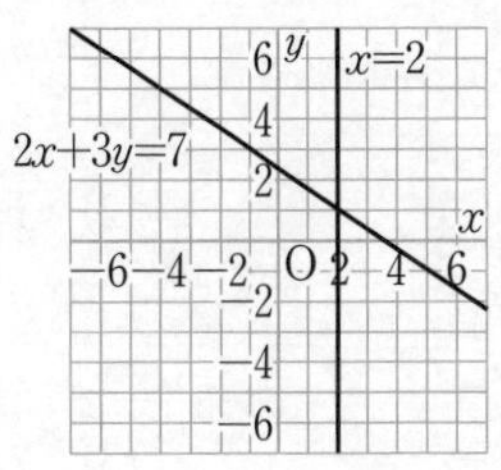

①と②のグラフは右の図になり，
交点を読み取ると$(2,\ 1)$
また，①と②を連立方程式とみて解くと，$x=2$，$y=1$
となり，計算結果と一致する。

解答 (1) $\begin{cases} \boldsymbol{x=3} \\ \boldsymbol{y=3} \end{cases}$

(2) $\begin{cases} \boldsymbol{x=2} \\ \boldsymbol{y=1} \end{cases}$

2つの方程式のグラフの交点の座標が，それらを組にした連立方程式の解になるのね。

教科書 p.87

Q2 右の図(教科書87ページ)で，直線**ア**と**イ**の交点の座標を求めなさい。

解答 直線**ア**は，切片が-2，傾きが2の直線だから，$y=2x-2$ ……①
直線**イ**は，切片が-1，傾きが-1の直線だから，$y=-x-1$ ……②
①，②を連立方程式として解くと，$x=\dfrac{1}{3}$，$y=-\dfrac{4}{3}$

よって，$\boldsymbol{\left(\dfrac{1}{3},\ -\dfrac{4}{3}\right)}$

教科書 p.87

学びにプラス 連立方程式の解

グラフを利用して，次の連立方程式の解を調べましょう。

(1) $\begin{cases} 3x-y=1 \\ 6x-2y=2 \end{cases}$　　(2) $\begin{cases} 3x-y=1 \\ 9x-3y=12 \end{cases}$

また，(1)，(2)の連立方程式の解とグラフについて，気づいたことをいいましょう。

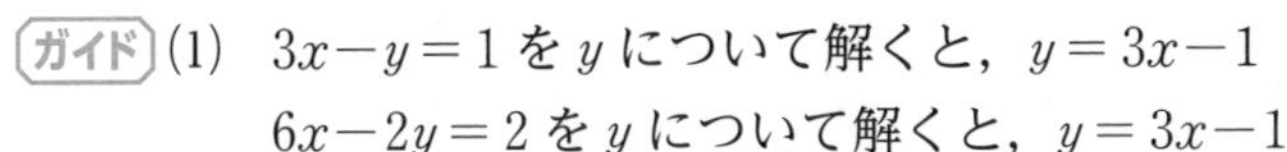

ガイド (1) $3x-y=1$ を y について解くと，$y=3x-1$
$6x-2y=2$ を y について解くと，$y=3x-1$

(2) $3x-y=1$ を y について解くと，$y=3x-1$
$9x-3y=12$ を y について解くと，$y=3x-4$

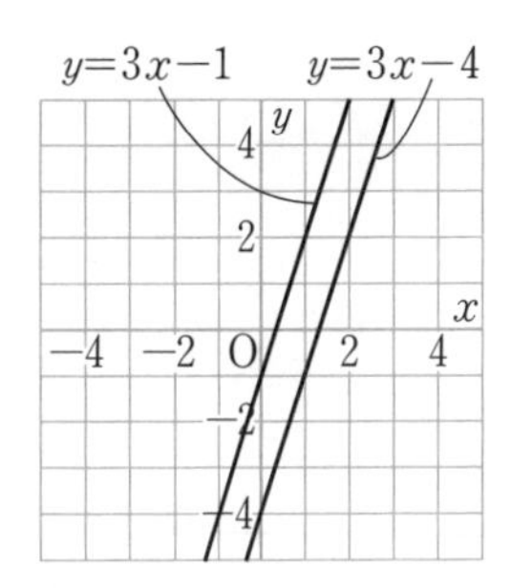

解答 (1) **2つの直線がぴったり重なるため，解は無数にある。**

(2) **2つの直線は平行で交わらないため，解をもたない。**

たしかめよう

1 次の方程式のグラフをかきなさい。

(1) $-2x+y=4$　　(2) $3x-5y=15$

(3) $2y=-6$　　(4) $3x=12$

ガイド (1) $x=0$ のとき，$y=4$ より $(0,\ 4)$

$y=0$ のとき，$x=-2$ より $(-2,\ 0)$

2点 $(0,\ 4)$，$(-2,\ 0)$ を通る直線

(2) $x=0$ のとき，$y=-3$ より $(0,\ -3)$

$y=0$ のとき，$x=5$ より $(5,\ 0)$

2点 $(0,\ -3)$，$(5,\ 0)$ を通る直線

(3) $2y=-6$ より，$y=-3$（x 軸に平行）

(4) $3x=12$ より，$x=4$（y 軸に平行）

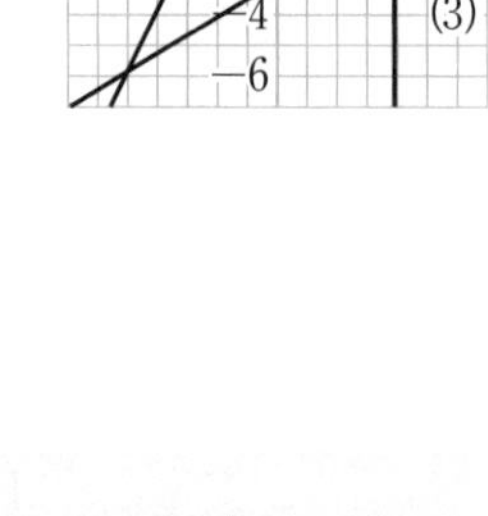

解答 **右の図**

2 次の連立方程式の解を，グラフをかいて求めなさい。

$$\begin{cases} x+2y=6 \\ 3x-y=4 \end{cases}$$

解答 $x+2y=6$ より，$y=-\frac{1}{2}x+3$ ……①

$3x-y=4$ より，$y=3x-4$ ……②

①，②のグラフの交点の座標は $(2,\ 2)$

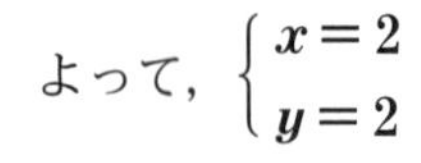
よって，$\begin{cases} \boldsymbol{x=2} \\ \boldsymbol{y=2} \end{cases}$

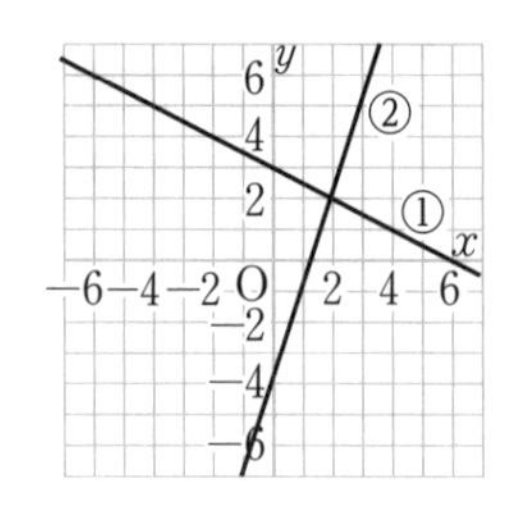

教科書 p.88

3 次の図（教科書88ページ）で，直線**ア**と**イ**の交点の座標を求めなさい。

解答 直線**ア**　切片が3，傾きが-1の直線だから，$y=-x+3$ ……①

直線**イ**　切片が1，傾きが$\frac{1}{2}$の直線だから，$y=\frac{1}{2}x+1$ ……②

①，②を連立方程式として解くと，$x=\frac{4}{3}$，$y=\frac{5}{3}$

よって，$\left(\boldsymbol{\frac{4}{3}},\ \boldsymbol{\frac{5}{3}}\right)$

3節 1次関数の利用

① 富士山八合目の気温を予想してみよう

教科書 p.89

つばささんが見つけたデータ(教科書89ページ)をもとに,標高と気温の関係から,八合目(標高3.3km)の気温を予想しよう。

(1) どのようにすれば,八合目のおよその気温を求められそうですか。

(2) 標高をx km,気温をy℃とすると,xとyの関係は次(教科書90ページ)のようになります。

上の表(教科書90ページ)をもとにして,xとyの値の組を座標とする点を次の図(教科書90ページ)にとりなさい。

(3) (2)でとった点が1直線上に並んでいるとみると,yはxのどんな関数といえますか。また,八合目の気温は何℃になりそうですか。

(4) 直線が2点P(2.8, 12.2),Q(3.8, 6.3)を通るとして,直線PQの式を求めなさい。また,この直線の傾き(かたむ)は何を表していますか。

(5) (4)で求めた式を利用して,八合目のおよその気温を求めなさい。

解答 (1) **標高をx km,気温をy℃とした2つの数量の関係を1次関数とみなしてグラフをかくと,八合目のおよその気温が求められそうである。**

(2) **右の図**

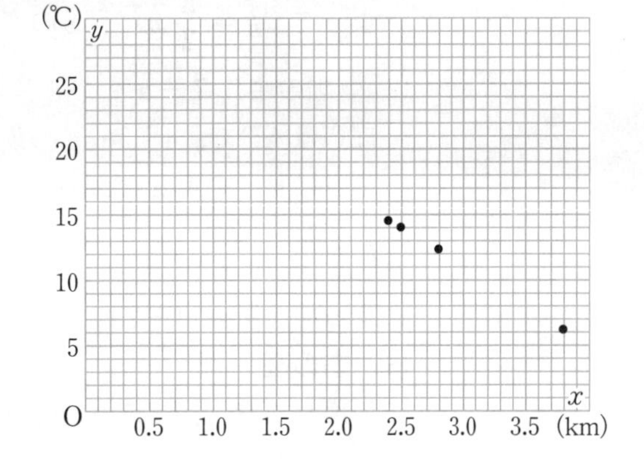

(3) yはxの1次関数といえる。

八合目の気温は,**およそ9℃**

(4) 直線が通る2点の座標から,

傾きは $\dfrac{6.3-12.2}{3.8-2.8}=-5.9$

$y=-5.9x+b$ とすると,

(2.8, 12.2)を通るから,

$b=28.72$

よって,$\boldsymbol{y=-5.9x+28.72}$

直線の傾きは,**標高が1km高くなるごとの気温の変化の大きさ**を表している。

(5) $x=3.3$ を $y=-5.9x+28.72$ に代入すると,$y=9.25$ より,**およそ9.25℃**

教科書 p.90

Q1 上の問題(教科書90ページ)で,ほかの標高の地点の気温を求めなさい。

解答 (例) 標高が1km地点の気温は,$y=-5.9\times1+28.72=22.82$ より,

およそ22.82℃

標高が2km地点の気温は,$y=-5.9\times2+28.72=16.92$ より,

およそ16.92℃

② 1次関数を利用して面積の変化を調べよう

考えよう 右(教科書91ページ)のような $\angle C=90^\circ$ の直角三角形ABCがある。点Pが△ABCの辺上をBからCを通ってAまで動く。このとき，△ABPの面積はどのように変化するだろうか。

解答 **点Pが辺BC上を動くときは面積は増加し，頂点Cにきたときに面積は最大になるが，辺CA上を動くときは面積は減少する。**

WEB

活動1 考えよう で，点PがBから x cm動いたときの△ABPの面積を y cm^2 として，△ABPの面積の変化のようすを調べよう。

(1) 点Pが辺BC上を動くとき，y を x の式で表しなさい。また，そのときの x の変域を求めなさい。

(2) 点Pが辺CA上を動くとき，y を x の式で表しなさい。また，そのときの x の変域を求めなさい。

(3) 変域に注意してグラフをかき，△ABPの面積の変化のようすを説明しなさい。

解答 (1) 底辺はBPで x cm，高さはACで3 cmだから，$y=\frac{1}{2}\times x\times 3$

よって，$\boldsymbol{y=\frac{3}{2}x}$　　x の変域は $\boldsymbol{0\leqq x\leqq 4}$

(2) (図の中) **$7-x$**

底辺はAPで，$4+3-x=7-x$ (cm)，

高さはBCで4 cmだから，

$y=\frac{1}{2}\times(7-x)\times 4$

よって，$\boldsymbol{y=14-2x}$　　x の変域は，$\boldsymbol{4\leqq x\leqq 7}$

(3) **右の図**

点PがBC上にあるときは，面積は一定の割合で増加し，点Cに到達したとき最大になる。CA上では一定の割合で減少し，Aに到達したとき0になる。

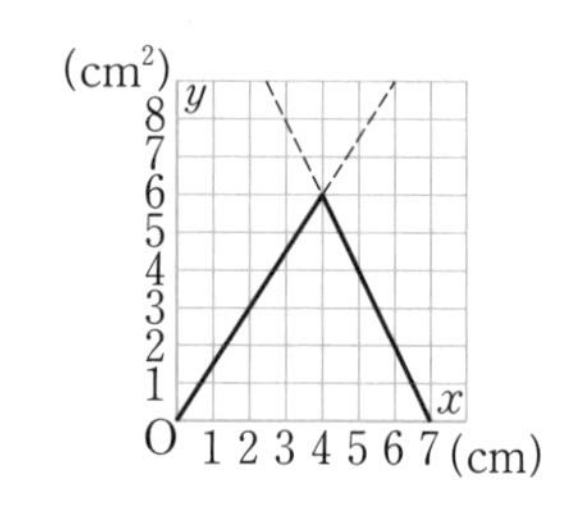

教科書 p.91

Q1 1 で，△ABPの面積が3 cm^2 になるのは，点PがBから何cm動いたときですか。

ガイド 1 のグラフから，$y=3$ になるのは2通りあることがわかる。

$0\leqq x\leqq 4$ のとき，$y=\frac{3}{2}x$ に $y=3$ を代入すると，$3=\frac{3}{2}x$　　$x=2$

$4\leqq x\leqq 7$ のとき，$y=14-2x$ に $y=3$ を代入すると，$3=14-2x$　　$x=5.5$

解答 **2 cmと5.5 cm**

注意 1 でかいたグラフから，$y=3$ となる x の値を読み取ると，$x=2$ と $x=5.5$ の確認ができる。

③ グラフをもとに問題を解決しよう

活動1 Aさんは，10時に駅を出発して図書館まで歩き，そこで本を返した後，同じ道を戻(もど)って途中(とちゅう)にあるBさんの家に行った。次のグラフ(教科書92ページ)は，Aさんが駅を出発してから，Bさんの家に着くまでの進行のようすを示したものである。
このグラフをもとにして，いろいろな問題を解決しよう。

(1) Aさんが駅を出発してから図書館に着くまでの速さを求めなさい。

(2) Aさんが駅を出発してから x 分後の駅からの距離(きょり)を y mとして，図書館に着くまでの進行のようすを表す直線の式を求めなさい。また，x，y の変域をそれぞれ求めなさい。

(3) (2)で，Aさんが図書館を出発してからBさんの家に着くまでの進行のようすを表す直線の式を求めなさい。また，x，y の変域をそれぞれ求めなさい。

(4) 10時40分には，Aさんは駅から何m離(はな)れたところにいますか。

ガイド (1) 10分間で800m進んでいるので，$800\div10=80$

(2) 1分間に80m進むので $y=80x$　30分間歩き，2400m進んでいる。

(3) 2点(34, 2400)と(44, 1600)を通る直線の式を求める。
$y=ax+b$ とおき，
$x=34$，$y=2400$ を代入して，$2400=34a+b$ ……①
$x=44$，$y=1600$ を代入して，$1600=44a+b$ ……②
①，②を連立方程式として解いて，$a=-80$，$b=5120$

(4) $y=-80x+5120$ に $x=40$ を代入して，$y=-80\times40+5120=1920$

解答 (1) **分速80m**

(2) $\boldsymbol{y=80x}$　　$\boldsymbol{0\leqq x\leqq 30}$　　$\boldsymbol{0\leqq y\leqq 2400}$

(3) $\boldsymbol{y=-80x+5120}$　　$\boldsymbol{34\leqq x\leqq 44}$　　$\boldsymbol{1600\leqq y\leqq 2400}$

(4) **1920m**

教科書 p.93

活動2 1で，1台のシャトルバスが駅と図書館の間を往復している。Aさんが駅を出発してから，Bさんの家に着くまでの間に何回シャトルバスに出会ったかを調べよう。ただし，シャトルバスの速さは一定であると考える。

(1) シャトルバスの運行のようすを表すグラフを，上の図(教科書93ページ)にかき加えなさい。

(2) Aさんは，シャトルバスに何回追い越(こ)されましたか。

(3) Aさんは，シャトルバスと何回すれちがいましたか。

ガイド (1)

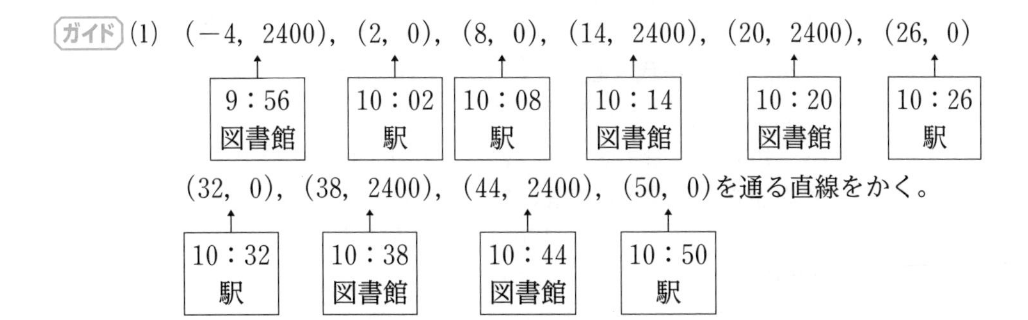

(2) (1)のグラフの●のところで追い越される。

(3) (1)のグラフの○のところですれちがう。

解答 (1)

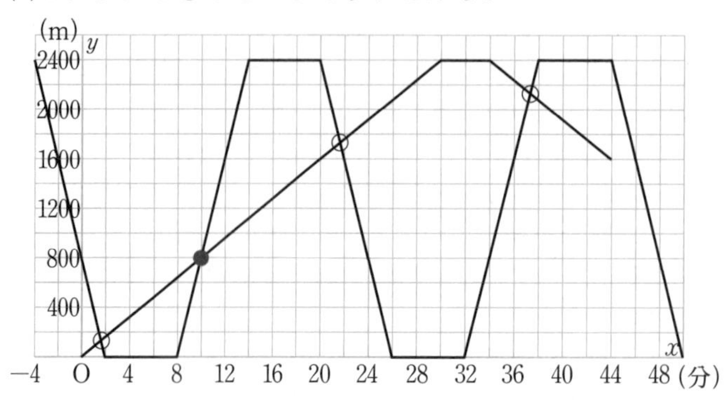

(2) **1回**　　　(3) **3回**

Q1 **2** で，Cさんは，10時13分に自転車で駅を出発し，分速120mで図書館へ向かいました。Cさんは，シャトルバスと何時何分にすれちがいますか。

ガイド 分速120mで2400m進むと，2400÷120＝20(分) かかるので，Cさんは10時33分に図書館につく。Cさんの進むようすは，下のグラフのようになる。

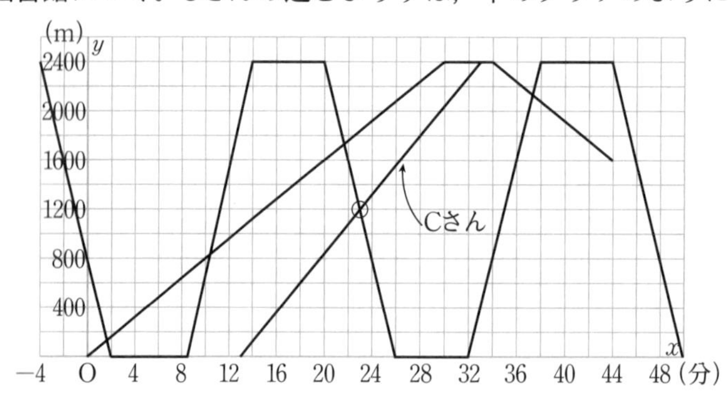

Cさんとシャトルバスがすれちがうのは，2点(13，0)，(33，2400)を通る直線と，2点(20，2400)，(26，0)を通る直線の交点である。

Cさんの進む速さは分速120mなので，Cさんの進むようすを表す式を

$y=120x+b$ とおき，$x=13$，$y=0$ を代入して，

$0=120\times13+b$ より，$b=-1560$　　よって，$y=120x-1560$ ……①

シャトルバスの運行の式を $y=ax+c$ とおき，

$x=20$，$y=2400$ を代入して　　$2400=20a+c$ ……②

$x=26$，$y=0$ を代入して　　$0=26a+c$ ……③

②，③を連立方程式として解いて，

$a=-400$，$c=10400$ から　$y=-400x+10400$ ……④

①，④を連立方程式として解いて，$x=23$，$y=1200$

よって，グラフ上の点(23，1200)ですれちがう。

解答 **10時23分**

3章をふり返ろう

1 次の(1)~(3)で，y は x の1次関数であるといえますか。
(1) 1個60円の消しゴムを x 個買うときの代金が y 円
(2) 面積が $40\,\text{cm}^2$ の長方形の縦の長さが x cm，横の長さが y cm
(3) 周の長さが50cmの長方形の縦の長さが x cm，横の長さが y cm

ガイド 比例の式 $y=ax$ は y が x の1次式で表されるので，y は x の1次関数であるといえる。反比例の式 $y=\dfrac{a}{x}$ は y が x の1次式で表されていないので，y は x の1次関数であるとはいえない。

(1) $y=60x$　(2) $y=\dfrac{40}{x}$　(3) $2x+2y=50$ より，$y=25-x$

解答 (1) **いえる。**　(2) **いえない。**　(3) **いえる。**

教科書 p.94

2 1次関数 $y=-2x+5$ について，次の(1)~(3)に答えなさい。
(1) 変化の割合をいいなさい。
(2) グラフの傾き(かたむ)と切片(せっぺん)をいいなさい。
(3) x の値(あたい)が3増加するとき，y の増加量を求めなさい。

解答 (1) **-2**
(2) **傾き-2　切片5**
(3) (y の増加量)＝(変化の割合)×(x の増加量)だから，
$-2\times3=\mathbf{-6}$

教科書 p.94

3 次の1次関数や方程式のグラフをかきなさい。
(1) $y=-x+4$　(2) $y=\dfrac{2}{3}x-1$　(3) $2x-3y=-3$
(4) $\dfrac{x}{3}+\dfrac{y}{2}=1$　(5) $x=5$　(6) $y=-4$

ガイド (1) グラフの傾きが-1で，切片が4の直線。
(2) グラフの傾きが $\dfrac{2}{3}$ で，切片が-1の直線。
(3) $2x-3y=-3$ を y について解くと，$y=\dfrac{2}{3}x+1$
よってグラフの傾きが $\dfrac{2}{3}$ で，切片が1の直線。
(4) $x=0$ のとき，$y=2$ より $(0,\ 2)$
$y=0$ のとき，$x=3$ より $(3,\ 0)$
2点 $(0,\ 2)$，$(3,\ 0)$ を通る直線。
(5) 点 $(5,\ 0)$ を通り，y 軸に平行な直線。
(6) 点 $(0,\ -4)$ を通り，x 軸に平行な直線。

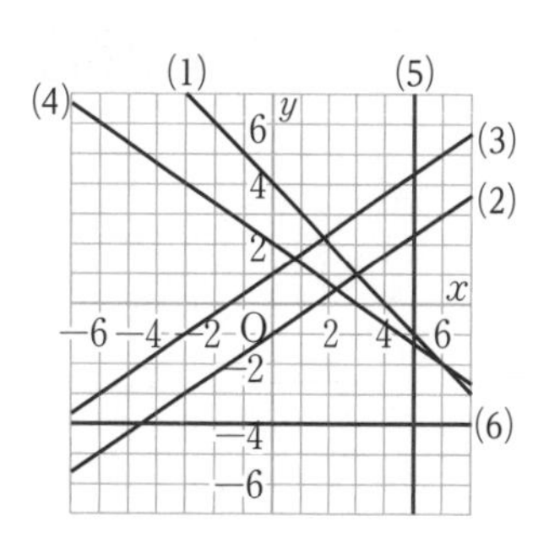

解答 **右の図**

教科書 p.94

4 次のような1次関数の式を求めなさい。

(1) グラフの傾きが4で，切片が-2の直線である。

(2) 変化の割合が$\frac{2}{3}$で，$x=3$のとき，$y=-4$である。

(3) グラフが2点$(-1,\ -3)$，$(3,\ 5)$を通る直線である。

解答 (1) $\boldsymbol{y=4x-2}$

(2) $y=\frac{2}{3}x+b$に$x=3$，$y=-4$を代入すると，$b=-6$より，$\boldsymbol{y=\frac{2}{3}x-6}$

(3) $y=ax+b$に$x=-1$，$y=-3$と$x=3$，$y=5$をそれぞれ代入すると，

$$\begin{cases} -3=-a+b \\ 5=3a+b \end{cases}$$

この連立方程式を解くと，$a=2$，$b=-1$より，$\boldsymbol{y=2x-1}$

別解 直線の傾きを求めて，$y=2x+b$とおいて求めてもよい。

教科書 p.94

5 右の図(教科書94ページ)で，次の(1)，(2)に答えなさい。

(1) 直線**ア**，**イ**の式をそれぞれ求めなさい。

(2) 直線**ア**，**イ**の交点の座標を求めなさい。

解答 (1) 直線**ア**…切片が1，傾きが-2の直線だから　$\boldsymbol{y=-2x+1}$

直線**イ**…切片が-3，傾きが1の直線だから　$\boldsymbol{y=x-3}$

(2) $\begin{cases} y=-2x+1 & \cdots\cdots① \\ y=x-3 & \cdots\cdots② \end{cases}$

①，②を連立方程式として解くと，$\begin{cases} x=\frac{4}{3} \\ y=-\frac{5}{3} \end{cases}$

よって，$\boldsymbol{\left(\frac{4}{3},\ -\frac{5}{3}\right)}$

教科書 p.94

6 1次関数と1年で学んだ比例を比べて，共通する点や異なる点をあげてみましょう。

解答 共通する点
- **xの値を決めると，yの値がただ1つ決まる。**
- **グラフは直線である。**
- **変化の割合は，傾きに等しい。**

異なる点
- **xの値が2倍，3倍，……になると，比例では，yの値も2倍，3倍，……となるが，1次関数では，yの値は2倍，3倍，……になるとは限らない。**
- **比例のグラフは必ず原点を通るが，1次関数のグラフは原点を通るとは限らない。**

など。

力をのばそう

教科書 p.95

❶ 3点A(2, 2), B(12, −3), C(−6, a)が1直線上にあるとき，aの値を求めなさい。

解答 2点A，Bより直線の式が求められる。aの値は，この直線の式に点Cの座標を代入して求める。求める直線の式を$y=bx+c$として，$x=2$と$y=2$，$x=12$と$y=-3$をそれぞれ代入すると，

$$\begin{cases} 2=2b+c & \cdots\cdots① \\ -3=12b+c & \cdots\cdots② \end{cases}$$

①，②を連立方程式として解くと，$b=-\frac{1}{2}$，$c=3$

よって，直線の式は，$y=-\frac{1}{2}x+3$

この式に$x=-6$，$y=a$を代入すると，$a=-\frac{1}{2}\times(-6)+3=6$　　$\boldsymbol{a=6}$

別解 3点A，B，Cが1直線上にあるとき，直線ABの傾きと直線BCの傾きは等しいので，

$\frac{-3-2}{12-2}=\frac{a-(-3)}{-6-12}$　　$a+3=9$より，$\boldsymbol{a=6}$

教科書 p.95

❷ 1次関数$y=-\frac{1}{2}x+4$で，xの変域が$-2\leqq x\leqq a$のとき，yの変域は$3\leqq y\leqq b$です。a，bの値を求めなさい。

解答 右下がりのグラフになるから，

$x=-2$のとき$y=b$，$x=a$のとき$y=3$である。

$y=-\frac{1}{2}x+4$に，$x=-2$，$y=b$を代入すると，

$b=-\frac{1}{2}\times(-2)+4=5$　　$\boldsymbol{b=5}$

$y=-\frac{1}{2}x+4$に，$x=a$，$y=3$を代入すると，$3=-\frac{1}{2}\times a+4$　　$\boldsymbol{a=2}$

教科書 p.95

❸ 3直線$y=-2x+8$，$y=\frac{4}{3}x+3$，$y=ax$で三角形ができないようなaの値をすべて求めなさい。

解答 $y=ax$が，$y=-2x+8$と$y=\frac{4}{3}x+3$のどちらかと平行になるか，

$y=-2x+8$と$y=\frac{4}{3}x+3$の交点を通るとき，三角形はできない。

$y=ax$が$y=-2x+8$と平行になるときは，$\boldsymbol{a=-2}$

$y=ax$が$y=\frac{4}{3}x+3$と平行になるときは，$\boldsymbol{a=\frac{4}{3}}$

また，$\begin{cases} y=-2x+8 \\ y=\dfrac{4}{3}x+3 \end{cases}$ の連立方程式を解くと，$x=\dfrac{3}{2}$，$y=5$

よって，$y=ax$ が交点 $\left(\dfrac{3}{2},\ 5\right)$ を通るときは，$5=a\times\dfrac{3}{2}$　　$\boldsymbol{a=\dfrac{10}{3}}$

答 $\boldsymbol{a=-2,\ \dfrac{4}{3},\ \dfrac{10}{3}}$

教科書 p.95

4 右の図(教科書95ページ)の直線ℓの式は$y=2x+1$です。
また，直線mとx軸(じく)との交点Aのx座標は7，直線ℓ，mの交点Bのx座標は2です。
次の(1)，(2)に答えなさい。
(1) 直線mの式を求めなさい。
(2) 直線$y=1$とmとの交点の座標を求めなさい。

解答 (1) 交点Bのx座標2を直線ℓの式に代入して，$y=5$より，B(2, 5)
求める直線mの式を$y=ax+b$として，
$x=7$，$y=0$と$x=2$，$y=5$をそれぞれ代入すると，
$\begin{cases} 0=7a+b & \cdots\cdots① \\ 5=2a+b & \cdots\cdots② \end{cases}$
①，②を連立方程式として解くと，$a=-1$，$b=7$より，$\boldsymbol{y=-x+7}$

(2) $y=-x+7$に$y=1$を代入すると，$1=-x+7$　　$x=6$
よって，**(6, 1)**

教科書 p.95

5 右の図(教科書95ページ)のような長方形ABCDで，点Pは辺上をBからCを通ってDまで動きます。点PがBからx cm動いたときの，四角形ABPDの面積をy cm^{2}として，次の(1)，(2)に答えなさい。
(1) xとyの関係をグラフに表しなさい。
(2) 四角形ABPDの面積が30 cm^{2}になるときのxの値を求めなさい。

ガイド (1) 四角形ABPDの面積＝△ABP＋△APD　と考える。

点Pが辺BC上にある場合 ($0\leqq x\leqq 8$)

BPがx cmだから，$y=\dfrac{1}{2}\times x\times 5+\dfrac{1}{2}\times 8\times 5$　　$y=\dfrac{5}{2}x+20$

点Pが辺CD上にある場合 ($8\leqq x\leqq 13$)

PDが，$5+8-x=13-x$(cm) だから，

$y=\dfrac{1}{2}\times 5\times 8+\dfrac{1}{2}\times 8\times(13-x)$　　$y=72-4x$

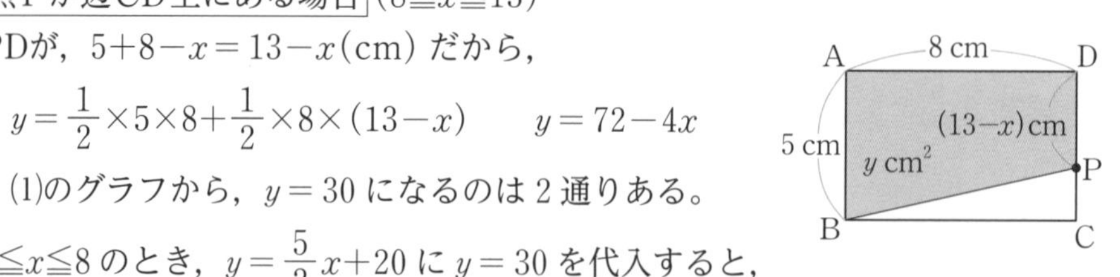

(2) (1)のグラフから，$y=30$になるのは2通りある。

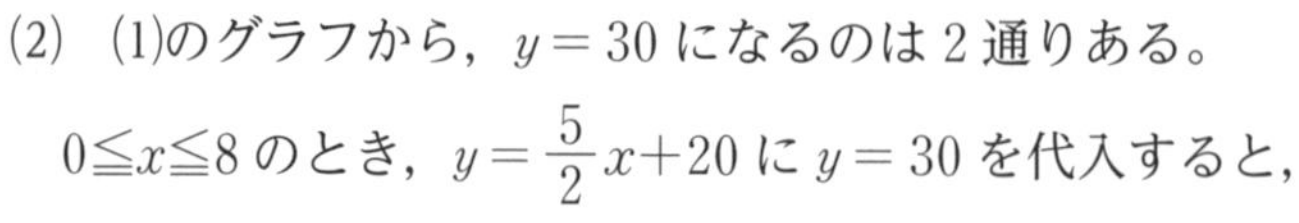

$0\leqq x\leqq 8$のとき，$y=\dfrac{5}{2}x+20$に$y=30$を代入すると，

$30=\dfrac{5}{2}x+20$　　$x=4$

$8\leqq x\leqq 13$のとき，$y=72-4x$に$y=30$を代入すると，

$30 = 72 - 4x \qquad x = \dfrac{21}{2}$

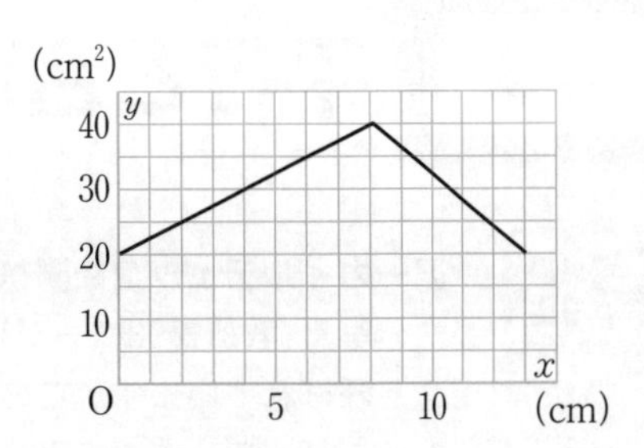

解答 (1) **右の図**

(2) $\boldsymbol{x = 4,\ x = \dfrac{21}{2}}$

活用・探究 つながる・ひろがる・数学の世界

どちらの電球を買う？

ちえさんの家では，玄関(げんかん)の電球が切れたので，交換(こうかん)することにしました。

	蛍光灯(けいこうとう)	LED電球
1個の値段	800円	4000円
耐久(たいきゅう)時間	10000時間	40000時間
1時間あたりの電気代	1.6円	0.8円

使用する時間によって，蛍光灯とLED電球のどちらが得か，グラフで考えてみましょう。

(1) 右のグラフ(教科書96ページ)は，蛍光灯をx時間使用したときの費用をy円として，xとyの関係を表したものです。LED電球をx時間使用したときの費用をy円として，yをxの式で表しましょう。また，そのグラフをかきましょう。

(2) LED電球を買った場合，電球の値段と電気代を合わせた費用は，何時間を超(こ)えて使用すれば，蛍光灯にかかる費用よりも安くなりますか。

ガイド (1) 電球をx時間使用したときの費用をy円としたときのxとyの関係式は
$y =$ (1時間あたりの電気代)$\times x +$(電球1個の値段)である。

(2) グラフの直線の式から交点を求めると，

$\begin{cases} y = 1.6x + 800 \\ y = 0.8x + 4000 \end{cases}$ より，$x = 4000$，$y = 7200$ になる。

解答 (1) $\boldsymbol{y = 0.8x + 4000}$
右の図

(2) 右の図から，**4000時間を超(こ)えて使用すれば，LED電球は蛍光灯にかかる費用よりも安くなる。**

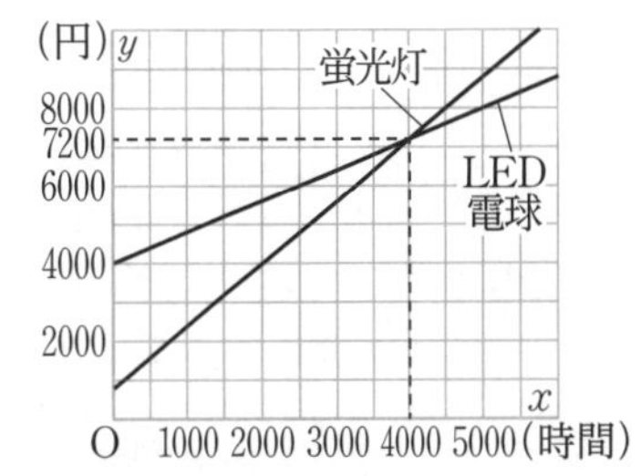

自分で課題をつくって取り組もう

(例)・1次関数を使って比べることのできることがらを，身のまわりで探してみよう。

解答 (例)・インターネットの料金プラン
・ダイヤグラム

4章 平行と合同

アーガイルチェックを調べよう

次の写真(教科書98ページ)のマフラーや靴下に見られるような模様は，アーガイルチェックと呼ばれています。この模様がどのようにできているか，観察したり，実際にかいてつくったりして，調べてみましょう。

(1) アーガイルチェック(教科書98ページ)を観察して，特徴を見つけよう。

(2) アーガイルチェックを下(教科書99ページ)にかいてみよう。

(3) アーガイルチェックの中にある角について，気づいたことを話し合おう。

解答 (1) (例) **小さいひし形と斜めに入れた直線が規則的に並んでいる。**

(2) (例)

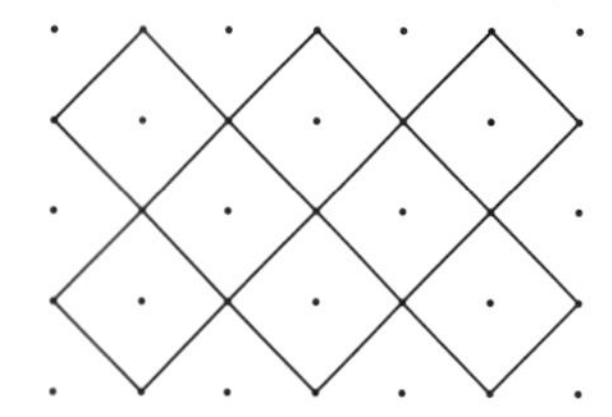

(3) (例) **向かい合っている角の大きさが等しい。**
角の大きさが 2 種類しかない。
同じ大きさの角がたくさんある。

1節 角と平行線

1 いろいろな角

CHECK! 確認したら✓を書こう

教科書の要点

□対頂角　右の図のように 2 直線が交わってできる 4 つの角のうち，$\angle a$ と $\angle c$，$\angle b$ と $\angle d$ を，対頂角であるという。

□対頂角の性質　対頂角は等しい。
例 右の図で，$\angle a = \angle c$，$\angle b = \angle d$

□同位角　右の図のように 2 直線に 1 つの直線が交わっているとき，$\angle a$ と $\angle e$，$\angle b$ と $\angle f$，$\angle c$ と $\angle g$，$\angle d$ と $\angle h$ を同位角であるという。

□錯角　右の図で，$\angle c$ と $\angle e$，$\angle d$ と $\angle f$ を錯角であるという。

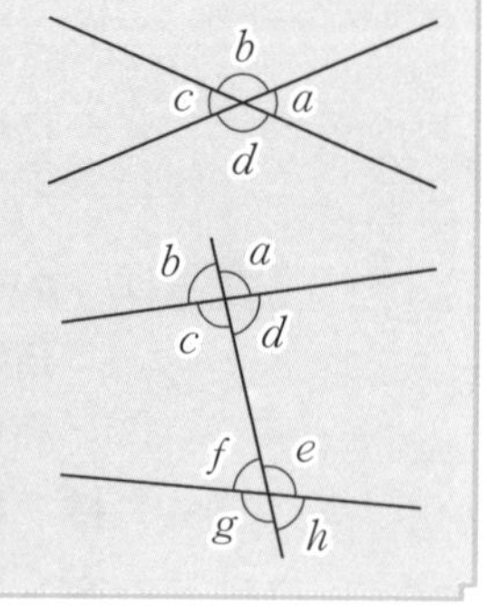

教科書 p.100

? 門扉(教科書100ページ)を開けたり閉めたりするとき，等しい関係にあるものをあげてみよう。

解答 (例) **門扉でつくられる角は，向かい合う角がどれも等しい。**
2 直線が交わってできる 4 つの角は，どの 2 直線でも交わってできた点において，向かい合う角はそれぞれ等しい。

教科書 p.100

活動1 右の図(教科書100ページ)で，向かい合う $\angle a$ と $\angle c$ の大きさの関係を調べよう。

さくらさんの考え

$\angle a$ の大きさを測ると $110°$ なので，
$\angle b=180°-110°=$ □ $°$
だから，$\angle c=180°-$ □ $°=110°$
よって，$\angle a=\angle c$

カルロスさんの考え

$\angle a=180°-\angle b$ ……①
$\angle c=180°-\angle b$ ……②
だから，$\angle a=\angle c$

(1) $\angle a=100°$ のとき，さくらさんの考え方で $\angle c$ の大きさを求め，$\angle a$ と比べなさい。
(2) カルロスさんの考えで，①，②がいえるのはなぜですか。

解答 (順に)**70，70**

(1) $\angle b=180°-100°=80°$　$\angle c=180°-80°=100°$
よって，$\angle a$ と $\angle c$ は等しい。

(2) **$\angle a+\angle b$ および $\angle b+\angle c$ はともに一直線の角を表すから。**

教科書 p.101

Q1 1で，$\angle b=\angle d$ となることをカルロスさんの考えで説明しなさい。
また，対頂角についてどのようなことがいえますか。

解答 $\angle b=180°-\angle a$
$\angle d=180°-\angle a$
よって，$\angle b=\angle d$
対頂角は等しい。

教科書 p.101

Q2 右の図(教科書101ページ)のように，3直線が1点で交わっています。
このとき，$\angle a$ の対頂角はどれですか。
また，その角は何度ですか。

ガイド $\angle a$ の対頂角は $\angle c$ で，対頂角は等しいから，$\angle c=\angle a$
$\angle a=180°-(45°+30°)=105°$

解答 $\angle a$ の対頂角は，**$\angle c$**
$\angle c=105°$

別解 対頂角は等しいので，$\angle b=30°$，$\angle d=45°$ より，
$\angle c=180°-(\angle b+\angle d)=180°-(30°+45°)=$ **105°**

教科書 p.101

Q3 右の図(教科書101ページ)のように，2直線 ℓ，m に1つの直線 n が交わっています。
(1) 次の角をいいなさい。
ア $\angle s$ の同位角　**イ** $\angle s$ の錯角
ウ $\angle v$ の同位角　**エ** $\angle t$ の錯角
(2) $\angle p=70°$，$\angle t=100°$ のとき，(1)の**ア**~**エ**の角はそれぞれ何度ですか。

解答 (1) **ア** $\angle w$　**イ** $\angle u$　**ウ** $\angle r$　**エ** $\angle r$
(2) **ア 80°**　**イ 80°**　**ウ 70°**　**エ 70°**

② 平行線と角

CHECK! 確認したら ✓を書こう

教科書の要点

□平行線の性質　平行な2直線に1つの直線が交わるとき，次の性質がある。
1　同位角は等しい。　　2　錯角は等しい。

□平行線であるための条件　2直線に1つの直線が交わるとき，次のどちらかが成り立てば，それらの2直線は平行である。
1　同位角が等しい。　　2　錯角が等しい。

教科書 p.102

活動1　次の図(教科書102ページ)のように，平行な2直線ℓ，mに1つの直線nが交わっている。このとき，同位角や錯角の大きさを調べよう。

WEB

(1)　同位角である$\angle a$と$\angle e$の大きさを分度器で測って，等しいことを確かめなさい。ほかの同位角の大きさについても調べなさい。

(2)　$\angle a=\angle e$のとき，錯角である$\angle c$と$\angle e$の大きさが等しいことを説明しなさい。

解答 (1)　$\angle a=100°$，$\angle e=100°$ より，$\angle a=\angle e$
$\angle b=80°$，$\angle f=80°$ より，$\angle b=\angle f$
$\angle c=100°$，$\angle g=100°$ より，$\angle c=\angle g$
$\angle d=80°$，$\angle h=80°$ より，$\angle d=\angle h$

(2)　$\angle c$は$\angle a$の対頂角だから，$\angle c=\angle a$
また，$\angle a=\angle e$
よって，$\angle c=\angle e$ といえる。

教科書 p.102

Q1　1で，$\angle a=\angle e$ならば，$\angle d=\angle f$となることを説明しなさい。

解答 $\angle d=180°-\angle a$，$\angle f=180°-\angle e$
また，$\angle a=\angle e$
よって，$\angle d=\angle f$

Q2　右の図(教科書102ページ)で，$\ell /\!/ m$です。$\angle a$，$\angle b$，$\angle c$，$\angle d$は，それぞれ何度ですか。

ガイド　対頂角，平行線の同位角・錯角の性質を使う。$\angle b=180°-72°=108°$

解答 $\angle a=72°$　　$\angle b=108°$　　$\angle c=72°$　　$\angle d=72°$

教科書 p.103

活動2　右の図(教科書103ページ)で，$\angle a=\angle c$ならば$\ell /\!/ m$であることを説明しよう。

(1)　$\angle a=\angle b$です。それはなぜですか。

(2)　$\ell /\!/ m$です。それはなぜですか。

解答 (1)　$\angle b=\angle c$（対頂角は等しい），$\angle a=\angle c$（条件）
よって，$\angle a=\angle b$

(2)　(1)より，$\angle a=\angle b$（同位角が等しい）なので，$\ell /\!/ m$

教科書 p.103

Q3 右の図(教科書103ページ)で，直線ℓとmは平行ですか。また，それはなぜですか。

解答 **平行である。**

(理由) **右の図のように，同位角が等しくなっているから。**

または，錯角が等しくなっているから。

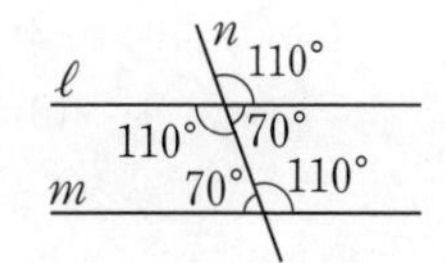

③ 三角形の角

CHECK! 確認したら✓を書こう

教科書の要点

□三角形の内角の和	三角形の内角の和は180°である。
□三角形の外角	三角形の1つの外角は，それととなり合わない2つの内角の和に等しい。
□補助線	考える手がかりにするためにひいた線を補助線という。

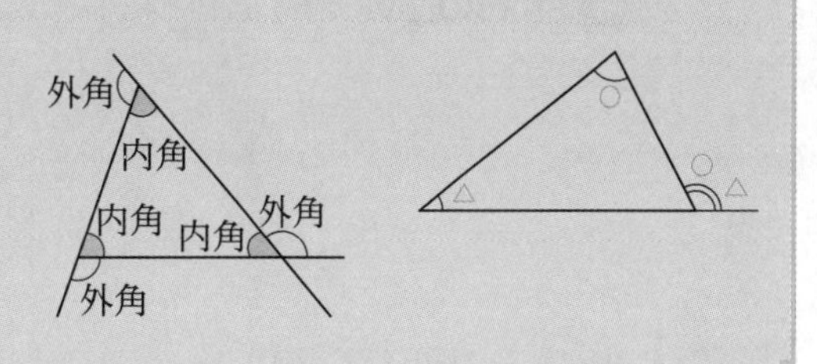

教科書 p.104

考えよう 三角形の3つの角の和は，何度になるだろうか。

解答 右の図のように

△ABCを3つに切り分けて並べてみると，

3つの角は一直線に並ぶ。

したがって，三角形の3つの角の和は**180°**になる。

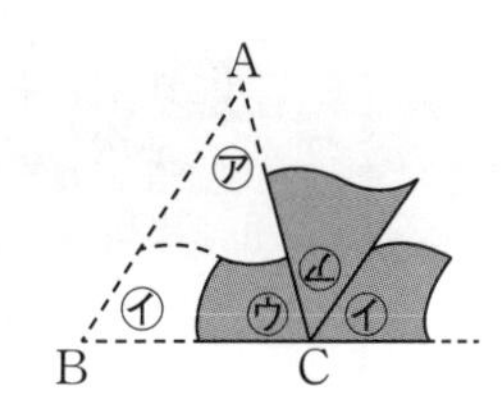

教科書 p.104

活動1 平行線の性質を使って，三角形の3つの角の和が180°であることを説明しよう。

マイさんの考え

> 右の図(教科書104ページ)のように，辺BCを延長した直線をCDとし，点Cを通って辺ABに平行な直線CEをひく。このとき，
>
> $\angle a=\angle x$ ……①
>
> $\angle b=\angle y$ ……②
>
> $\angle c+\angle x+\angle y=180°$ ……③
>
> ①，②，③から，$\angle a+\angle b+\angle c=180°$

(1) マイさんの考えで，①がいえるのはなぜですか。また，②がいえるのはなぜですか。

(2) どんな三角形でも，マイさんと同じ説明ができますか。

(3) つばささんは，3つの角の和が180°になることを，右の図(教科書104ページ)のように直線FGをひいて考えました。
つばささんの考えを説明しなさい。

解答 (1) ① **平行線の錯角だから。**

② **平行線の同位角だから。**

(2) **できる。**

(3) FG∥BC より，錯角は等しいから，$\angle x=\angle b$

同様に，$\angle y=\angle c$

一直線の角だから，$\angle x+\angle a+\angle y=\angle \mathrm{FAG}=180^\circ$

よって，$\angle a+\angle b+\angle c=180^\circ$ だから，**三角形の内角の和は180°である。**

教科書 p.105

Q1 上の図(教科書105ページ)に，頂点Cにおけるもう１つの外角をかき入れなさい。

解答 **右の図の∠BCE**

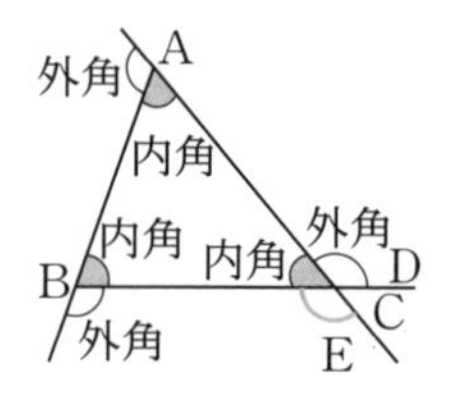

教科書 p.105

Q2 右の図(教科書105ページ)のように，辺BCを延長した直線をCDとします。
このとき，$\angle a+\angle b$ は，$\angle c$ の外角である∠ACDに等しくなります。その理由を説明しなさい。

解答 **$\angle a+\angle b+\angle c=180^\circ$ より，**

$\angle a+\angle b=180^\circ-\angle c$

また，$\angle \mathrm{ACD}=180^\circ-\angle c$

よって，$\angle a+\angle b=\angle \mathrm{ACD}$

教科書 p.105

Q3 次の図(教科書105ページ)で，$\angle x$ の大きさを求めなさい。

解答 (1) $\angle x+73^\circ+54^\circ=180^\circ$ より，$\angle x=180^\circ-(73^\circ+54^\circ)=$ **53°**

(2) $\angle x=43^\circ+61^\circ=$ **104°**

(3) $\angle x+35^\circ=77^\circ$ より，

$\angle x=77^\circ-35^\circ=$ **42°**

教科書 p.105

Q4 直角三角形(教科書105ページ)で，直角以外の２つの内角の和は何度ですか。

解答 三角形の内角の和は180°だから，$180^\circ-90^\circ=$ **90°**

4 図形の性質と補助線

CHECK! 確認したら✓を書こう

教科書の要点

□図形の性質と補助線	補助線をひくことで，図形の性質を調べることができる。 補助線は，これまでに学んだ図形の性質が使えるようにひくとよい。

活動1 右の図(教科書106ページ)で，$\ell /\!/ m$ のとき，$\angle x$ の大きさを求める方法を考えよう。

(1) あおいさんは，補助線をひいて次(教科書106ページ)のように考えています。あおいさんの考えを完成させなさい。

(2) ゆうとさん，さくらさんは，補助線を次の図(教科書106ページ)のようにひきました。2人の考えを，それぞれ説明しなさい。

解答 (1) あおいさんの考えの続き

$\angle x = \angle \mathrm{CDB} + \angle \mathrm{CBD}$

よって，$\angle x = 60° + 40° = 100°$

(2) ゆうとさんの考え

直線 ℓ，m に平行で点Cを通る補助線EFをひくと，

平行線の錯角だから

$\angle \mathrm{ACF} = 60°$，$\angle \mathrm{BCF} = 40°$

よって，$\angle x = \angle \mathrm{ACF} + \angle \mathrm{BCF} = \mathbf{100°}$

さくらさんの考え

点Cから直線 ℓ，m に垂線をひき，

直線 ℓ，m との交点をそれぞれG，Hとすると，

$\angle \mathrm{ACG} = 180° - (90° + 60°) = 30°$

$\angle \mathrm{BCH} = 180° - (90° + 40°) = 50°$

また，$\angle x = 180° - (\angle \mathrm{ACG} + \angle \mathrm{BCH})$

よって，$\angle x = 180° - (30° + 50°) = \mathbf{100°}$

Q1 次の図(教科書107ページ)で $\ell /\!/ m$ のとき，$\angle c = \angle a + \angle b$ の関係が成り立つことを，補助線をひいて説明しなさい。

解答 **線分BCを延長して，直線 ℓ との交点をEとすると，平行線の錯角だから，**

$\angle \mathrm{CEA} = \angle b$

$\angle c$ は△CAEの頂点Cにおける外角だから，$\angle c = \angle a + \angle \mathrm{CEA}$

よって，$\angle c = \angle a + \angle b$

別解 活動1のあおいさん，ゆうとさん，さくらさんの考えと同様に説明することもできる。

Q2 次の図(教科書107ページ)で，$\ell /\!/ m$ のとき，$\angle x$ の大きさを求めなさい。

ガイド 「2直線が平行ならば，錯角は等しい」という性質を利用する。また，平行な補助線をひいて考える。

解答 (1) $\angle x = 50° + 35° = \mathbf{85°}$

(2) $\angle x = 180° - (45° - 25°) = \mathbf{160°}$

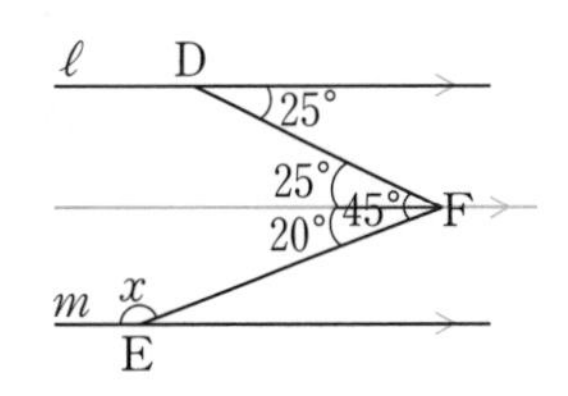

教科書 p.107

プラス・ワン 次の図(教科書107ページ)で，$\ell /\!/ m$ のとき，$\angle x$ の大きさを求めなさい。

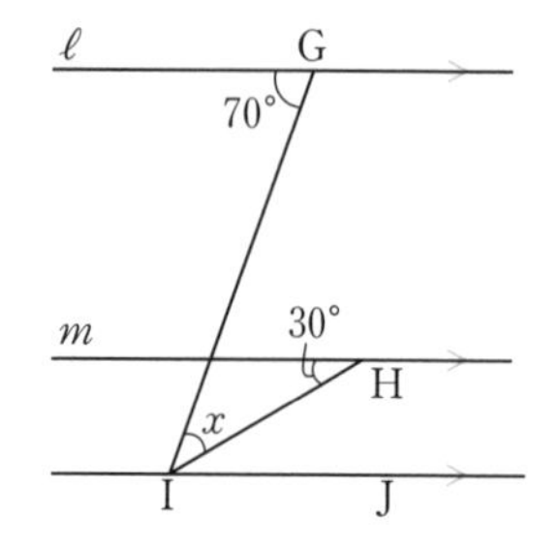

解答 直線 ℓ，m に平行な補助線IJをひくと，
平行線の錯角だから，
$\angle \mathrm{GIJ} = 70^\circ$
$\angle \mathrm{HIJ} = 30^\circ$
また，$\angle x = \angle \mathrm{GIJ} - \angle \mathrm{HIJ}$
よって　$\angle x = 70^\circ - 30^\circ =$ **40°**

⑤ 多角形の内角

CHECK! 確認したら ✓を書こう

教科書の要点

□多角形の内角	多角形の内側にできる角を，この多角形の内角(ないかく)という。
□多角形の内角の和	n 角形の内角の和は，$180^\circ \times (n-2)$ である。 例 四角形の内角の和は，**$180^\circ \times (4-2) = 360^\circ$**

教科書 p.108

活動1 「三角形の内角の和は180°である」ことをもとにして，多角形の内角の和について調べよう。

(1) カルロスさんは，五角形の内角の和を次(教科書108ページ)のように考えました。カルロスさんの考え方で，六角形と七角形の内角の和をそれぞれ求めなさい。

(2) 辺の数と，1つの頂点から対角線をひいてできる三角形の数との間には，どのような関係がありますか。

(3) (2)から，n 角形の内角の和を，n を使った式で表しなさい。

ガイド 六角形の1つの頂点から対角線をひくと4つの三角形ができる。
七角形の1つの頂点から対角線をひくと5つの三角形ができる。

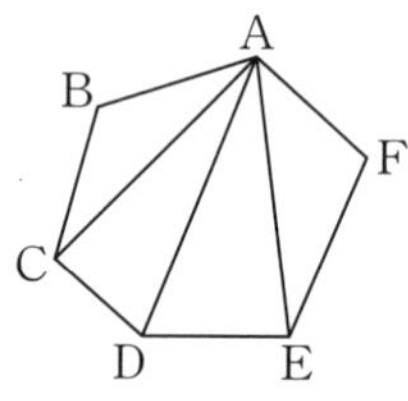

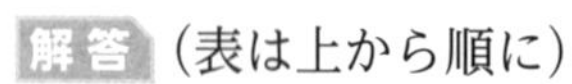

解答 (表は上から順に)
三角形の数…**4，5，$n-2$**
内角の和…**$180^\circ \times 4$，$180^\circ \times 5$，$180^\circ \times (n-2)$**

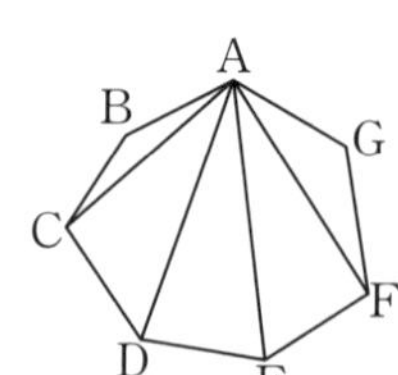

(1) 六角形… **4つの三角形に分けられるから，**
内角の和は，$180^\circ \times 4 = 720^\circ$
七角形… **5つの三角形に分けられるから，**
内角の和は，$180^\circ \times 5 = 900^\circ$

(2) **三角形の数は，辺の数から2をひいた数になる。**

(3) **$180^\circ \times (n-2)$**

教科書 p.109

活動2 多角形の内角の和を，ほかの方法で求めてみよう。

(1) マイさんは，右の図(教科書109ページ)のように五角形の内部に点Oをとり，Oから各頂点へ補助線をひきました。この図を使って，五角形の内角の和を求めなさい。

(2) (1)の考え方をもとにして，n角形の内角の和を，nを使った式で表しなさい。また，その式が$180°\times(n-2)$と等しくなることを確かめなさい。

解答 (1) **五角形を5つの三角形に分けたので，**
5つの三角形の内角の和は，$180°\times5=900°$
このうち点Oのまわりに集まる角の和は，
$\angle AOB+\angle BOC+\angle COD+\angle DOE+\angle EOA=360°$だから，
五角形の内角の和は，$900°-360°=540°$

(2) n角形の内部に点Oをとる。
各頂点と点Oを結び，n個の三角形に分けると，
n個の三角形の内角の和は，$180°\times n$
このうち点Oのまわりに集まる角の合計は360°だから，
n角形の内角の和は**$180°\times n-360°$**
この式を次のように変形していくと，
$180°\times n-360°=180°\times n-180°\times2=180°\times(n-2)$
となることがわかる。

教科書 p.109

点Oを辺上にとっても考えることができるかな。

解答 五角形を4つの三角形に分けたので，
4つの三角形の内角の和は，$180°\times4=720°$
このうち点Oのまわりに集まる角の和は，180°だから，
五角形の内角の和は$720°-180°=$**540°**
また，n角形のときも同様に考えると，
$(n-1)$個の三角形に分けられるので，
n角形の内角の和は$180°\times(n-1)-180°=$**$180°\times(n-2)$**

教科書 p.109

たしかめ1 十二角形の内角の和を求めなさい。

ガイド 十二角形だから，$180°\times(n-2)$に$n=12$を代入する。

解答 $180°\times(12-2)=$**1800°**

教科書 p.109

たしかめ2 内角の和が1980°である多角形は，何角形ですか。

ガイド n角形の内角の和は，$180°\times(n-2)$であることを使って求める。

解答 $180°\times(n-2)=1980°$
$n-2=11$より，$n=13$だから，**十三角形**

4章 1節 角と平行線

⑥ 多角形の外角

CHECK! 確認したら✓を書こう

教科書の要点

□多角形の外角　多角形で，1つの辺とそのとなりの辺の延長とがつくる角を，その頂点における外角（がいかく）という。

例 $\angle a$は頂点Aにおける外角

□多角形の外角の和　n角形の外角の和は360°である。

A　a　E　B　C　D

教科書 p.110

活動1 多角形の各頂点で1つずつつくった外角の和について調べよう。

(1) 次(教科書110ページ)の三角形や四角形の各頂点で1つずつつくった外角の和は，何度になりますか。それぞれの角を測って，外角の和を求めなさい。

(2) つばささんは，五角形の外角の和を次(教科書110ページ)のように求めました。つばささんの考え方で，六角形の外角の和を求めなさい。

(3) あおいさんは，次(教科書111ページ)のようにn角形の外角の和を求めました。この結果から，多角形の外角の和についてどのようなことがいえますか。

解答 (1) **三角形**…各頂点A，B，Cにおける外角をそれぞれ$\angle a$，$\angle b$，$\angle c$とすると，

$\angle a = 116°$，$\angle b = 117°$，$\angle c = 127°$

$116° + 117° + 127° = \mathbf{360°}$

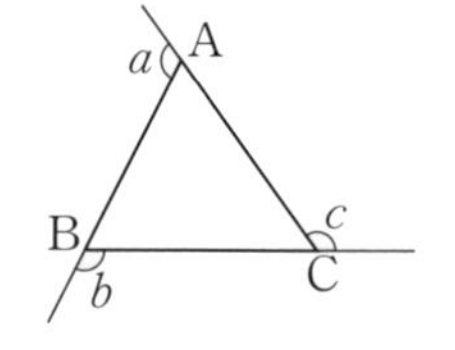

四角形…各頂点A，B，C，Dにおける外角をそれぞれ$\angle a$，$\angle b$，$\angle c$，$\angle d$とすると，

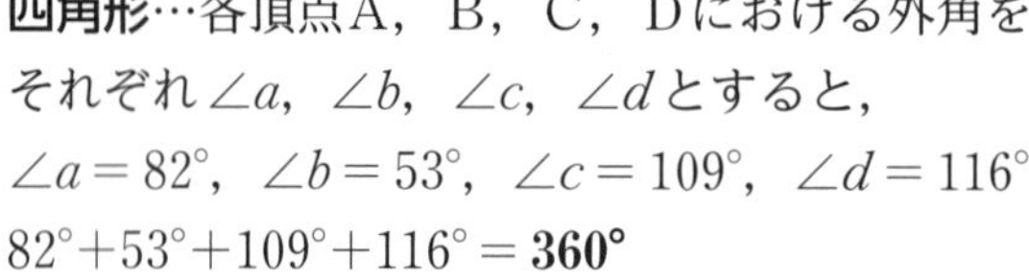

$\angle a = 82°$，$\angle b = 53°$，$\angle c = 109°$，$\angle d = 116°$

$82° + 53° + 109° + 116° = \mathbf{360°}$

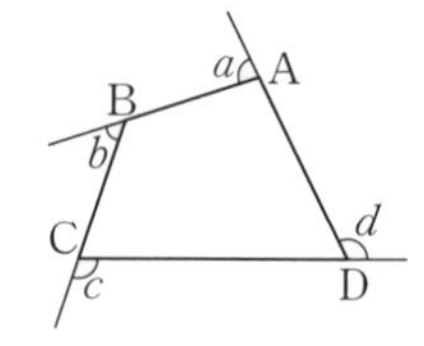

(2) 1つの頂点における内角と外角の和はどの頂点でも180°だから，六角形の6つの頂点の内角と外角の和は，

$180° \times 6 = 1080°$

また，六角形の内角の和は，$180° \times (6-2) = 720°$

したがって，六角形の外角の和は，$1080° - 720° = \mathbf{360°}$

(3) **多角形の外角の和は360°である。**

教科書 p.111

Q1 次の図(教科書111ページ)で，$\angle x$の大きさを求めなさい。

ガイド 多角形の外角の和は360°であることを使う。

解答 (1) $\angle x = 360° - (120° + 126°) = \mathbf{114°}$

(2) 内角が133°の角の外角の大きさは，$180° - 133° = 47°$

$\angle x$の外角の大きさは，$360° - (47° + 80° + 76° + 70°) = 87°$

よって，$\angle x = 180° - 87° = \mathbf{93°}$

教科書 p.111

Q2 正十二角形の1つの外角は何度ですか。また，1つの内角は何度ですか。

解答 正十二角形の外角の大きさは等しいから，
1つの外角の大きさは，$360^\circ \div 12 = \mathbf{30^\circ}$
1つの内角の大きさは，$180^\circ - 30^\circ = \mathbf{150^\circ}$

教科書 p.111

Q3 1つの内角が162°である正多角形について，次の(1)，(2)に答えなさい。
(1) 1つの外角を求めなさい。
(2) この正多角形は何角形ですか。

解答 (1) $180^\circ - 162^\circ = \mathbf{18^\circ}$
(2) $360^\circ \div 18^\circ = 20$ より，**正二十角形**

7 図形の性質の調べ方

CHECK! 確認したら✓を書こう

教科書の要点

□図形の性質の調べ方　図形の性質を調べるには，実測や実験による方法と，すでに正しいと認められたことがらを根拠(こんきょ)として，いろいろなことがらの正しい理由を明らかにする方法がある。

教科書 p.112

活動1 右のくさび形ABCD(教科書112ページ)で，∠A，∠B，∠C，∠ADCの4つの角の関係を調べよう。
(1) くさび形ABCDの4つの角を測って，その関係を調べなさい。
(2) 上の図(教科書112ページ)とは異なるくさび形を紙にかき，4つの角を測って，その関係を調べなさい。
(3) (2)でかいたくさび形で，上の図(教科書112ページ)の∠A，∠B，∠Cにあたる部分を切り取り，右の図(教科書112ページ)のように並べて，4つの角の関係を調べなさい。
(4) (1)~(3)で調べたことから，くさび形ABCDの∠A，∠B，∠C，∠ADCの関係についてどのようなことがいえそうですか。

解答 (1) **∠A＝39°，∠B＝39°，∠C＝48°，∠ADC＝126°**
∠A＋∠B＋∠C＝∠ADC
(2) **実際に図をかき，測って調べる。**
(3) **∠A＋∠B＋∠C＝∠ADC**
(4) **∠A＋∠B＋∠C＝∠ADC**

教科書 p.113

活動2 平行線の性質，三角形の内角や外角の性質を使って，右のくさび形ABCD(教科書113ページ)で，∠A＋∠B＋∠C＝∠ADCであることを説明しよう。
(1) ①，②では，どのような図形の性質を使いましたか。

解答 (1) **三角形の1つの外角は，それととなり合わない2つの内角の和に等しい。**

教科書 p.113

Q1 どんなくさび形でも，**2**と同じ説明ができますか。

解答 できる。

教科書 p.113

学びにプラス ほかの方法で説明しよう

くさび形ABCD(教科書113ページ)で，∠A＋∠B＋∠C＝∠ADC であることを，ほかの方法で説明してみましょう。

解答 (例) 頂点B，Dを結んだ補助線BEをひくと，

△ABDで，∠ADE＝∠A＋∠ABD ……①

△CBDで，∠CDE＝∠C＋∠CBD ……②

∠ADC＝∠ADE＋∠CDE と①，②より，

∠ADC＝∠A＋∠ABD＋∠C＋∠CBD

＝∠A＋(∠ABD＋∠CBD)＋∠C

＝∠A＋∠B＋∠C

(例) 頂点Dを通り，辺BCに平行な直線DEをひき，直線DEと辺ABの交点をFとする。

平行線の錯角だから， ∠CDE＝∠C ……①

平行線の同位角だから，∠AFD＝∠B ……②

△AFDで，∠ADE＝∠A＋∠AFD ……③

②，③より ∠ADE＝∠A＋∠B ……④

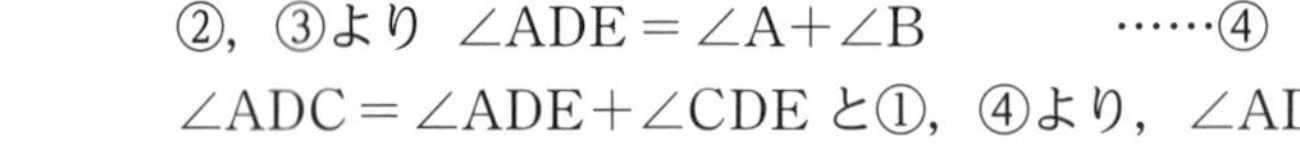

∠ADC＝∠ADE＋∠CDE と①，④より，∠ADC＝∠A＋∠B＋∠C

8 星形の図形の角の和を求めよう

教科書 p.114

星形の図形の先端(せんたん)にできる5つの角(教科書114ページ)の和を求める方法を考えよう。

(1) 5つの角の和は何度になるか，予想しなさい。

(2) どのように考えれば5つの角の和が求められそうですか。

(3) 次のマイさんの考え(教科書114ページ)で，5つの角の和を求めなさい。

(4) どんな星型の図形でも，(3)と同じことがいえますか。

(5) (3)とは異なる方法で，5つの角の和を求めなさい。

ガイド (5) ゆうとさんの考えは，平行線の性質を使って，5つの角を1つの頂点に集めている。

カルロスさんの考えは，解答の図形DEFCで，$\angle d+\angle e+\angle c=$∠EFC になることと，「三角形の内角の和は180°である」ことを使っている。

解答 (1) **先端にできる5つの角を1点のまわりに並べると，ほぼ一直線になるから5つの角の和は180°であると予想できる。**

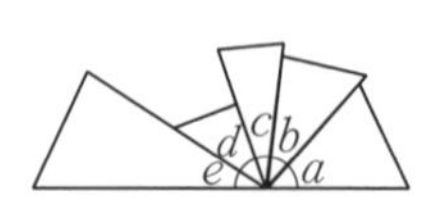

(2) (例) **三角形の内角の和が180°であることから，1つの三角形に5つの角を集めてみる。**

(3)　1つの三角形，たとえば△AFGに5つの角を集めると，

△BCFで，$\angle b+\angle c=\angle \mathrm{AFG}$　……①,

△DEGで，$\angle d+\angle e=\angle \mathrm{AGF}$　……②

また，△AFGで，$\angle a+\angle \mathrm{AFG}+\angle \mathrm{AGF}=180^\circ$　……③

よって，①~③から，$\angle a+\angle b+\angle c+\angle d+\angle e=\mathbf{180^\circ}$

(4)　どんな星型でも(3)が成り立つので，**同じことがいえる。**

(5)　ゆうとさんの考え

平行線の錯角であるから，

$\angle b=\angle g$　……①，$\angle e=\angle h$　……②

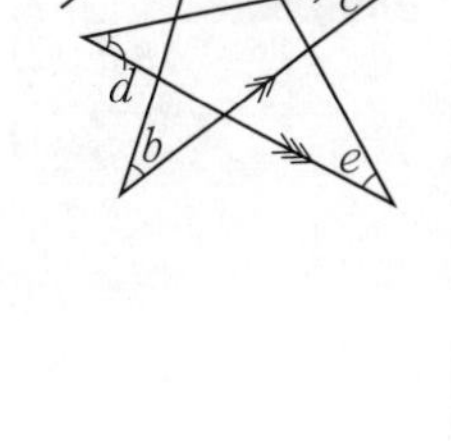

平行線の性質より，

$\angle c=\angle f$　……③，$\angle d=\angle i$　……④

$\angle f+\angle g+\angle a+\angle h+\angle i=180^\circ$　……⑤

①~⑤から，

$\angle a+\angle b+\angle c+\angle d+\angle e$

$=\angle a+\angle g+\angle f+\angle i+\angle h=\mathbf{180^\circ}$

カルロスさんの考え

くさび形DEFCで，$\angle d+\angle e+\angle c=\angle \mathrm{EFC}$

対頂角は等しいから，$\angle \mathrm{EFC}=\angle \mathrm{AFB}$

△ABFの内角の和は180°だから，

$\angle a+\angle b+\angle \mathrm{AFB}=180^\circ$

$\angle a+\angle b+(\angle d+\angle e+\angle c)=180^\circ$

$\angle a+\angle b+\angle c+\angle d+\angle e=\mathbf{180^\circ}$

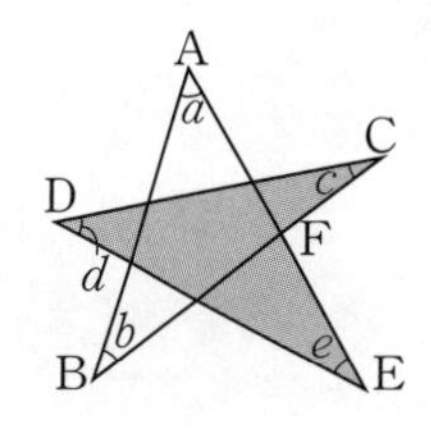

教科書 p.114

Q1 右の図(教科書114ページ)のような図形の5つの角の和を求めなさい。

解答 くさび形ABFEで，$\angle a+\angle b+\angle e=\angle \mathrm{BFE}$

対頂角は等しいから，$\angle \mathrm{BFE}=\angle \mathrm{DFC}$

△DFCの内角の和は180°だから，

$\angle d+\angle \mathrm{DFC}+\angle c=180^\circ$

$\angle d+(\angle a+\angle b+\angle e)+\angle c=180^\circ$

$\angle a+\angle b+\angle c+\angle d+\angle e=\mathbf{180^\circ}$

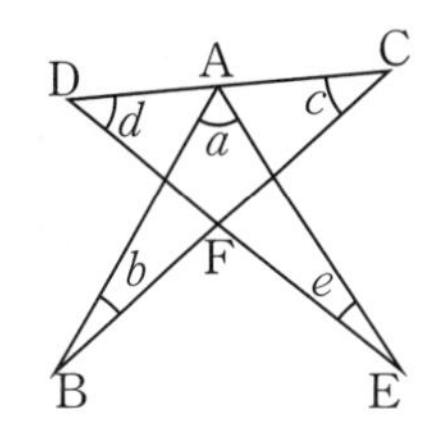

たしかめよう

1　次の図(教科書115ページ)で，$\angle x$の大きさを求めなさい。

ガイド　次の性質を利用する。

(1)　対頂角は等しい。

(2)(4)　2直線に1つの直線が交わるとき，2直線が平行ならば，同位角や錯角はそれぞれ等しい。

(3)　三角形の1つの外角は，それととなり合わない2つの内角の和に等しい。

解答 (1) $\angle x=180°-(42°+114°)=\mathbf{24°}$

(2) $\angle x=180°-65°=\mathbf{115°}$

(3) $\angle x=89°+37°=\mathbf{126°}$

(4) $48°-23°=25°$

$\angle x=180°-25°$

$\angle x=\mathbf{155°}$

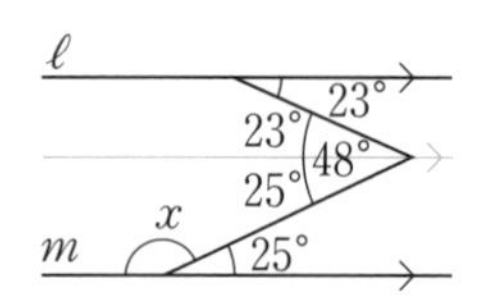

2 次の図(教科書115ページ)で，$\angle x$の大きさを求めなさい。

ガイド (2) 先に，$\angle x$ととなり合う外角の大きさを求める。

解答 (1) 五角形の内角の和は，$180°\times(5-2)=540°$

$\angle x=540°-(114°+152°+68°+146°)=540°-480°=\mathbf{60°}$

(2) $360°-(76°+34°+84°+108°)=360°-302°=58°$

$\angle x=180°-58°=\mathbf{122°}$

(3) $\angle x+30°=48°+35°$

$\angle x=48°+35°-30°=\mathbf{53°}$

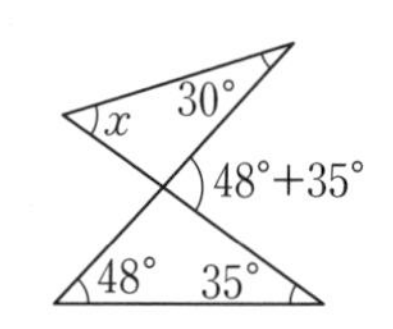

(4) $360°-(52°+136°+42°)=130°$

$30°+\angle x=180°-130°$ より，$\angle x=\mathbf{20°}$

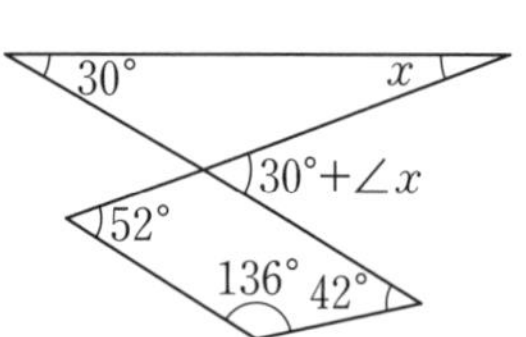

3 多角形について，次の(1)~(4)に答えなさい。

(1) 九角形の内角の和を求めなさい。

(2) 正八角形の１つの内角を求めなさい。

(3) 正十角形の１つの外角を求めなさい。

(4) １つの内角が160°である正多角形は何角形ですか。

ガイド (1)(2) n角形の内角の和は，$180°\times(n-2)$

(3) 外角の和は360°で，正多角形は外角の大きさがすべて等しい。

解答 (1) $180°\times(9-2)=\mathbf{1260°}$

(2) $180°\times(8-2)=1080°$　　$1080°\div 8=\mathbf{135°}$

別解 $360°\div 8=45°$　　$180°-45°=\mathbf{135°}$

(3) $360°\div 10=\mathbf{36°}$

(4) $180°-160°=20°$

$360°\div 20°=18$より，**正十八角形**

2節 図形の合同

1 合同な図形

CHECK! 確認したら✓を書こう

教科書の要点

□合同な図形	移動(図形の移動には，平行移動，回転移動，対称移動がある)させて，重ね合わせることができる2つの図形は，合同(ごうどう)であるという。
□対応する頂点，辺，角	合同な図形で，重なり合う頂点，辺，角を，それぞれ対応する頂点，対応する辺，対応する角という。
□合同な図形の性質	合同な図形では， 対応する線分の長さはそれぞれ等しく， 対応する角の大きさもそれぞれ等しい。
□合同を表す記号	2つの図形が合同であることを，記号「≡」を使って表す。 頂点は対応する順に書く。
□合同になる条件	辺の数が等しい2つの多角形は，次の2つがともに成り立つとき合同である。 1　対応する辺の長さがそれぞれ等しい。 2　対応する角の大きさがそれぞれ等しい。

教科書 p.116

考えよう　次の図(教科書116ページ)で，四角形**ア**を四角形**イ**，**ウ**に重ね合わせてみよう。どのように移動させれば，重ね合わせることができるだろうか。

解答　四角形**イ**に重ね合わせるとき…**四角形アを対称移動させる。**
四角形**ウ**に重ね合わせるとき…**平行移動させる。**

教科書 p.116

活動1　考えよう で，対応する頂点や線分の長さ，角の大きさについて調べよう。
(1)　四角形**ア**と**イ**で，対応する頂点，辺，対角線，角をすべていいなさい。
(2)　四角形**ア**と**イ**で，対応する辺や対角線の長さ，対応する角の大きさを比べなさい。

解答 (1)　対応する頂点　…**点Aと点H，点Bと点G，点Cと点F，点Dと点E**
対応する辺　…**辺ABと辺HG，辺BCと辺GF，辺CDと辺FE，辺DAと辺EH**
対応する対角線…**対角線ACと対角線HF，対角線DBと対角線EG**
対応する角　…**∠Aと∠H，∠Bと∠G，∠Cと∠F，∠Dと∠E**
(2)　**対応する辺や対角線の長さは等しい。**
対応する角の大きさは等しい。

教科書 p.116

Q1　考えよう の四角形**ア**と**ウ**，**イ**と**ウ**を，記号≡を使って表しなさい。

解答　**四角形ABCD≡四角形IJKL**
四角形EFGH≡四角形LKJI

教科書 p.117

活動2 右の図(教科書117ページ)の4つの四角形のなかで，合同な四角形の組があるかどうかを調べよう。

(1) 次の表に示す各組の四角形の辺の長さや角の大きさを比べ，①，②のうち，成り立つものには○を，成り立たないものには×を，表に書き入れなさい。

四角形の組	アとイ	アとウ	アとエ
① 辺の長さがそれぞれ等しい			
② 角の大きさがそれぞれ等しい			

(2) (1)で，合同な四角形の組はどれですか。
また，その組を記号≡を使って表しなさい。

(3) 合同な四角形の組は，(2)のほかにもありますか。

解答 (1)

四角形の組	アとイ	アとウ	アとエ
① 辺の長さがそれぞれ等しい	×	×	○
② 角の大きさがそれぞれ等しい	×	○	○

(2) **四角形アと四角形エ**
四角形ABCD≡四角形MNOP

(3) **合同な四角形の組はほかにはない。**

教科書 p.117

Q2 右の四角形ABCD(教科書117ページ)と合同な四角形EFGHをかきなさい。

解答 **右の図**

4 cmの辺FGをかく。点Fを頂点として75°の角をかく。点Fから2 cmの距離にある点Eをとる。点Eを頂点として125°の角をかく。点Eから2.6 cmの距離にある点Hをとる。HとGを結ぶ。

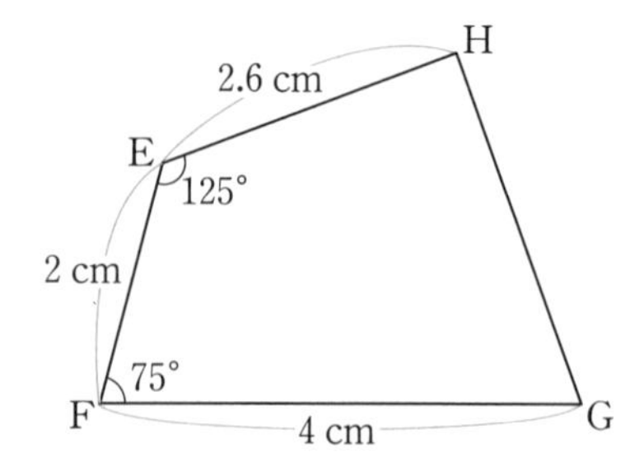

② 三角形の合同条件

CHECK! 確認したら✓を書こう

教科書の要点

□三角形の合同条件

2つの三角形は，次のどれかが成り立つとき合同である。

1　3組の辺がそれぞれ等しい。
2　2組の辺とその間の角がそれぞれ等しい。
3　1組の辺とその両端(りょうたん)の角がそれぞれ等しい。

教科書 p.118

? 右の2つの三角形(教科書118ページ)が合同かどうかを調べたい。すべての辺と角を測って調べなくてはいけないだろうか。

解答 **辺や角のすべてを測らなくても調べることができそうである。**

教科書 p.118

活動1 △ABC(教科書118ページ)と合同な△DEFをかく方法を考えよう。

(1) 初めに辺BCの長さを測り，辺EFをかきました。あと，どの辺の長さや角の大きさを調べればよいですか。

(2) ∠Bと∠Cを測り，∠B＝∠E，∠C＝∠Fとなるようにして点Dを決めて△DEFをかきなさい。

(3) (2)でかいた△DEFが△ABCと合同になることを確かめなさい。

(4) (2)と異なる方法で，△DEFをかきなさい。

解答 (1) 次のうちのどれか1つの辺の長さや角の大きさを調べればよい。

㋐∠Bと∠C

㋑辺ABと辺AC

㋒辺ABと∠B

㋓辺ACと∠C

※㋒と㋓は，調べ方として同じ方法である。

(2)

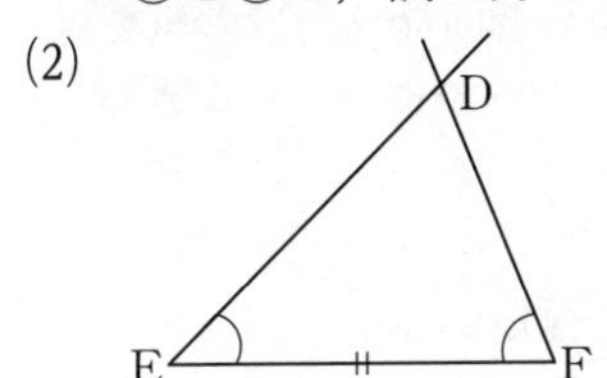

(3) **AB＝DE，AC＝DF，BC＝EF**

∠A＝∠D，∠B＝∠E，∠C＝∠Fより，

対応する辺，対応する角が等しいので合同である。

(4) ㋑ 辺ABと辺AC　㋒ 辺ABと∠B　㋓ 辺ACと∠C

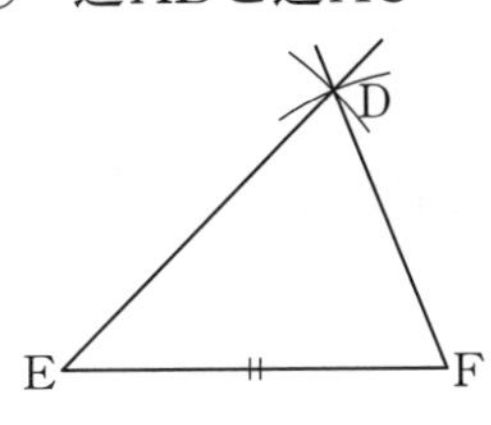

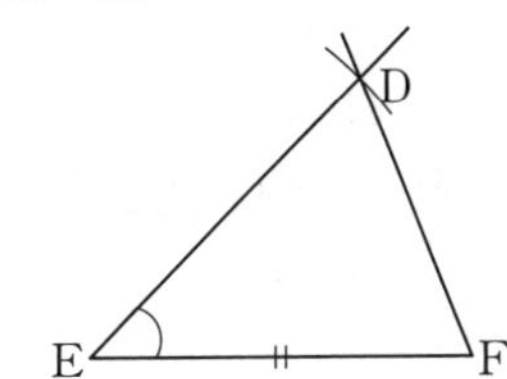

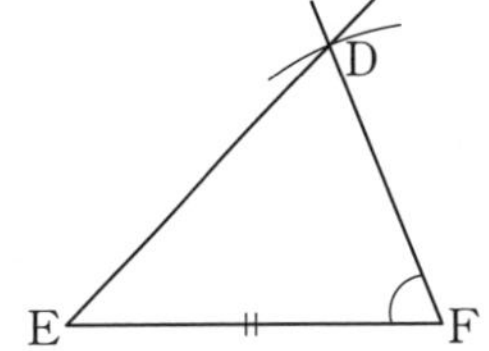

教科書 p.119

Q1 次の図(教科書119ページ)で，△ABCと合同な三角形を，**ア～オ**から選びなさい。また，そのときに使った合同条件をいいなさい。

ガイド **オ**は，8 cmの辺の一方の角が60°なので，合同ではない。

解答 **イ　1組の辺とその両端の角がそれぞれ等しい。**

ウ　2組の辺とその間の角がそれぞれ等しい。

エ　3組の辺がそれぞれ等しい。

③ 合同な三角形と合同条件

教科書 p.120

活動1 右の図(教科書120ページ)の2つの三角形が合同かどうかを調べよう。

(1) ∠Eの大きさを求めなさい。

(2) (1)から，2つの三角形は合同であると判断できます。どの合同条件を使えばよいですか。

(3) 2つの三角形が合同であることを，記号≡を使って表しなさい。

ガイド (1) $\angle E = 180° - (75° + 40°) = 65°$

(2) $BC = FE$，$\angle B = \angle F$，$\angle C = \angle E$

解答 (1) **65°**

(2) **1組の辺とその両端の角がそれぞれ等しい。**

(3) **△ABC≡△DFE**

教科書 p.120

Q1 次の図の三角形(教科書120ページ)のなかから合同な三角形の組を見つけ，記号≡を使って表しなさい。また，そのときに使った合同条件をいいなさい。

ガイド △UTSで，$\angle S = 180° - (50° + 40°) = 90°$

解答 **△ABC≡△KJL　3組の辺がそれぞれ等しい。**

△DEF≡△OMN　2組の辺とその間の角がそれぞれ等しい。

△GHI≡△UTS　1組の辺とその両端の角がそれぞれ等しい。

教科書 p.121

Q2 次の図(教科書121ページ)で，合同な三角形を見つけ，記号≡を使って表しなさい。また，そのときに使った合同条件をいいなさい。

解答 (1) **△ABO≡△DCO**

2組の辺とその間の角がそれぞれ等しい。

(2) **△ABC≡△DCB**

3組の辺がそれぞれ等しい。

教科書 p.121

活動3 △ABCと△DEFで，$BC = EF$，$CA = FD$，$\angle B = \angle E$ である。このとき，2つの三角形が合同かどうかを調べよう。

(1) △DEFを作図しなさい。

(2) 2組の辺と1組の角が等しければ合同であるといえますか。

解答 (1)

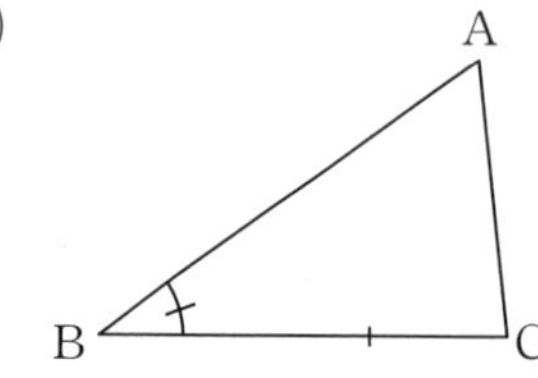

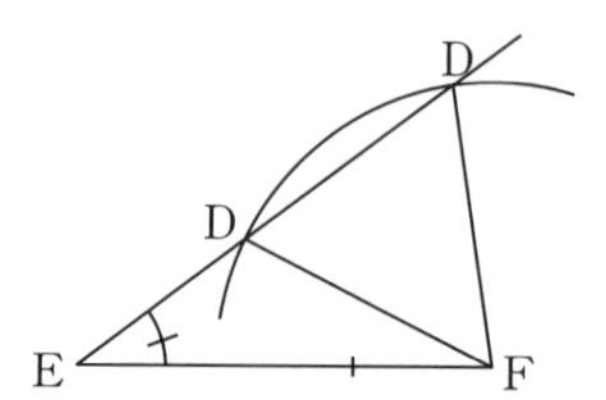

(2) 上の図のように，1組の角が2組の辺の間にないときは，点Dが1つに定まらないので，合同ではない三角形も作図できる。

したがって，**合同であるとはいえない。**

郵便はがき

おそれいりますが，切手をおはりください。

162-0814

東京都新宿区新小川町４－１
(株)文理

「中学教科書ガイド」
アンケート 係

ご住所	〒 都道府県 市区郡 電話 － －		
お名前	フリガナ	男・女	学年 年
お買上げ日	年 月	学習塾に □通っている □通っていない	

＊ご住所は町名・番地までお書きください。

✂はがきで送られる方はここを切り取ってください。

「中学教科書ガイド」をお買い上げいただき，ありがとうございました。今後のよりよい本づくりのため，裏にありますアンケートにお答えください。

アンケートにご協力くださった方の中から，抽選で（年２回），**図書カード 1000 円分**をさしあげます。（当選者は，ご住所の都道府県名とお名前を文理ホームページ上で発表させていただきます。）なお，このアンケートで得た情報は，ほかのことには使用いたしません。

《はがきで送られる方》

① 左のはがきの下のらんに，お名前など必要事項をお書きください。
② 裏にあるアンケートの回答を，右にある回答記入らんにお書きください。
③ 点線にそってはがきを切り離し，お手数ですが，左上に切手をはって，ポストに投函してください。

《インターネットで送られる方》

① 文理のホームページにアクセスしてください。アドレスは，

https://portal.bunri.jp

② 右上のメニューから「おすすめ CONTENTS」の「中学教科書ガイド」を選び，クリックすると読者アンケートのページが表示されます。回答を記入して送信してください。上の QR コードからもアクセスできます。

アンケート

●次のアンケートにお答えください。回答は右のらんのあてはまる□をぬってください。

[1] 今回お買い上げになった教科は何ですか。
① 国語　② 社会　③ 数学　④ 理科

[2] この本をお選びになったのはどなたですか。
① 自分(中学生)　② ご両親　③ その他

[3] この本を選ばれた決め手は何ですか。(複数可)
① 教科書に合っているので。
② 内容・レベルがちょうどよいので。
③ 説明がくわしいので。
④ 教科書の問題の解き方や解答が載っているので。
⑤ 以前に使用してよかったので。
⑥ 高校受験に備えて。
⑦ その他

[4] どのような使い方をされていますか。(複数可)
① おもに授業の予習・復習に使用。
② おもに定期テスト前に使用。
③ おもにお子様や生徒の指導に使用。
④ その他

[5] 内容はいかがでしたか。
① わかりやすい。　② ややわかりにくい。
③ わかりにくい。　④ その他

[6] 解説の程度はいかがでしたか。
① ちょうどよい。　② もっとくわしく。
③ もう少し簡潔でもよい。

[7] ページ数はいかがでしたか。
① ちょうどよい。　② 多い。　③ 少ない。

[8] 2色の誌面デザインはいかがでしたか。
① よい。　② ふつう。
③ カラーにしたほうがよい。

[9] 表紙デザインはいかがでしたか。
① よい。　② ふつう。　③ あまりよくない。

[10] 以前から「教科書ガイド」をご存知でしたか。
① 知っていた。　② 知らなかった。

[11]「教科書ガイド」に増やしてほしいものや付け加えてほしいものは何ですか。(複数可)
① 練習問題　② テスト対策問題
③ 高校入試問題　④ 図やイラスト
⑤ 重要事項や要点のまとめ
⑥ 途中の計算式(数学)
⑦ カード，ポスター，公式集などの付録
⑧ その他

[12] 文理の問題集で，使用したことがあるものがあれば教えてください。
① 中学教科書ワーク　② 中間・期末の攻略本
③ 小学教科書ガイド　④ その他

[13]「中学教科書ガイド」について，ご感想やご意見・ご要望等がございましたら教えてください。

[14] この本のほかに，お使いになっている参考書や問題集がございましたら，教えてください。また，どんな点がよかったかも教えてください。

ご住所	〒　都道府県　市区郡　電話　―　―		
お名前	フリガナ	男・女	学年　年
お買上げ日	年　月	学習塾に	□通っている □通っていない

＊ご住所は，町名，番地までお書きください。

アンケートの回答：記入らん

[1] □① □② □③ □④
[2] □① □② □③(　　)
[3] □① □② □③ □④ □⑤ □⑥ □⑦(　　)
[4] □① □② □③ □④(　　)
[5] □① □② □③ □④(　　)
[6] □① □② □③
[7] □① □② □③
[8] □① □② □③
[9] □① □② □③
[10] □① □②
[11] □① □② □③ □④ □⑤ □⑥ □⑦ □⑧(　　)
[12] □① □② □③ □④(　　)
[13]
[14]

ご協力ありがとうございました。中学教科書ガイド＊

Q3 △GHI≡△JKL(教科書121ページの図)となるためには，GH＝JK，HI＝KL のほかにどのようなことがいえればよいですか。
また，そのときに使った合同条件をいいなさい。

解答 **GI＝JL または ∠H＝∠K がいえればよい。**
GI＝JL …**3組の辺がそれぞれ等しい。**
∠H＝∠K …**2組の辺とその間の角がそれぞれ等しい。**

4 三角形の合同条件の使い方

CHECK! 確認したら✓を書こう

教科書の要点

□証明　すでに正しいと認められたことがらを根拠(こんきょ)として，あることがらが成り立つことをすじ道を立てて述べることを**証明**(しょうめい)という。

活動1 右の図のように，線分AB，CDがそれぞれの中点Oで交わっている。このとき，AC＝BD であることを説明しよう。

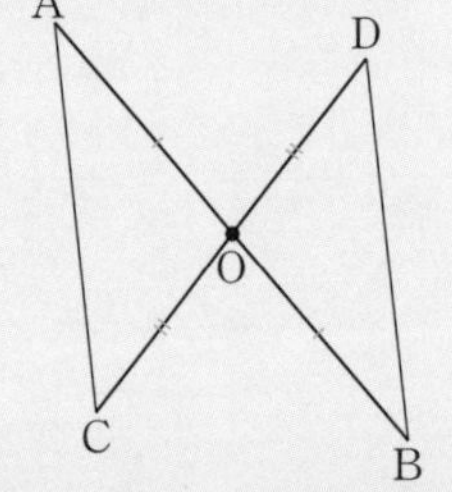

つばささんの考え

△OACと△OBDで，
　OA＝OB，OC＝OD ……①
　∠AOC＝∠BOD ……②
だから，△OAC≡△OBD ……③
したがって，　AC＝BD ……④

(1) ①がいえるのはなぜですか。
(2) ②では，どんな図形の性質を根拠(こんきょ)としましたか。
(3) ③では，どの合同条件を使いましたか。
(4) ④では，どんな図形の性質を根拠としましたか。

解答 (1) **線分AB，CDがそれぞれの中点Oで交わっているから。**
(2) **対頂角は等しい。**
(3) **2組の辺とその間の角がそれぞれ等しい。**
(4) **合同な図形では，対応する辺の長さはそれぞれ等しい。**

教科書 p.122

Q1 **1**で，AC＝BD のほかに成り立つ性質をいいなさい。

解答 **対応する角の大きさはそれぞれ等しいから，**
∠OAC＝∠OBD
∠OCA＝∠ODB

合同がいえると，辺の長さや角の大きさについて，いろいろなことがわかるね。

活動2 平行な2直線ℓ，m上に点A，Bをそれぞれとり，線分ABの中点をMとする。Mを通る直線nと，ℓ，mとの交点をそれぞれP，Qとする(教科書123ページ)。このとき，PM＝QMであることを説明しよう。

(1) PM＝QMを示すには，どの2つの三角形が合同であるといえればよいですか。

(2) (1)であげた2つの三角形が合同であることを示すには，どのような図形の性質を根拠として説明すればよいですか。

(3) (1)，(2)をもとにして，PM＝QMであることをすじ道を立てて説明しなさい。

解答 (1) **△AMPと△BMQ**

(2) **対頂角は等しい。**
直線が平行ならば，錯角は等しい。

(3) △AMPと△BMQで，Mは線分ABの中点だから，
AM＝BM　……①
対頂角は等しいから，
∠AMP＝∠BMQ　……②
$\ell // m$ より，錯角は等しいから，
∠PAM＝∠QBM　……③
①，②，③から，1組の辺とその両端の角がそれぞれ等しいので，
△AMP≡△BMQ
合同な三角形の対応する辺だから，PM＝QM

Q2 2で，PM＝QMのほかに成り立つ性質をいいなさい。

解答 **対応する角の大きさはそれぞれ等しいから，**
∠APM＝∠BQM
対応する辺の長さはそれぞれ等しいから，
AP＝BQ

Q3 右の図(教科書123ページ)で，AE＝CE，BE＝DEです。このとき，AB＝CDであることを説明しなさい。

解答 △ABEと△CDEで，
AE＝CE，BE＝DE　……①
対頂角は等しいから，
∠AEB＝∠CED　……②
①，②から，2組の辺とその間の角がそれぞれ等しいので，
△ABE≡△CDE
合同な三角形の対応する辺だから，AB＝CD

⑤ 仮定と結論

CHECK! 確認したら✓を書こう

教科書の要点

□仮定と結論　「aならばb」のように表したとき，aを仮定（かてい），bを結論（けつろん）という。

教科書 p.124

活動1 右の図(教科書124ページ)は，∠XOYの二等分線を作図する手順を示したものである。OPが∠XOYの二等分線であることを証明する方法を考えよう。

(1) 右の図とは大きさの異なる∠XOYをノートにかきなさい。その角の二等分線を実際に作図して，線分APとBPをひきなさい。

(2) どの線分の長さが等しいですか。

(3) OPが∠XOYの二等分線であることを証明するには，どの角とどの角が等しいといえればよいですか。

(4) (3)のことをいうためには，どの2つの三角形の合同に着目すればよいですか。また，そのときに使う合同条件をいいなさい。

解答 (1) 次の手順で，角の二等分線を実際に作図する。

❶ **点Oを中心とする円をかき，半直線OX，OYとの交点をそれぞれA，Bとする。**

❷ **点A，Bをそれぞれ中心とし，半径が等しい円を交わるようにかき，その交点をPとする。**

❸ **半直線OPをひく。**

(2) **OAとOB，APとBP**

(3) **∠AOPと∠BOP**

(4) **△AOPと△BOP**
3組の辺がそれぞれ等しい。

1の証明で，仮定と結論を考えると「OA＝OB，AP＝BP ならば ∠XOP＝∠YOP」ということがいえるね。

教科書 p.125

Q1 次の(1)〜(3)で，仮定と結論をそれぞれいいなさい。

(1) △ABC≡△DEF ならば AB＝DE である。

(2) xが6の倍数 ならば xは3の倍数 である。

(3) 三角形の内角の和は180°である。

解答 (1) 仮定…**△ABC≡△DEF**
結論…**AB＝DE**

(2) 仮定…**xが6の倍数**
結論…**xは3の倍数**

(3) 仮定…**ある図形が三角形**
結論…**その図形の内角の和は180°**

教科書 p.125

Q2 右の図(教科書125ページ)は，垂線の作図の手順を示しています。
直線OPが直線ℓの垂線であることを証明するときの仮定と結論を記号で書きなさい。

解答 仮定…**OA＝OB，AP＝BP**
結論…**OP⊥ℓ**

⑥ 証明のしくみ

教科書の要点

□証明のしくみ

仮定
↓
証明 ← 証明の根拠
↓
結論

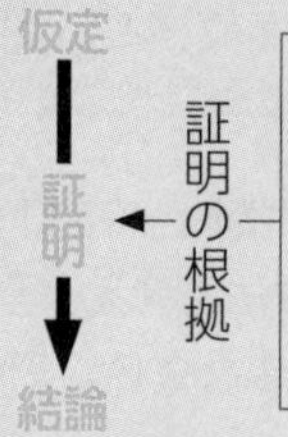

証明の根拠:
- 対頂角の性質
- 平行線の性質
- 平行線であるための条件
- 三角形の内角と外角の性質
- 合同な図形の性質
- 三角形の合同条件

※等式の性質や面積を求める公式なども，証明の根拠として使うことができる。

教科書 p.126

活動1 右の図(教科書126ページ)で，AB＝DC，AC＝DB ならば，∠BAC＝∠CDB であることを証明しよう。

(1) 仮定と結論をいいなさい。

(2) 証明しなさい。

〈証明〉

△ABCと△DCBで，

仮定から，AB＝DC ……①

AC＝DB ……②

共通な辺だから，BC＝[　　] ……③

①，②，③から，3組の辺がそれぞれ等しいので，△ABC≡[　　]

合同な三角形の対応する角だから，∠BAC＝[　　]

(3) (2)で，証明の根拠としたことは何ですか。

解答 (1) 仮定…**AB＝DC，AC＝DB**　　結論…**∠BAC＝∠CDB**

(2) (上から順に)**CB，△DCB，∠CDB**

(3) **三角形の合同条件(3組の辺がそれぞれ等しい。)**
合同な図形の性質(対応する角の大きさはそれぞれ等しい。)

教科書 p.126

Q1 右の図(教科書126ページ)で，∠ABC＝∠DCB，∠ACB＝∠DBC ならば，AB＝DC です。仮定と結論をいい，証明しなさい。

解答 仮定…**∠ABC＝∠DCB，∠ACB＝∠DBC**
結論…**AB＝DC**

証明 △ABCと△DCBで，

仮定から，∠ABC＝∠DCB ……①

∠ACB＝∠DBC ……②

共通な辺だから，BC＝CB ……③

①，②，③から，1組の辺とその両端の角がそれぞれ等しいので，
△ABC≡△DCB

合同な三角形の対応する辺だから，
AB＝DC

⑦ 直接測ることのできない距離を求める方法を考えよう

活動1 右の図(教科書128ページ)のような，池に浮かぶ島の地点AからBに橋をかけることになった。
しかし，橋の長さABは直接測ることができない。このとき，橋の長さを求める方法を調べよう。

あおいさんの考え

> ❶ 陸地に点Cを定める。
> ❷ ∠CBA＝∠CBD,
> ∠BCA＝∠BCD
> となるように点Dを定める。

(1) あおいさんは，❷の後，ABの長さの代わりに，ある2点間の距離を測ることにしました。どこを測ればよいですか。

(2) あおいさんの考えで，ABの長さが求められる理由を説明しなさい。

解答 (1) **DBの長さ**

(2) △ABCと△DBCで，
仮定から，∠CBA＝∠CBD ……①
∠BCA＝∠BCD ……②
共通な辺だから， BC＝BC ……③
①，②，③から，1組の辺とその両端の角がそれぞれ等しいので，
△ABC≡△DBC
合同な三角形の対応する辺だから，
AB＝DB

Q1 池(教科書128ページ)をはさんで地点B，Eがあります。この2地点間の距離を，ゆうとさんは次の方法で求めようとしています。

ゆうとさんの考え

> ❶ 陸地に点Fを定める。
> ❷ BF＝GF，∠BFE＝∠GFE となるように点Gを定める。

(1) 上の条件にあてはまる点をとるとき，B，E間の距離と等しくなるのはどの長さですか。

(2) ゆうとさんの考えでB，E間の距離が求められる理由を説明しなさい。

解答 (1) **G，E間の距離**

(2) △BEFと△GEFで，
仮定から， BF＝GF ……①
∠BFE＝∠GFE ……②
共通な辺だから， EF＝EF ……③
①，②，③から，2組の辺とその間の角がそれぞれ等しいので，

△BEF≡△GEF
合同な三角形の対応する辺だから,
BE＝GE
したがって，G，E間の距離を測れば，B，E間の距離が求められる。

しかめよう

教科書 p.129

1 次の(1)~(3)に，それぞれどんな条件を加えれば，△ABCと△DEF(教科書129ページ)は合同になりますか。

(1) BC＝EF，CA＝FD
(2) BC＝EF，∠ABC＝∠DEF
(3) ∠BAC＝∠EDF，∠ACB＝∠DFE

解答 (1) **AB＝DE**(3組の辺がそれぞれ等しい。)
または，∠ACB＝∠DFE(2組の辺とその間の角がそれぞれ等しい。)
(2) **AB＝DE**(2組の辺とその間の角がそれぞれ等しい。)
または，∠ACB＝∠DFE(1組の辺とその両端の角がそれぞれ等しい。)
または，∠BAC＝∠EDF(1組の辺とその両端の角がそれぞれ等しい。)
(3) **CA＝FD**(1組の辺とその両端の角がそれぞれ等しい。)
または，AB＝DE(1組の辺とその両端の角がそれぞれ等しい。)
または，BC＝EF(1組の辺とその両端の角がそれぞれ等しい。)

教科書 p.129

2 右の図(教科書129ページ)で，AB＝DC，∠ABC＝∠DCBならば，∠BAC＝∠CDBです。

(1) 仮定と結論をいいなさい。
(2) このことを証明しなさい。

〈証明〉
△ABCと［　　］で，
仮定から，
AB＝DC ……①
∠ABC＝∠DCB ……②
共通な辺だから，
BC＝CB ……③
①，②，③から，［　　　　］が
それぞれ等しいので，
△ABC≡［　　］
合同な三角形の［　　　　］だから，
∠BAC＝∠CDB

解答 (1) 仮定…**AB＝DC，∠ABC＝∠DCB**
結論…**∠BAC＝∠CDB**
(2) (上から順に)**△DCB，2組の辺とその間の角，△DCB，対応する角**

4章をふり返ろう

❶ 右の図(教科書130ページ)で，$\ell /\!/ m$ です。次の(1)，(2)に答えなさい。
(1) $\angle x$，$\angle y$ の大きさを求めなさい。
(2) $\ell' /\!/ m'$ であるといえますか。その理由もいいなさい。

ガイド (2) 同位角か錯角を調べる。
解答 (1) 対頂角は等しいから，
$\angle x = \mathbf{69^\circ}$
平行線の同位角は等しいから，
$\angle y = 180^\circ - 69^\circ = \mathbf{111^\circ}$
(2) **同位角(錯角)が等しいから，$\ell' /\!/ m'$ であるといえる。**

❷ 次の多角形は，それぞれ何角形ですか。
(1) 内角の和が2520°の多角形
(2) 1つの外角が30°の正多角形

ガイド (1) n 角形の内角の和は $180^\circ \times (n-2)$
(2) n 角形の外角の和は360°で，正多角形は外角がすべて等しい。
解答 (1) $180^\circ \times (n-2) = 2520^\circ$
$n-2 = 14$ より，$n = 16$
よって，**十六角形**
(2) $360^\circ \div 30^\circ = 12$
よって，**正十二角形**

❸ 次の図(教科書130ページ)で，$\angle x$ の大きさを求めなさい。

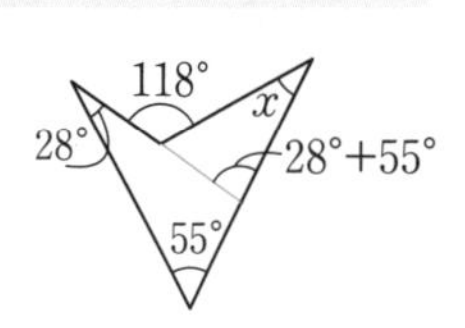

ガイド (2) 外角の和は360°であることを利用する。
(3) 右の図のように補助線をひいて考える。
解答 (1) 内角と外角の関係より，
$\angle x = 103^\circ - 51^\circ$
$= \mathbf{52^\circ}$
(2) 内角が70°である角の外角の大きさは，
$180^\circ - 70^\circ = 110^\circ$
$\angle x = 360^\circ - (75^\circ + 75^\circ + 110^\circ)$
$= \mathbf{100^\circ}$
(3) $\angle x = 118^\circ - (28^\circ + 55^\circ)$
$= \mathbf{35^\circ}$

教科書 p.130

4 次の図(教科書130ページ)で，合同な三角形を，記号≡を使って表しなさい。
また，そのときに使った合同条件をいいなさい。

解答 (1) **△ABE≡△ACD**

AB＝AC,

AE＝AD,

∠BAE＝∠CAD(共通な角)より，

2組の辺とその間の角がそれぞれ等しい。

(2) **△ACO≡△BDO**

AC＝BD,

平行線における錯角は等しいので，

∠OAC＝∠OBD，∠OCA＝∠ODB より，

1組の辺とその両端の角がそれぞれ等しい。

教科書 p.130

5 線分ABの垂直二等分線 ℓ 上の点P(教科書130ページの図)は，2点A，Bから等しい距離(きょり)にあります。

(1) 仮定と結論をいいなさい。

(2) このことを証明しなさい。

解答 (1) 仮定…**ℓ⊥AB，AM＝BM**

結論…**PA＝PB**

(2) △PAMと△PBMで，

仮定から，　AM＝BM　……①

∠PMA＝∠PMB　……②

共通な辺だから，　PM＝PM　……③

①，②，③から，2組の辺とその間の角がそれぞれ等しいので，

△PAM≡△PBM

合同な三角形の対応する辺だから，PA＝PB

したがって，点Pは2点A，Bから等しい距離にある。

教科書 p.130

6 証明の学習をして，よかったことをあげてみましょう。

解答 (例)
- **証明によって，ほかの人にあることがらの正しいことを納得させることができる。**
- **具体的な操作，たとえば実際に三角形を切って並べて内角の和を確かめてもその三角形についてだけしかわからないが，証明をするとどの三角形についてもいえることがわかる。**

力をのばそう

❶ 次の図(教科書131ページ)で，$\angle x$の大きさを求めなさい。

ガイド (1) 右の図のようにℓ，mに平行な直線をひいて，平行線の性質(錯角は等しい)を利用する。

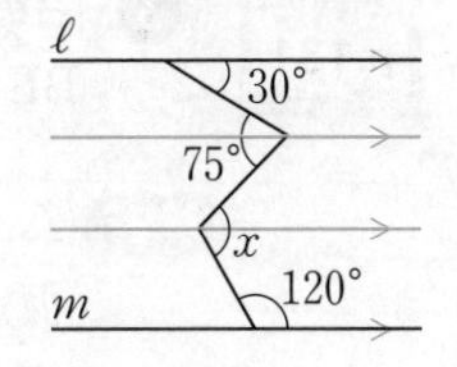

(3) 右下の図のように，点Fをとると，
平行線の性質を利用すると，$\angle DAB = \angle ABF$
$\angle ABF + \angle ABE = 180°$ より，$\angle DAB + \angle ABE = 180°$

解答 (1) $\angle x = (75° - 30°) + (180° - 120°) = \mathbf{105°}$

(2) $\triangle DBC$において，
$\angle DBC + \angle DCB = 180° - 124° = 56°$
$\angle ABC + \angle ACB = 2(\angle DBC + \angle DCB) = 56° \times 2 = 112°$
$\triangle ABC$において，
$\angle x = 180° - 112° = \mathbf{68°}$

(3) $\angle x = 180° - (\angle CAB + \angle CBA)$
$\angle DAB + \angle ABE = 180°$ より，
$2\angle CAB + 2\angle CBA = 180°$ だから，
$\angle CAB + \angle CBA = 90°$
よって，$\angle x = 180° - 90° = \mathbf{90°}$

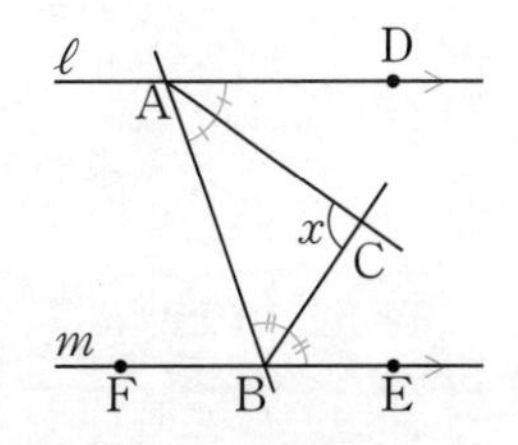

教科書
p.131

❷ 右の図(教科書131ページ)は，$\angle XOY$に等しい$\angle X'O'Y'$を作図する手順を示したものです。次の(1)，(2)に答えなさい。
(1) $\angle XOY$に等しい$\angle X'O'Y'$を作図しなさい。
(2) $\angle XOY = \angle X'O'Y'$であることを証明しなさい。

ガイド (1) ❶ $O'X'$をひく。
❷ 点Oを中心として，適当な大きさの半径の円をかき，
OX，OYとの交点をそれぞれA，Bとする。
❸ 点O'を中心として，OAと等しい半径の円をかき，
$O'X'$との交点をA'とする。
❹ ABの長さをコンパスで測りとる。
❺ 点A'を中心として，❹のABの長さを半径とする円をかき，
❸の円との交点をB'とする。
❻ 点B'を通る半直線$O'Y'$をひく。

解答 (1) 作図省略

(2) $\triangle OAB$と$\triangle O'A'B'$で，
作図から，$OA = O'A'$ ……①
$OB = O'B'$ ……②
$AB = A'B'$ ……③

①，②，③から，３組の辺がそれぞれ等しいので，

$\triangle OAB \equiv \triangle O'A'B$

合同な三角形の対応する角だから，$\angle XOY = \angle X'O'Y'$

❸ 右の図(教科書131ページ)で，$AB = AD$，$\angle ABC = \angle ADE$ です。
$BE = DC$ であることを証明しなさい。

解答 $\triangle ABC$ と $\triangle ADE$ で，

仮定から，　$AB = AD$　……①

$\angle ABC = \angle ADE$　……②

共通な角だから，$\angle BAC = \angle DAE$　……③

①，②，③から，１組の辺とその両端の角がそれぞれ等しいので，

$\triangle ABC \equiv \triangle ADE$

合同な三角形の対応する辺だから，$AC = AE$

したがって，$AE = AC$

①より，　$AB = AD$

$AE - AB = AC - AD$

よって，$BE = DC$

つながる・ひろがる・数学の世界

穴のあいた多角形の角の和を求めよう

多角形の紙に多角形の穴をあけたときにできる角の和を求めましょう。

(1) 右の図(教科書132ページ)のように，四角形の紙に三角形の穴をあけました。
印をつけた７つの角の和を，いろいろな方法で求めましょう。

① 四角形の内角と，三角形の頂点のまわりの角に分けて考えると，

四角形の内角の和は，　$180° \times (4-2) = 360°$

三角形の頂点のまわりの角は，$360° \times 3 - 180° = 900°$

② 三角形の外角の和が360°であることを利用すると…

③ 三角形に分けて考えると…

解答 (1)① 四角形の内角の和は，

$180° \times (4-2) = 360°$

三角形の頂点のまわりの角は，

$360° \times 3 - 180° = 900°$

よって，$360° + 900° =$ **1260°**

② 四角形の内角の和は360°

図(教科書132ページ)より，三角形の頂点のまわりの角は，

三角形の外角の和360°と，180°が３つ分だから，

$360° + 180° \times 3 = 900°$

よって，$360° + 900° =$ **1260°**

③ 図(教科書132ページ)より，三角形が7つ分だから，
$180°\times7=$ **1260°**

自分で課題をつくって取り組もう

(例)・紙の形や穴の形を変えて(教科書132ページの図)，角の和の求め方を考えよう。

ガイド 紙でできた図形の内角の和と穴の形の図形のまわりの角に分けて考える。

解答 **外側が五角形で内側の穴の形が三角形**

五角形の内角の和は，
$180°\times(5-2)=540°$
三角形の頂点のまわりの角は，
$360°\times3-180°=900°$
よって，$540°+900°=$ **1440°**

外側が六角形で内側の穴の形が三角形

六角形の内角の和は，
$180°\times(6-2)=720°$
三角形の頂点のまわりの角は，
$360°\times3-180°=900°$
よって，$720°+900°=$ **1620°**

外側が四角形で内側の穴の形が四角形

四角形の内角の和は360°
四角形の頂点のまわりの角は，
$360°\times4-360°=1080°$
よって，$360°+1080°=$ **1440°**

外側が四角形で内側の穴の形が五角形

四角形の内角の和は360°
五角形の頂点のまわりの角は，
$360°\times5-180°\times(5-2)=1800°-540°=1260°$
よって，$360°+1260°=$ **1620°**

5章 三角形と四角形

図形を判断しよう

ものさしやコンパス，分度器などを使って，次の図形(教科書134ページ)の辺の長さや角の大きさなどを調べて，どんな図形なのかを判断しましょう。
また，どのように判断したのかを，話し合ってみましょう。

(1) 次の**ア〜オ**(教科書134ページ)のうち，二等辺三角形といえるものはどれですか。
また，二等辺三角形であることをどのように判断しましたか。

(2) 次の四角形(教科書135ページ)は，どんな図形ですか。
また，そのように判断したのはなぜですか。

ガイド ものさしやコンパス，分度器などを使って，辺の長さや角の大きさを調べる。

解答 (1) **ア，イ，エ，オ**
2つの辺の長さが等しい。
2つの角の大きさが等しい。
線対称な図形で，対象の軸は1本。　など。

(2) **ひし形**
4つの辺の長さが等しい。

1節 三角形

① 二等辺三角形の性質

CHECK! 確認したら✓を書こう

教科書の要点

□定義	用語の意味を，はっきりと簡潔に述べたものを，その用語の定義という。
□二等辺三角形の定義	2つの辺が等しい三角形を二等辺三角形という。
□頂角・底辺・底角の定義	二等辺三角形の等しい2辺の間の角を頂角，頂角に対する辺を底辺，底辺の両端の角を底角という。
□二等辺三角形の性質	二等辺三角形の2つの底角は等しい。 二等辺三角形は，頂角の二等分線を対称軸とする線対称な図形である。
□定理	すでに証明されたことがらのうちで，いろいろな性質を証明するときの根拠としてよく使われるものを定理という。
□二等辺三角形の頂角の二等分線の性質	定理　二等辺三角形の頂角の二等分線は，底辺を垂直に二等分する。

A
頂角
底角　底角
B　C
底辺

教科書 p.136

Q1 定義をもとにして，二等辺三角形をかきなさい。

解答

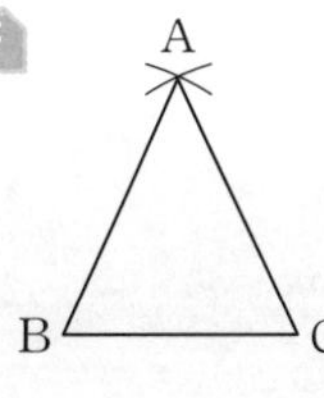

底辺BCをひき，点B，Cからコンパスで等しい半径の円をかき，その交点をAとして，AとB，AとCを結ぶ。

別解

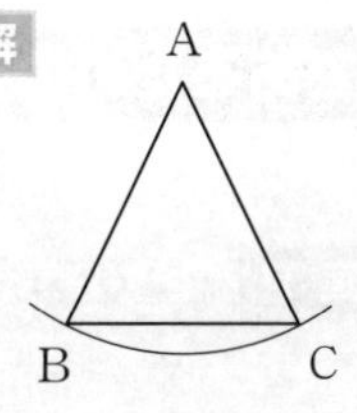

点Aを中心とする円をかき，その円周上に2点B，Cをとって，A, B, Cをそれぞれ結ぶ。

教科書 p.136

Q2 △ABCでBA＝BCであるとき，頂角，底辺，底角を記号を使って表しなさい。

解答 頂角…**∠ABC**　底辺…**AC**　底角…**∠BAC，∠BCA**

教科書 p.137

活動1 小学校では，二等辺三角形の等しい辺が重なるように折って，2つの底角が等しいことを確かめた。このことを証明する方法を考えよう。

(1) △ABC(教科書137ページ)が，AB＝ACの二等辺三角形であるとき，∠B＝∠Cであることを証明したい。仮定と結論をいいなさい。

(2) (1)の△ABCで，頂角Aの二等分線をひき，底辺BCとの交点をDとします。∠B＝∠Cを証明するには，どの2つの三角形に着目すればよいですか。

解答 (1) 仮定…**AB＝AC**　結論…**∠B＝∠C**

(2) **△ABDと△ACD**

教科書 p.138

Q3 右の図(教科書138ページ)で，AB＝ACです。$\angle x$，$\angle y$の大きさを求めなさい。

解答 (1) $\angle x = \mathbf{65^\circ}$

$\angle y = 180^\circ - 65^\circ \times 2 = \mathbf{50^\circ}$

(2) $\angle x = (180^\circ - 72^\circ) \div 2 = \mathbf{54^\circ}$

$\angle y = 54^\circ + 72^\circ = \mathbf{126^\circ}$

二等辺三角形の2つの底角が等しいことを利用するよ。

教科書 p.138

活動2 (教科書)137ページの証明から，次のことが成り立ちそうである。
「二等辺三角形の頂角の二等分線は，底辺を垂直に二等分する。」
このことを調べよう。

(1) 次の説明を完成させなさい。

137ページの二等辺三角形ABCで調べたように，
△ABD≡△ACDだから，

BD＝□　……①

∠ADB＝□　……②

また，∠ADB＋∠ADC＝□°　……③

②，③から，　∠ADB＝□°

だから，　AD⊥BC　……④

したがって，①，④から，∠Aの二等分線ADはBCを垂直に二等分する。

解答 (上から順に)**CD，∠ADC，180，90**

② 二等辺三角形であるための条件

CHECK! 確認したら✓を書こう

教科書の要点

□二等辺三角形であるための条件	**定理** 2つの角が等しい三角形は二等辺三角形である。

教科書 p.139

? 分度器を使って，2つの角が等しい三角形をかいてみよう。
辺の長さについて，どのようなことがいえるだろうか。

解答 定規，分度器を使って実際にかいてみる。また，辺の長さをコンパスを使って調べると，2つの辺が等しいとわかる。

教科書 p.139

活動1 ? 考えよう から，「2つの角が等しい三角形は，2つの辺が等しい」といえそうである。このことを証明しよう。

(1) △ABCで，仮定を∠B＝∠Cとしたとき，
結論を記号を使っていいなさい。

(2) 証明しなさい。

〈証明〉∠Aの二等分線をひき，辺BCとの交点をDとする。
△ABDと△ACDで，
仮定から，　∠B＝∠C　……①
ADは∠Aの二等分線だから，
□＝□　……②
①，②と三角形の□が180°で等しいことから，
∠ADB＝□　……③
共通な辺だから，　AD＝□　……④
②，③，④から，□がそれぞれ等しいので，
△ABD≡△ACD
対応する辺だから，　AB＝AC
したがって，2つの角が等しい三角形は，2つの辺が等しい。

(3) ∠Aの二等分線をひいたのはなぜですか。

解答 (1) **AB＝AC**

(2) (上から順に) **∠BAD，∠CAD，**
内角の和，
∠ADC，
AD，
1組の辺とその両端の角

(3) **合同な三角形をつくるため。**

③ 逆

CHECK! 確認したら ✓を書こう

教科書の要点

□逆

・「○○ならば□□」に対して，「□□ならば○○」のように，仮定と結論を入れかわっている２つのことがらがあるとき，一方を他方の**逆**(ぎゃく)という。

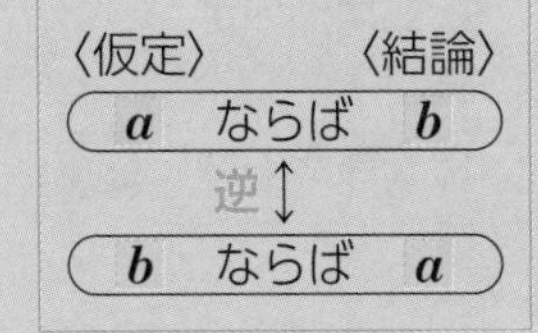

・あることがらが成り立っても，その逆が成り立つとは限らない。

例 $x=10$，$y=3$ ならば，$x-y=7$ である。
逆：$x-y=7$ ならば，$x=10$，$y=3$ である。

□反例

・あることがらの仮定を満たしているが，結論を満たしていない例を，そのことがらの**反例**(はんれい)という。
・あることがらが成り立たないことを証明するためには，反例を１つあげればよい。

教科書 p.140

活動1 次のことがらの逆について考えよう。
「$x=2$，$y=3$ ならば，$x+y=5$ である。」
(1) 逆をいいなさい。
(2) (1)のことがらが成り立つかどうかを調べなさい。

解答 (1) **$x+y=5$ ならば，$x=2$，$y=3$ である。**
(2) **成り立たない。**
反例として，$x=1$，$y=4$ がある。

教科書 p.140

Q1 次のことがらの逆をいいなさい。また，それが成り立つかどうかを調べ，成り立たない場合は反例をあげなさい。
(1) ２直線が平行ならば，同位角は等しい。
(2) ２つの合同な三角形の面積は等しい。

ガイド 成り立たない例が１つでもあれば，そのことがらは成り立たないといえる。

解答 (1) (逆) **２直線に１つの直線が交わるとき，同位角が等しければ，その２直線は平行である。**
…成り立つ。
(2) (逆) **２つの三角形の面積が等しければ，その三角形は合同である。**
…成り立たない。
右の図のような△ABCと△DBCにおいて，底辺と高さが同じで面積が等しくても合同にならない三角形がある。

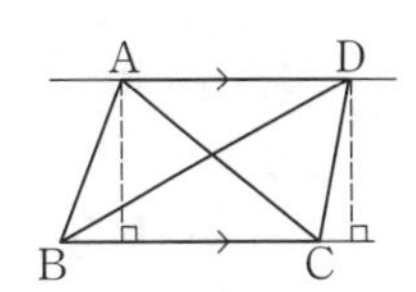

④ 正三角形

CHECK! 確認したら ✓を書こう

教科書の要点

□正三角形の定義	3つの辺が等しい三角形を正三角形という。
□正三角形の性質	定理　正三角形の3つの角は等しい。

教科書 p.141

活動1 正三角形の3つの角が等しいことを証明しよう。

(1) 証明することがらの仮定と結論を，右の図(教科書141ページ)を使っていいなさい。

(2) 次の証明を完成させなさい。

〈証明〉△ABCで，

AB＝ACだから，　□＝□　……①

□＝□だから，∠A＝∠B　……②

①，②より，∠A＝∠B＝∠C

(3) (2)で，①がいえるのはなぜですか。

解答 (1) 仮定…**AB＝BC＝CA**　　結論…**∠A＝∠B＝∠C**

(2) (上から順に) **∠B，∠C，AC，BC**

(3) **二等辺三角形の2つの底角は等しいから。**

教科書 p.141

Q1 △ABCで，∠A＝∠B＝∠Cならば，AB＝BC＝CAであることを証明しなさい。

証明 右の図の△ABCで，

∠B＝∠Cだから，AB＝AC　……①

また，∠A＝∠Bだから，AC＝BC　……②

①，②から，AB＝BC＝CA

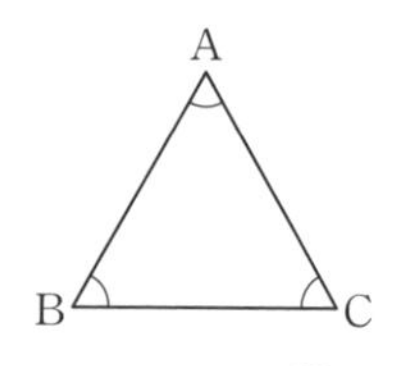

⑤ 直角三角形の合同条件

CHECK! 確認したら ✓を書こう

教科書の要点

□直角三角形の定義	1つの角が直角である三角形を，直角三角形という。 直角三角形で直角に対する辺を斜辺(しゃへん)という。
□直角二等辺三角形の定義	1つの角が直角である二等辺三角形を，直角二等辺三角形という。
□鋭角と鈍角の定義	0°より大きく90°(直角)より小さい角を鋭角(えいかく)という。 90°より大きく180°より小さい角を鈍角(どんかく)という。
□直角三角形の合同条件	定理　2つの直角三角形は， 次のどちらかが成り立つとき合同である。 1　斜辺と他の1辺がそれぞれ等しい。 2　斜辺と1鋭角がそれぞれ等しい。

右の図(教科書142ページ)の△ABCで，AB＝5cm，AC＝3cm，∠BCA＝90° である。このとき，直線BC上に点B′をとり，△ABCと合同な△AB′Cをかくことができるだろうか。

解答 **コンパスを使って，点Aを中心とする半径がABに等しい円をかき，その円と直線BCの交点をB′とすれば，△ABCと合同な△AB′Cをかくことができる。**

活動1 △ABCと△DEF(教科書142ページの図)で，∠C＝∠F＝90°，AB＝DE，AC＝DF である。このとき，２つの直角三角形が合同であることを調べよう。

(1) 右の図(教科書142ページ)のように，△DEFを裏返してACとDFを重ねると，図形ABCEはどんな図形になりますか。また，それはなぜですか。

(2) (1)をもとにして，△ABC≡△AECであることを証明しなさい。

解答 (1) **二等辺三角形　　AB＝AE だから。**

(2) △ABCと△AECで，

仮定から，∠ACB＝∠ACE　……①

AB＝AE　……②

△ABEは二等辺三角形であるから，

∠ABC＝∠AEC　……③

①，③と三角形の内角の和は180°であることから，

∠BAC＝∠EAC　……④

②，③，④から，１組の辺とその両端の角がそれぞれ等しいので，

△ABC≡△AEC

教科書 p.143

Q1 定理の２「斜辺と１鋭角がそれぞれ等しい直角三角形は合同である」を証明しなさい。

ガイド 三角形の３つの角のうち，２つの角の大きさが決まれば，三角形の内角の和が180°であることから残りの１つの角の大きさも決まる。

証明 右の図の△ABCと△A′B′C′で，

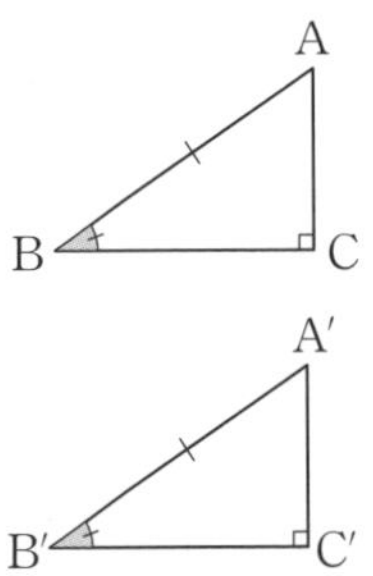

仮定から，∠ABC＝∠A′B′C′　……①

∠BCA＝∠B′C′A′(＝90°)　……②

①，②と三角形の内角の和が180°であることから，　∠BAC＝∠B′A′C′　……③

仮定から，　AB＝A′B′　……④

①，③，④から，

１組の辺とその両端の角がそれぞれ等しいので，

△ABC≡△A′B′C′

よって，「斜辺と１鋭角がそれぞれ等しい直角三角形は合同である」といえる。

5章 1節 三角形

教科書 p.143

Q2 次の三角形(教科書143ページ)のなかから，合同な直角三角形の組を見つけなさい。また，そのときに使った直角三角形の合同条件をいいなさい。

解答 合同な直角三角形……**△ABCと△GIH，△JKLと△OMN**

△ABCと△GIH…**直角三角形の斜辺と他の1辺がそれぞれ等しい。**

△JKLと△OMN…**直角三角形の斜辺と1鋭角がそれぞれ等しい。**

教科書 p.144

活動2 1年では∠XOYの二等分線上の点は，2つの半直線OX，OYまでの距離(きょり)が等しいことを学んだ。

このことを証明しよう。

(1) 上の図(教科書144ページ)の∠XOYの二等分線上の点Pから，2つの半直線OX，OYまでの距離にあたる線分PA，PBをかきなさい。

(2) ∠PAOと∠PBOの大きさをいいなさい。また，それはなぜですか。

(3) PA＝PBを証明するには，どの2つの三角形に着目すればよいですか。

(4) 「角の二等分線上にある点Pは，その角をつくる2つの半直線までの距離が等しい」ことを，次のように(教科書144ページ)証明しました。証明を完成させなさい。

解答 (1)

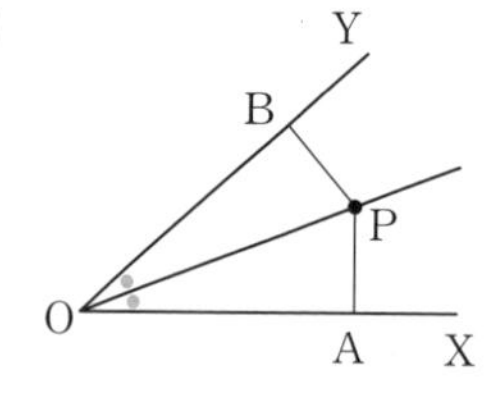

(2) **90°**

点と直線の距離にあたる線分は，点から直線にひいた垂線であるから。

(3) **△PAOと△PBO**

(4) **斜辺と1鋭角**

教科書 p.145

Q3 右の図(教科書145ページ)で，「∠XOYをつくる半直線OX，OYまでの距離が等しい点Pは，∠XOYの二等分線上にある」ことを，必要な点と記号をかき加えて，証明しなさい。

解答 〈仮定〉 ∠PAO＝∠PBO＝90°，PA＝PB

〈結論〉 ∠POA＝∠POB

証明 △POAと△POBで，

仮定から，　∠PAO＝∠PBO＝90°　……①

PA＝PB　……②

共通な辺だから，PO＝PO　……③

①，②，③から，斜辺と他の1辺がそれぞれ等しい直角三角形なので，

△POA≡△POB

対応する角だから，∠POA＝∠POB

したがって，∠XOYをつくる半直線OX，OYまでの距離が等しい点Pは，∠XOYの二等分線上にある。

教科書 p.145

Q4 △ABCはAB＝ACの二等辺三角形で，∠Aは鋭角です。頂点Bから直線ACにひいた垂線とACとの交点をDとします。
また，頂点Cから直線ABにひいた垂線とABとの交点をEとします。
このとき，BD＝CEとなることを証明しなさい。
(1) 図をかきなさい。
(2) 辺BD，CEをふくむ合同な三角形をいいなさい。
(3) BD＝CEであることを証明しなさい。

解答 (1)

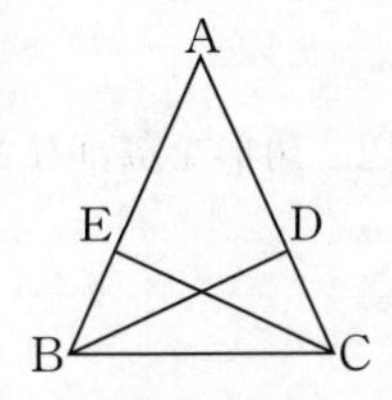

(2) **△ABDと△ACE** または，**△BECと△CDB**

(3) △ABDと△ACEで，
仮定より，　AB＝AC　……①
∠ADB＝∠AEC＝90°　……②
共通な角だから，∠BAD＝∠CAE　……③
①，②，③から，
斜辺と1鋭角がそれぞれ等しい直角三角形だから，
△ABD≡△ACE
対応する辺だから，BD＝CE

教科書 p.145

Q5 **Q4**で証明したことから，BD＝CEのほかに成り立つ性質をいいなさい。

解答 **AD＝AE，EB＝DC，∠ABD＝∠ACE，∠DBC＝∠ECB**

教科書 p.145

学びにプラス 角度を変えて考えよう

Q4で，∠Aが鈍角である場合もBD＝CEといえるでしょうか。

ガイド △ABDと△ACEで，
仮定より，∠ADB＝∠AEC＝90°　……①
AB＝AC　……②
対頂角は等しいから，
∠BAD＝∠CAE　……③
①，②，③から，
斜辺と1鋭角がそれぞれ等しい直角三角形だから，
△ABD≡△ACE
対応する辺だから，BD＝CE

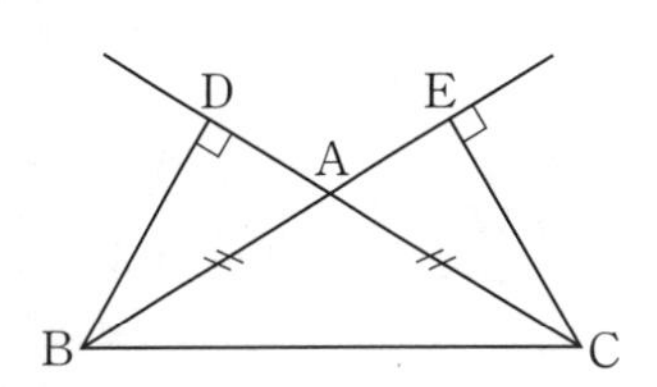

解答 いえる。

たしかめよう

教科書 p.146

1 次の図(教科書146ページ)で，$\angle x$，$\angle y$の大きさを求めなさい。

解答 (1) $\angle x = \mathbf{61°}$

$\angle y = 180° - 61° \times 2 = \mathbf{58°}$

(2) $\angle x = (180° - 42°) \div 2 = \mathbf{69°}$

$\angle y = 42° + 69° = \mathbf{111°}$

教科書 p.146

2 次の三角形(教科書146ページ)のなかから，二等辺三角形を選びなさい。

ガイド △ABCで，$\angle ABC = 90° - 44° = 46°$

→ 二等辺三角形ではない

△DEFで，$\angle EFD = 180° - 79° - 22° = 79°$

→ 二等辺三角形(ED＝EF)である

△GHIで，$\angle GHI = 180° - 155° = 25°$

$\angle HGI = 50° - 25° = 25°$

→ 二等辺三角形(IG＝IH)である

解答 **△DEF，△GHI**

教科書 p.146

3 次のことがらの逆をいいなさい。
また，それが成り立たないときは反例を示しなさい。

「$x = 6$，$y = 1$ならば，$x - y = 5$である。」

解答 **逆…$x - y = 5$ならば，$x = 6$，$y = 1$である。 → 成り立たない。**

反例…$x = 7$，$y = 2$

教科書 p.146

4 次の三角形(教科書146ページ)のなかから，合同な直角三角形の組を見つけなさい。
また，そのときに使った直角三角形の合同条件をいいなさい。

解答 **アとエ…直角三角形で，斜辺と他の1辺がそれぞれ等しい。**

ウとオ…直角三角形で，斜辺と1鋭角がそれぞれ等しい。

教科書 p.147

5 次の図(教科書147ページ)で，合同な三角形の組を見つけ，記号≡を使って表しなさい。また，そのときに使った合同条件をいいなさい。

ガイド (2) $\angle ADB = 180° - 90° - 34° = 56°$

$\angle DBC = 180° - 90° - 56° = 34°$

解答 (1) **△ABD≡△CDB…直角三角形で，斜辺と他の1辺がそれぞれ等しい。**

(2) **△ABD≡△CBD…直角三角形で，斜辺と1鋭角がそれぞれ等しい。**

または，1組の辺とその両端の角がそれぞれ等しい。

学びにプラス 正三角形の性質を使って証明しよう

右の図(教科書147ページ)で，△ABCと△ADEはともに正三角形です。CとE，BとDをそれぞれ結んで，△AEC，△ADBをつくります。
このときCE＝BDであることを証明してみましょう。
〈証明〉△AECと△ADBで，
△ABCは正三角形だから，AC＝□ ……①
△ADEは□だから， AE＝□ ……②
正三角形の1つの内角は60°で，∠BAEが共通な角だから，
∠CAE＝∠CAB＋∠BAE
＝∠EAD＋∠BAE
＝□ ……③
①，②，③から，□がそれぞれ等しいので，
△AEC≡△ADB
対応する辺だから，CE＝BD

解答 (上から順に)**AB，正三角形，AD，∠BAD，2組の辺とその間の角**

2節 四角形

1 平行四辺形の性質

CHECK! 確認したら✓を書こう

教科書の要点

□対辺，対角の定義　四角形の向かい合う辺を対辺(たいへん)，向かい合う角を対角(たいかく)という。

□平行四辺形の定義　2組の対辺がそれぞれ平行な四角形を平行四辺形という。

□平行四辺形を表す記号　平行四辺形ABCDを，記号▱を使って▱ABCDと表す。

A D B C

□平行四辺形の性質　**定理** 平行四辺形には，次の性質がある。
1 2組の対辺はそれぞれ等しい。
2 2組の対角はそれぞれ等しい。
3 2つの対角線はそれぞれの中点で交わる。

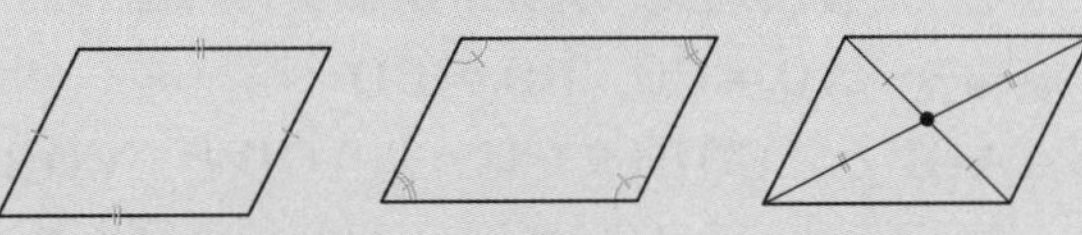

考えよう リボン(教科書148ページの図)を重ねてみよう。どんな四角形ができるだろうか。また，3つの四角形に共通する特徴(とくちょう)を調べてみよう。

解答 **平行四辺形**
共通する特徴…**向かい合う辺が平行**

教科書 p.148

活動1 定義をもとにして平行四辺形をかき，成り立つことがらを調べよう。

(1) 対辺や対角について，どのようなことが成り立ちそうですか。

(2) 2つの対角線をひくと，交点で分けられた線分について，どのようなことが成り立ちそうですか。

ガイド 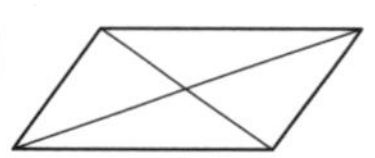 三角定規2枚を合わせて片方を固定し，他方をずらして平行線をひく。

解答 (1) **対辺はそれぞれ等しくなりそうである。**
対角もそれぞれ等しくなりそうである。

(2) **2つの対角線の交点は，それぞれの対角線の中点になりそうである。**

三角定規を使って正確に平行線をひくと，平行四辺形の性質がわかりやすいよ。

教科書 p.149

Q1 2では，△ABC≡△CDA を示しました。このことを使って，性質2の「平行四辺形の2組の対角はそれぞれ等しい」が成り立つことを証明しなさい。

解答 △ABC≡△CDA より，

対応する角だから，∠ABC＝∠CDA ……①

∠BAC＝∠DCA ……②

∠BCA＝∠DAC ……③

②，③から，∠BAC＋∠DAC＝∠BCA＋∠DCA

よって，∠BAD＝∠BCD ……④

①，④から，平行四辺形の2組の対角はそれぞれ等しい。

教科書 p.149

Q2 性質3の「平行四辺形の2つの対角線はそれぞれの中点で交わる」が成り立つことを証明したい。次の(1)～(3)に答えなさい。

(1) 右の図(教科書149ページ)の▱ABCDで，仮定と結論を記号で表しなさい。

(2) どの2つの三角形に着目すればよいですか。

(3) (1)，(2)をもとに，性質3を証明しなさい。

ガイド 三角形が合同であることを使う。

解答 (1) 仮定……**AB∥DC，AD∥BC**

結論……**AO＝CO，BO＝DO**

(2) **△AOBと△COD**(または，**△AODと△COB**)

(3) △AOBと△CODにおいて，平行線の錯角だから，

∠BAO＝∠DCO ……①

∠ABO＝∠CDO ……②

平行四辺形の対辺だから，

AB＝CD ……③

①，②，③から，1組の辺とその両端の角がそれぞれ等しいので，

△AOB≡△COD

対応する辺だから，AO＝CO，BO＝DO

別解 ※この証明は，△AODと△COBに着目してもできる。

平行線の錯角だから，

∠OAD＝∠OCB ……①

∠ADO＝∠CBO ……②

平行四辺形の対辺だから，

AD＝CB ……③

①，②，③から，１組の辺とその両端の角がそれぞれ等しいので，

△AOD≡△COB

対応する辺だから，AO＝CO，BO＝DO

教科書 p.150

Q3 次の▱ABCD（教科書150ページ）で，x，yの値（あたい）を求めなさい。また，そのときに使った平行四辺形の性質をいいなさい。

解答 (1) $x=5$ **2組の対辺はそれぞれ等しい。**

$y=65$ **2組の対角はそれぞれ等しい。**

(2) $x=3$，$y=2$ **2つの対角線はそれぞれの中点で交わる。**

教科書 p.150

活動3 右の図の▱ABCDで，２つの対角線の交点Oを通る直線ℓをひき，辺AB，DCとの交点をそれぞれP，Qとする。このとき，OP＝OQであることを証明しよう。

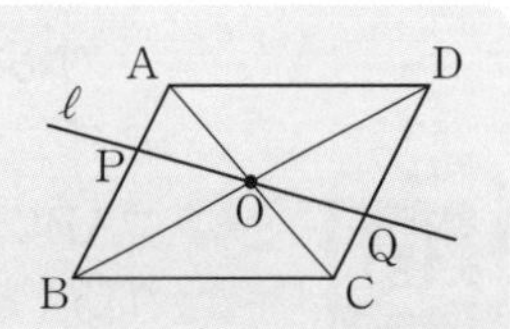

(1) OP＝OQを証明するために，どの２つの三角形に着目すればよいですか。

(2) (1)の２つの三角形が合同であることを証明するには，どの合同条件を使いますか。

(3) OP＝OQを証明しなさい。

(4) ℓをどこにひいても，OP＝OQであることがいえますか。

ガイド (3) 仮定…AB∥DC，AD∥BC

結論…OP＝OQ

解答 (1) **△AOPと△COQ　または，△BOPと△DOQ**

(2) **１組の辺とその両端の角がそれぞれ等しい。**

(3) △AOPと△COQで，

平行四辺形の対角線はそれぞれの中点で交わるので，

OA＝OC ……①

対頂角だから，

∠POA＝∠QOC ……②

平行線の錯角だから，

∠PAO＝∠QCO ……③

①，②，③から，１組の辺とその両端の角がそれぞれ等しいので，

△AOP≡△COQ

対応する辺だから，OP＝OQ

(4) 直線ℓをどこにひいても，△AOP≡△COQ が成り立つので，
OP＝OQ であるといえる。

Q4 ▱ABCD（教科書151ページ）で，BE＝DF である点E，F を辺BC，AD上にそれぞれとると，AE＝CF となります。
(1) 図をかきなさい。
(2) AE＝CF を証明しなさい。

解答 (1)

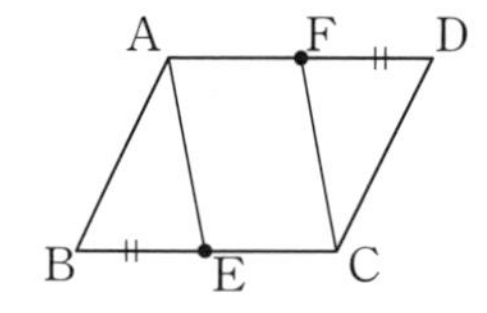

(2) △ABE と△CDF で，
仮定から，　BE＝DF　……①
平行四辺形の対辺だから，　AB＝CD　……②
平行四辺形の対角だから，∠ABE＝∠CDF　……③
①，②，③から，2組の辺とその間の角がそれぞれ等しいので，
△ABE≡△CDF
対応する辺だから，AE＝CF

教科書 p.151

Q5 ▱ABCD（教科書151ページ）で，点B，Dから対角線ACに垂線BE，DFをそれぞれひくと，BE＝DF となります。
(1) 図をかきなさい。
(2) BE＝DF を証明しなさい。

解答 (1)

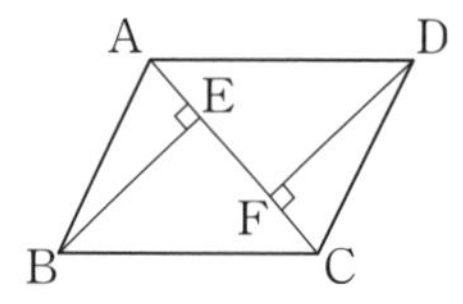

(2) △ABE と△CDF で，
仮定から，　∠AEB＝∠CFD＝90°　……①
平行四辺形の対辺だから，AB＝CD　……②
平行線の錯角だから，∠BAE＝∠DCF　……③
①，②，③から，斜辺と1鋭角がそれぞれ等しい直角三角形なので，
△ABE≡△CDF
対応する辺だから，BE＝DF

学びにプラス　平行四辺形の性質の定理2のほかの証明

右の図（教科書151ページ）のように，▱ABCDの辺ADを延長した直線EFをひき，平行線の性質を使って定理2を証明してみましょう。

証明 平行線の同位角だから，∠BAD＝∠CDF ……①
平行線の錯角だから，　∠BCD＝∠CDF ……②
①，②から，　∠BAD＝∠BCD
同様にして，　∠ABC＝∠ADC

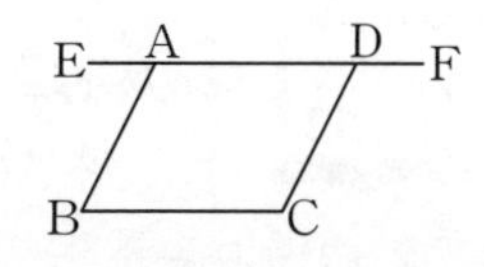

② 平行四辺形であるための条件

教科書 p.152

考えよう 次のような四角形ABCDをかいてみよう。
ア　AB＝CD，BC＝DA　　　**イ**　AD∥BC，AB＝DC
ア，**イ**は平行四辺形になるだろうか。

解答 **ア**

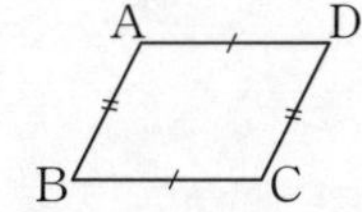

イ

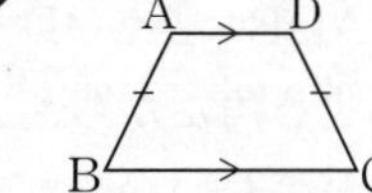

アは平行四辺形になるが，
イは平行四辺形になるとは限らない。

教科書 p.152

活動1 考えようのアから，「２組の対辺がそれぞれ等しい四角形は，平行四辺形である」といえそうである。このことを証明しよう。

(1) 証明することがらの仮定と結論を，右の図(教科書152ページ)の記号を使っていいなさい。

(2) 次の証明を完成させなさい。

〈証明〉対角線ACをひく。
△ABCと△CDAで，
仮定から，　AB＝[　　] ……①
　　　　　　BC＝[　　] ……②
共通な辺だから，　AC＝CA ……③
①，②，③から，[　　]がそれぞれ等しいので，
△ABC≡△CDA
対応する角だから，∠BAC＝∠[　　]
錯角が等しいから，　AB∥DC
同様にして，　BC∥AD
したがって，２組の対辺がそれぞれ等しい四角形は，平行四辺形である。

(3) (2)で，「同様にして，BC∥AD」と書いたことを，AB∥DCの場合と同じようにして証明しなさい。

解答 (1)〈仮定〉 **AB＝CD，BC＝DA**
〈結論〉 **AB∥DC，BC∥AD**

(2)（上から順に） **CD，DA，３組の辺，DCA**

(3) △ABC≡△CDAで，
対応する角だから，∠ACB＝∠CAD
錯角が等しいから，**BC∥AD**

Q1 定理３の逆「２つの対角線がそれぞれの中点で交わる四角形は，平行四辺形である」が成り立つことを，右の図(教科書153ページ)を使って証明しなさい。

証明 △AOBと△CODで，
仮定から，AO＝CO ……①
BO＝DO ……②
対頂角だから，
∠AOB＝∠COD ……③
①，②，③から，
２組の辺とその間の角がそれぞれ等しいので，
△AOB≡△COD
対応する角だから，∠OAB＝∠OCD
錯角が等しいから， AB∥DC
同様にして，△AOD≡△COB
対応する角だから，∠OAD＝∠OCB
錯角が等しいから， AD∥BC
したがって，２つの対角線がそれぞれの中点で交わる四角形は，平行四辺形である。

△AOD≡△COB
を使っても，
同様に証明することができるよ。

教科書の要点

□平行四辺形であるための条件

定義　２組の対辺がそれぞれ平行である。

定理　四角形は，次のどれかが成り立つとき平行四辺形である。

1. ２組の対辺がそれぞれ等しい。
2. ２組の対角がそれぞれ等しい。
3. ２つの対角線がそれぞれの中点で交わる。
4. １組の対辺が平行で等しい。

定義　定理 1　2　3　4

Q2 四角形ABCD(教科書154ページ)で，AD∥BC，AD＝BC ならば，四角形ABCDは平行四辺形であることを証明しなさい。

ガイド 仮定…**AD∥BC，AD＝BC**　結論…**AD∥BC，AB∥DC**

証明 対角線ACをひく。

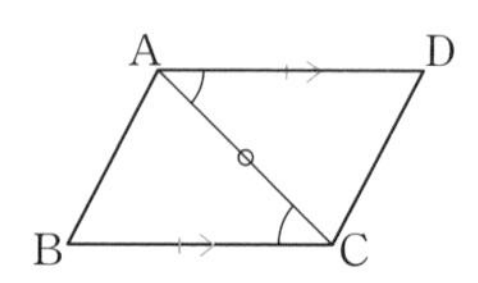

△ABCと△CDAで，
仮定から， BC＝DA ……①
平行線の錯角だから，∠BCA＝∠DAC ……②
共通な辺だから， AC＝CA ……③
①，②，③から，２組の辺とその間の角がそれぞれ等しいので，
△ABC≡△CDA

対応する角だから，　$\angle BAC = \angle DCA$
錯角が等しいから，　　$AB /\!/ DC$　　……④
仮定の $AD /\!/ BC$ と④から，２組の対辺が平行なので，
四角形ABCDは平行四辺形である。

教科書 p.154

Q3 次の図(教科書154ページ)は，平行四辺形の作図の手順を示したものです。その手順をいい，作図が正しいことを説明しなさい。

解答 (手順)・**点Oで交わる適当な２直線をひく。**
・**点Oを中心に適当な半径の円をかき，**
１つの直線との交点をそれぞれA❶，C❷とする。
・**点Oを中心に半径を変えて円をかき，**
もう１つの直線との交点をそれぞれB❸，D❹とする。
・**４点A，B，C，Dを結ぶ。**
(理由)　**２つの対角線がそれぞれの中点で交わるので，**
四角形ABCDは平行四辺形である。

教科書 p.154

Q4 次の**ア**～**ウ**の四角形ABCDのうち，平行四辺形であるものはどれですか。
ア　$\angle A = 130°$，$\angle B = 50°$，$\angle C = 130°$
イ　$AB /\!/ DC$，$AB = 3\text{cm}$，$DC = 3\text{cm}$
ウ　対角線ACとBDの交点をOとする。
$AO = 3\text{cm}$，$BO = 3\text{cm}$，$CO = 4\text{cm}$，$DO = 4\text{cm}$

ガイド 平行四辺形であるための条件に合うものを選べばよい。
ア　$\angle D = 50°$ になるので，２組の対角がそれぞれ等しい。
イ　１組の対辺が平行で等しい。
ウ　２つの対角線がそれぞれの中点で交わっていないから，
平行四辺形にはならない。

解答 **アとイ**

Q5 台形ABCDで，$AD /\!/ BC$ です。BCの延長線上に $CE = AD$ となる点Eをとり，DCとAEの交点をOとします。
(1)　AとC，DとEを結ぶと，四角形ACEDはどんな四角形になりますか。
(2)　点OはDCの中点であることを証明しなさい。

解答 (1)　**平行四辺形**

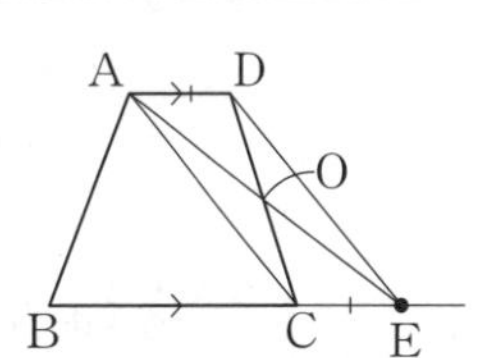

(2)　仮定から，$AD /\!/ CE$　……①
$AD = CE$　……②
①，②から，１組の対辺が平行で等しいので，
四角形ACEDは平行四辺形である。
AEとDCは平行四辺形ACEDの対角線だから，
それぞれの中点で交わるので，OはDCの中点である。

教科書 p.155

学びにプラス 点の位置を変えても…

3 で，線分OB，ODを延長した直線上に BE＝DF となる 2 点E，Fをとります。このとき，四角形AECF（教科書155ページ）は平行四辺形であるといえるでしょうか。

ガイド 平行四辺形の対角線だから，

OA＝OC ……①

OB＝OD ……②

仮定から，

BE＝DF ……③

②，③から，OB＋BE＝OD＋DF だから，

OE＝OF ……④

①，④から，２つの対角線がそれぞれの中点で交わるので，

四角形AECFは平行四辺形である。

解答 **いえる。**

3 特別な平行四辺形

CHECK! 確認したら✓を書こう

教科書の要点

□ひし形の定義 4つの辺が等しい四角形を**ひし形**という。

□長方形の定義 4つの角が等しい四角形を**長方形**という。

□正方形の定義 4つの辺が等しく，4つの角が等しい四角形を**正方形**という。

※ひし形，長方形，正方形は，平行四辺形の特別なものである。

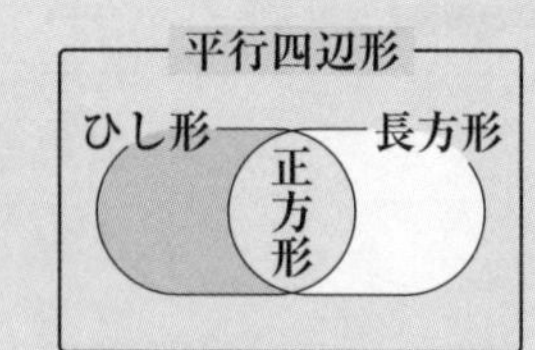

教科書 p.156

Q1 長方形の4つの角は，どれも直角です。それはなぜですか。

解答 **四角形の内角の和は360°で，長方形の4つの角は等しいので，**
1つの内角は，360°÷4＝90°
したがって，4つの角はどれも直角である。

教科書 p.156

Q2 1 と同じようにして，「長方形は平行四辺形である」ことを証明しなさい。

証明 長方形は，4つの角が等しいので，その2組の対角はそれぞれ等しい。
2組の対角がそれぞれ等しい四角形は平行四辺形であるから，
長方形は平行四辺形である。

教科書 p.156

Q3 「正方形はひし形であり，長方形でもある」といえます。このことを証明しなさい。

証明 正方形は4つの辺が等しい。
4つの辺が等しい四角形は，ひし形である。

だから，正方形はひし形である。
また，正方形は 4 つの角が等しいので，長方形でもある。

活動2 ひし形の 2 つの対角線は垂直である。このことを，右の図(教科書157ページ)のひし形ABCDを使って証明しよう。
(1) 次の手順で証明しなさい。
❶ $\triangle ABO \equiv \triangle ADO$ であることを示す。
❷ $AC \perp BD$ であることを示す。

証明 (1) $\triangle ABO$ と $\triangle ADO$ で，
仮定より，
$AB = AD$ ……①
ひし形は，平行四辺形でもあるから，
$BO = DO$ ……②
共通な辺だから，
$AO = AO$ ……③
①，②，③から，3 組の辺がそれぞれ等しいので，
$\triangle ABO \equiv \triangle ADO$
対応する角だから，
$\angle AOB = \angle AOD$ ……④
また，$\angle AOB + \angle AOD = 180°$ ……⑤
④，⑤から，$\angle AOB = \angle AOD = 90°$
よって，$AC \perp BD$ である。

Q4 長方形の 2 つの対角線(教科書157ページの図)にはどのような性質がありますか。また，その性質が成り立つことを証明しなさい。

解答 **対角線の長さが等しい。**
証明 $\triangle ABC$ と $\triangle DCB$ で，
仮定より，
$\angle ABC = \angle DCB$ ……①
長方形は，平行四辺形でもあるから，
$AB = DC$ ……②
共通な辺だから，
$BC = CB$ ……③
①，②，③から，
2 組の辺とその間の角がそれぞれ等しいので，
$\triangle ABC \equiv \triangle DCB$
対応する辺だから，$AC = DB$
したがって，長方形の対角線の長さは等しい。

活動3 いろいろな四角形の対角線について調べよう。

(1) 次の表(教科書157ページ)の四角形で，表に示したことがらがいつでも成り立つ場合は○，そうでない場合には×を書き入れなさい。

ガイド 平行四辺形，ひし形，長方形，正方形の対角線には，次の性質がある。

・平行四辺形の対角線はそれぞれの中点で交わる。
・ひし形の対角線は垂直である。
・長方形の対角線の長さは等しい。
・正方形の対角線は，長さが等しく，垂直である。

平行四辺形

ひし形

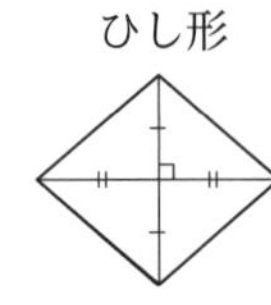

長方形

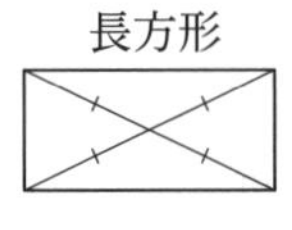

正方形

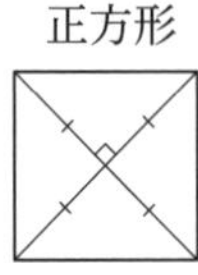

解答 (1)

	それぞれの中点で交わる	垂直である	長さが等しい
平行四辺形	○	×	×
ひし形	○	○	×
長方形	○	×	○
正方形	○	○	○

Q5 次の□にあてはまる四角形を答えなさい。また，その理由をいいなさい。

(1) 対角線が垂直である平行四辺形は□である。
(2) 対角線の長さが等しい平行四辺形は□である。
(3) 対角線が垂直である長方形は□である。
(4) 対角線の長さが等しいひし形は□である。

ガイド (1) 右の図の△ABOと△ADOで，

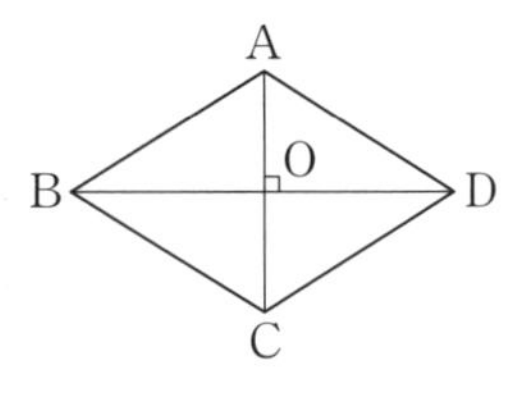

BO＝DO(平行四辺形の対角線)，AO＝AO(共通)
∠AOB＝∠AOD(仮定)
2組の辺とその間の角がそれぞれ等しいので，
△ABO≡△ADO　よって，AB＝AD
平行四辺形の性質から，AB＝CD，AD＝BC だから，
AB＝BC＝CD＝DA

(2) ▱ABCDで，
AC＝BD とすると，3組の辺が等しくなるから，
△ABC≡△DCB
よって，∠ABC＝∠DCB
AB∥DC から，∠ABC＋∠DCB＝180°
∠ABC＝∠DCB＝90° だから，平行四辺形の対角は等しいことより，
▱ABCDの4つの角が等しいので，長方形であるといえる。

A D
B C

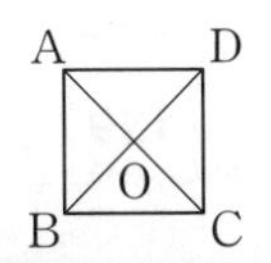

(3) 対角線が垂直であるとすると，AC⊥BD だから，(1)より，長方形ABCDはひし形になる。長方形でもあり，ひし形でもあるので，正方形である。

(4) 対角線の長さが等しいとすると，AC＝BD だから，(2)より，ひし形ABCDは長方形になる。長方形でもあり，ひし形でもあるので，正方形である。

解答 (1) **ひし形**
理由…4つの辺が等しいから。
(2) **長方形**
理由…4つの角が等しいから。
(3) **正方形**
理由…4つの辺が等しく，4つの角も等しいから。
(4) **正方形**
理由…4つの辺が等しく，4つの角も等しいから。

教科書 p.158

Q6 次の［　］にあてはまる四角形を答えなさい。また，その理由をいいなさい。
(1) 1つの角が直角である平行四辺形は［　］である。
(2) 1つの角が直角であるひし形は［　］である。
(3) となり合う辺が等しい長方形は［　］である。

解答 (1) **長方形**
理由…平行四辺形では，向かい合う角は等しい。1つの角が直角なので，すべての角が直角になる。よって，4つの角が直角な平行四辺形なので，長方形である。
(2) **正方形**
理由…ひし形は平行四辺形でもある。1つの角が直角なので，すべての角が直角になる。よって，4つの角が直角であるひし形なので，正方形である。
(3) **正方形**
理由…となり合う辺が等しい長方形なので，すべての辺の長さが等しくなる。よって，4つの辺が等しい長方形なので，正方形である。

4 平行線と面積

CHECK! 確認したら ✓を書こう

教科書の要点

□**面積が等しい三角形**　△ABCと△A′BCの面積が等しいことを，△ABC＝△A′BC と書く。

□**平行線と面積**　底辺BCが共通な△ABCと△A′BCで，AA′∥BC のとき，△ABC＝△A′BC となる。

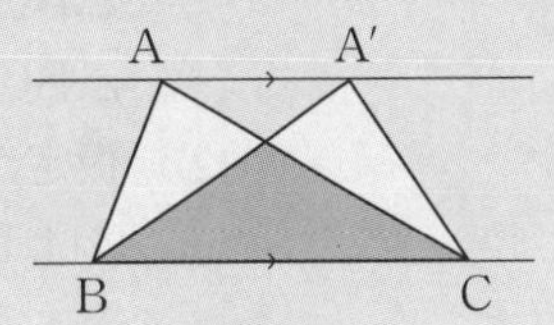

? 右の図(教科書159ページ)は，四角形ABCDを変形させたものである。
四角形ABCDと面積が等しい四角形はどれだろうか。

ガイド 四角形ABCDの対角線ACに平行で点Dを通る直線を見つける。
直線DD_1，DD_2，DD_3のなかで，対角線ACに平行な直線は直線DD_2

解答 **四角形$ABCD_2$**

Q1 右の図(教科書159ページ)は，AD∥BCの台形です。次の2つの三角形の面積を比べなさい。

(1) △ABCと△DBC

(2) △OABと△OCD

解答 (1) △ABCと△DBCは，底辺BCが共通で，高さが平行線AD，BC間の距離にあたり等しいので，**△ABC＝△DBC**

(2) △OAB＝△ABC－△OBC
△OCD＝△DBC－△OBC
(1)より，**△OAB＝△OCD**

教科書 p.159

活動1 辺BCが共通な△ABCと△A′BCがある。右の図(教科書159ページ)のように，頂点A，A′が直線BCの同じ側にあるとき，次のことを証明しよう。
△ABC＝△A′BC ならば AA′∥BC

(1) 点A，A′から直線BCに垂線AD，A′Eをそれぞれひく。
このとき，ADとA′Eはどのような関係になりますか。

(2) (1)から，四角形ADEA′はどんな四角形になると考えられますか。

(3) (2)をもとに，AA′∥BCであることを証明しなさい。

解答 (1) **AD∥A′E，AD＝A′E**

(2) **長方形**

(3) **四角形ADEA′は長方形より，**
対辺は平行だから，AA′∥BC

Q2 右の図(教科書160ページ)の四角形ABCDは平行四辺形です。

(1) △BCF＝△ACFであることを説明しなさい。

(2) △BCF＝△ACEのとき，EF∥ACであることを説明しなさい。

解答 (1) 平行四辺形の対辺だから，AB∥FC
△BCFと△ACFは，底辺CFが共通で，AB∥FCであるので，
△BCF＝△ACF

(2) 仮定から，△BCF＝△ACE ……①
(1)より，　△BCF＝△ACF ……②
①，②から，△ACE＝△ACFであり，E，FがACと同じ側にあるので，
活動1より，EF∥AC

活動2 左のような四角形ABCD(教科書160ページ)を，その面積を変えずに四角形ABCEに変形したい。点Eをどこにとればよいか考えよう。

(1) 四角形ABCEをかくとき，△ACDと△ACEの面積はどのような関係にすればよいですか。

(2) 左の図に点Eをかきなさい。また，どのようにしてかいたか説明しなさい。

解答 (1) **△ACD＝△ACE**

(2) **右の図のように，頂点Dを通り，四角形ABCDの対角線ACに平行な直線をひき，その直線上に点Eをとる。**

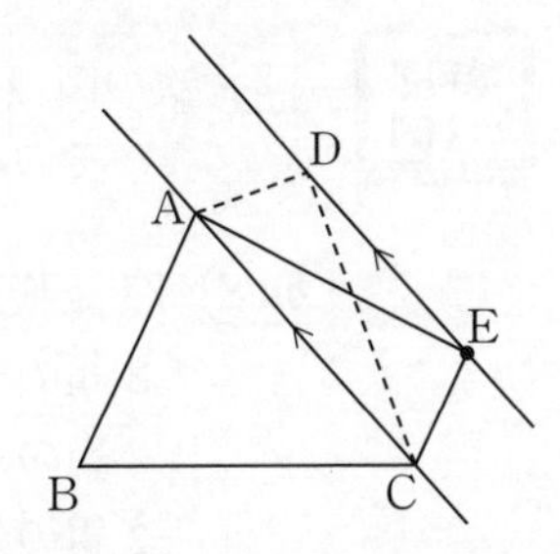

教科書 p.160

Q3 2 で，四角形ABCDと面積が等しい三角形を，左の図(教科書160ページ)にかきなさい。

解答 右の図のように，頂点Dを通り，
四角形ABCDの対角線ACに平行な直線と
BCの延長との交点をEとすると，
△ADC＝△AEC だから，
四角形ABCDと面積が等しい△ABEがかける。

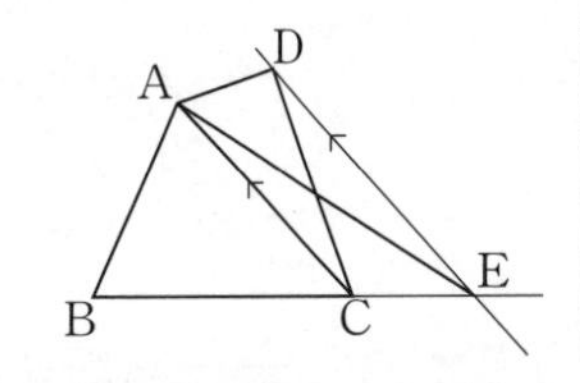

5章 2節 四角形

教科書 p.160

学びにプラス 土地の境界を決めよう

右の図(教科書160ページ)のように，折れ線ABCを境界にしている土地**ア**と**イ**があります。**ア**，**イ**の面積を変えずにAを通る線分ADを新しい境界にするには，Dをどこにとればよいでしょうか。

ガイド 右の図で，初めに△ABCと△ADCの面積が等しくなるようにするにはどうすればよいかを考える。

(手順) ❶ AとCを結ぶ。

❷ Bを通り，ACに平行な直線をひき，下の境界線との交点をDとする。

❸ AとDを結ぶ。

解答 右の図

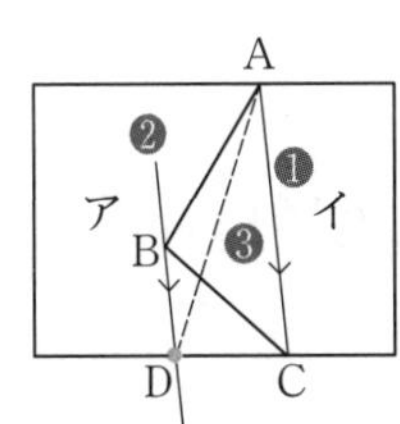

た しかめよう

1 次の図(教科書161ページ)の四角形ABCDは平行四辺形です。x，y の値を求めなさい。

ガイド (1) 平行四辺形の対辺は等しい。

AD∥BC より，∠Dの外角は118°
$y=180-118=62$

(2) 平行四辺形の2つの対角線はそれぞれの中点で交わる。

解答 (1) $\boldsymbol{x=4,\ y=62}$
(2) $\boldsymbol{x=3,\ y=9}$

教科書 p.161

2 次の図(教科書161ページ)の四角形のうち，平行四辺形であるものをいいなさい。また，そのときに使った平行四辺形であるための条件をいいなさい。

ガイド 平行四辺形であるための条件
「2組の対辺がそれぞれ平行である」
「2組の対辺がそれぞれ等しい」
「2組の対角がそれぞれ等しい」
「2つの対角線がそれぞれの中点で交わる」
「1組の対辺が平行で等しい」
のどれかにあてはまるかどうか調べる。
アの残りの1つの角の大きさは，360°−69°−110°−110°＝71°
よって，平行四辺形ではない。

解答 **イ　2つの対角線がそれぞれの中点で交わる。**

教科書 p.161

3 次の**ア**～**エ**のような四角形ABCDのうち，平行四辺形であるものをいいなさい。
また，そのときに使った平行四辺形であるための条件をいいなさい。ただし，**エ**のOは対角線ACとBDとの交点です。

ア　AB∥DC，AB＝DC
イ　AB＝BC，CD＝DA
ウ　∠A＝∠B，∠C＝∠D
エ　AO＝BO，CO＝DO

ガイド **ウ**　∠A＝∠B＝120°，∠C＝∠D＝60° の場合，平行四辺形ではない。

解答 **ア　1組の対辺が平行で等しい。**

教科書 p.161

4 四角形ABCDが次の四角形であるためには，対角線AC，BDについて，どのようなことがいえればよいですか。

(1) ひし形　　(2) 長方形　　(3) 正方形

解答 (1) **対角線がそれぞれの中点で直角に交わる。**
(2) **対角線がそれぞれの中点で交わり，それぞれの長さが等しい。**
(3) **対角線がそれぞれの中点で直角に交わり，それぞれの長さが等しい。**

教科書 p.161

5 右の図(教科書161ページ)の四角形と面積が等しい三角形を，図にかき入れなさい。

解答 (例)　次の図のように，もとの図を四角形ABCD

とし，対角線BDをひく。次に，頂点Aを通り，直線BDに平行な直線をひき，直線BCとの交点をA′とする。△BA′D＝△BADなので，△A′CDと四角形ABCDは面積が等しくなる。

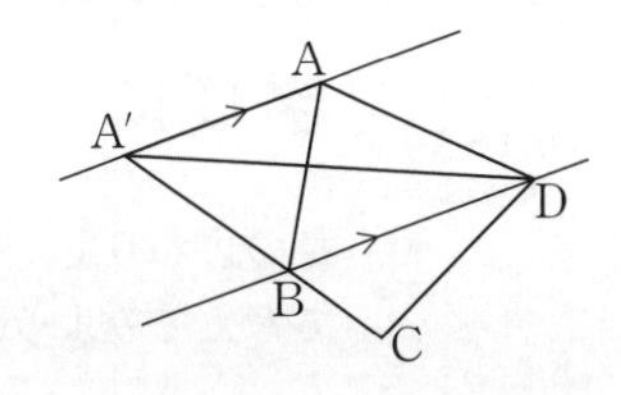

3節 三角形や四角形の性質の利用

1 動き方のしくみを調べよう

3人は，遊園地にある乗り物について話しています。
乗り物の床と地面は，いつでも平行になっているのだろうか。

> この乗り物は，右の図(教科書162ページ)で，次の①~④が成り立つように造られているものとする。
> AB＝FE ……①
> AF＝BE ……②
> BC＝ED ……③
> ∠BCD＝∠EDC＝90° ……④

(1) 乗り物の床と地面が平行であることを，図の記号を使って表しなさい。
(2) ①~④が成り立つとき，(1)のことがらが成り立つことをどのように証明すればよいですか。
(3) 四角形ABEF(教科書162ページ)で，AF∥BEとなることを証明しなさい。
(4) 四角形BCDE(教科書162ページ)で，BE∥CDとなることを証明しなさい。
(5) (3)，(4)をもとに，乗り物の床と地面が平行であることを説明しなさい。
(6) 乗り物の床の位置が右の図(教科書163ページ)のようになるときも，AF∥CDになるといえますか。

解答 (1) **AF∥CD**

(2) **四角形ABEFと四角形BCDEが平行四辺形であることを証明する。**

(3) ①，②より，AB＝FE
AF＝BE
2組の対辺がそれぞれ等しいので，四角形ABEFは平行四辺形である。
よって，AF∥BE

(4) ④より，BC∥ED ……⑤
③，⑤より，1組の対辺が平行で長さが等しいので，
四角形BCDEは平行四辺形である。
よって，BE∥CD

(5) **(3)より，AF∥BE**
(4)より，BE∥CD
よって，AF∥CDとなり，乗り物の床と地面は平行である。

(6) **①~④の等式が成り立っているので，AF∥CDになるといえる。**

学びにプラス 身のまわりで探してみよう

身のまわりで，平行四辺形の性質と条件を利用しているものを探して，そのしくみについて考えてみよう。

解答 （例） **教科書163ページの道具箱には，両側に 2 本ずつアームがついている。左側のアームに着目すると， 4 つのねじの部分が平行四辺形を形成している。この平行四辺形により，上の段が下の段に対していつも平行に保たれるようになっている。**

5 章をふり返ろう

1 次の図(教科書164ページ)で， x， y の値（あたい）を求めなさい。

解答 (1) $x=180-68=\mathbf{112}$

$y=112-68=\mathbf{44}$

(2) $x=180-70=\mathbf{110}$

$y=x=\mathbf{110}$ (平行線の同位角)

2 次の(1), (2)の逆をいいなさい。また，逆は成り立ちますか。

(1) 四角形ABCDが長方形ならば，AC＝BD である。

(2) 6 の倍数は 3 の倍数である。

ガイド 逆について成り立つかどうかを考えるときは，具体的に例をあげてみるとよい。

(1) AC＝BD になる四角形ABCDは，長方形以外に右のような四角形も考えられる。

(2) 3 の倍数である 3, 9, 15, ……などは 6 の倍数ではない。

解答 (1) **四角形ABCDが，AC＝BD ならば，長方形である。**

逆は，**成り立たない。**

(2) **3 の倍数は 6 の倍数である。**

逆は，**成り立たない。**

3 二等辺三角形ABCで，底角∠B，∠Cの二等分線をそれぞれひき，その交点をPとします。このとき，△PBCは二等辺三角形であることを証明しなさい。

△ABCで，

AB＝AC だから，∠B＝∠C ……①

底角の二等分線だから，

$\angle PBC=\frac{1}{2}\angle B$，$\angle PCB=\frac{1}{2}\angle C$ ……②

①，②より，∠PBC＝∠PCB

よって，△PBCは，PB＝PC の二等辺三角形である。

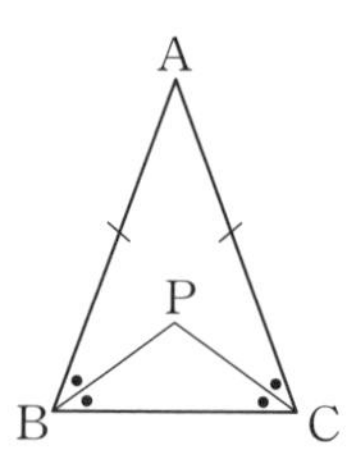

教科書 p.164

4 平行四辺形は台形の特別なものといえますか。また，そう考えた理由をいいなさい。

解答 **「平行四辺形は台形の特別なものといえる」**

理由…**台形は「1組の対辺が平行な四角形」であり，平行四辺形は「2組の対辺が平行な四角形」である。つまり，台形の条件を満たしていて，さらに，もう1組の対辺が平行になったときに平行四辺形になるから。**

教科書 p.164

5 右の図(教科書164ページ)の▱ABCDで，辺CD上に点Pをとり，ACとBPとの交点をQとします。次の(1)，(2)に答えなさい。

(1) ▱ABCD＝2△ABPであることを説明しなさい。

(2) △AQPと面積の等しい三角形をいいなさい。また，その理由もいいなさい。

解答 (1) **▱ABCDと△ABPの底辺をABとすると，頂点P，CはABに平行な辺DC上にあるので，高さが等しくなる。底辺と高さが等しい平行四辺形と三角形だから，▱ABCD＝2△ABP**

(2) **△BQC**

理由…**DC∥ABより，△ABP＝△ABCで，△ABQは共通な三角形だから，△AQP＝△BQC**

教科書 p.164

6 すじ道を立てて説明するには，どのようなことを大切にすればよいか，いいましょう。

解答 (例) **結論を証明するためには，どのようなことがらを根拠として示せばよいのか考える。また，そのためには，仮定やすでに正しいと認められたことがらをどのように利用すればよいのか考えていく。**

力をのばそう

❶ 右の図(教科書165ページ)のように，幅(はば)が一定の紙テープを折りました。重なったところにできる図形はどんな三角形ですか。また，そのことを証明しなさい。

ガイド 紙テープを折り返すと，∠EBAと∠CBAは線分ABに対称な角だから等しくなる。

解答 **二等辺三角形**

証明 紙テープを折り返した角だから，

∠EBA＝∠CBA ……①

AD∥BEより，平行線の錯角だから，

∠EBA＝∠CAB ……②

①，②より，∠CBA＝∠CAB

2つの角が等しいので，

△ABCは，CA＝CBの二等辺三角形である。

2 右の図(教科書165ページ)のように，▱ABCDの4つの角∠A，∠B，∠C，∠Dの二等分線で四角形EFGHをつくります。

(1) 四角形EFGHはどんな四角形ですか。

(2) 四角形EFGHを正方形にするためには，▱ABCDにどのような条件をつけ加えればよいですか。

ガイド (1) 角の二等分線をひくことから，△ABE，△BCH，△CDG，△DAFが直角三角形になることを使う。

四角形の内角の和は360°だから，∠A＋∠B＋∠C＋∠D＝360°で，

平行四辺形の2組の対角はそれぞれ等しいので，

2(∠A＋∠B)＝360°　　よって，∠A＋∠B＝180°

仮定から，$\angle EAB=\frac{1}{2}\angle A$，$\angle EBA=\frac{1}{2}\angle B$ だから，

$\angle EAB+\angle EBA=\frac{1}{2}(\angle A+\angle B)=90°$　……①

△ABEで，①から，∠AEB＝90°

対頂角だから，∠HEF＝90°

同様にして，∠EFG＝∠FGH＝∠GHE＝90°

以上より，4つの角が90°でみな等しいので，四角形EFGHは長方形である。

(2) ∠A＝90°とすると，∠A＋∠B＝180°であることと，平行四辺形の2組の対角はそれぞれ等しいことから，

∠A＝∠B＝∠C＝∠D＝90°

△ABEと△CDGで，

仮定から，∠BAE＝∠DCG＝45°

∠ABE＝∠CDG＝45°

平行四辺形の対辺は等しいので，

AB＝CD

1組の辺とその両端の角がそれぞれ等しいから，

△ABE≡△CDG

対応する辺は等しく，△ABE，△CDGは二等辺三角形だから，

EA＝EB＝GC＝GD

同様にして，FA＝FD＝HB＝HC

HE＝HB－EB，HG＝HC－GC

FE＝FA－EA，FG＝FD－GD

よって，HE＝HG＝FE＝FG

以上より，4つの辺が等しく，4つの角も等しいので，

四角形EFGHは正方形である。

解答 (1) **長方形**

(2) (例)　**∠A＝90°**

❸ 右の図(教科書165ページ)で，点Pを通る直線をひいて，△ABCを面積の等しい2つの図形に分けなさい。

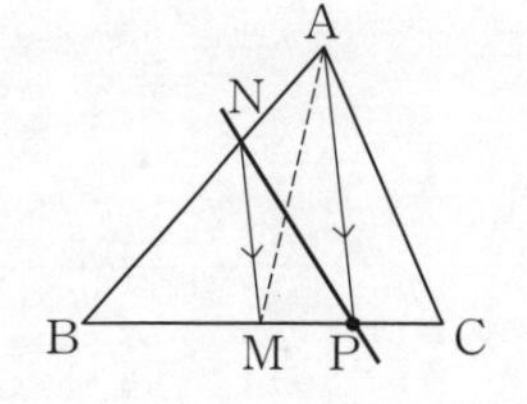

ガイド 辺BCの中点をMとし，Mを通りAPに平行な直線をひき，辺ABとの交点をNとする。

AP∥NMだから，

△NAM＝△NPM ……①

また，△ABM＝△NBM＋△NAM ……②

①，②から，△ABM＝△NBM＋△NPM＝△NBP

△ABM＝$\frac{1}{2}$△ABCだから，

直線PNは△ABCの面積を2等分する。

解答 右の図の**直線PN**

教科書 p.165

❹ 右の図(教科書165ページ)のように，△ABCの各辺を1辺とする正三角形の頂点D，E，Fと点Aを結んで四角形AFEDをつくります。

(1) 四角形AFEDが平行四辺形であることを，次の手順で証明しなさい。

❶ △DBEと△FECはどちらも△ABCと合同であることから，△DBE≡△FECを示す。

❷ 平行四辺形であるための条件を使って，四角形AFEDが平行四辺形であることを示す。

(2) 頂点Aをいろいろな位置に動かすと，四角形AFEDはどんな四角形になりますか。

ガイド (2) △ABCを特別な形にすると四角形AFEDは，長方形，ひし形，正方形になる。

解答 (1)❶ △FACは正三角形だから，AF＝FC＝AC ……①

△DABは正三角形だから，AD＝AB＝DB ……②

△EBCは正三角形だから，BC＝BE＝EC ……③

△ABCと△DBEで，

∠ABC＝∠EBC－∠EBA＝60°－∠EBA

∠DBE＝∠DBA－∠EBA＝60°－∠EBA

よって，∠ABC＝∠DBE ……④

②，③，④から，

2組の辺とその間の角がそれぞれ等しいので，

△ABC≡△DBE ……⑤

△ABCと△FECで，

∠ACB＝∠ECB－∠ECA＝60°－∠ECA

∠FCE＝∠FCA－∠ECA＝60°－∠ECA

よって，∠ACB＝∠FCE ……⑥

①，③，⑥から，

2組の辺とその間の角がそれぞれ等しいので，

$\triangle$ABC≡$\triangle$FEC ……⑦
⑤，⑦から，$\triangle$DBE≡$\triangle$FEC ……⑧

❷ ①，⑧から，DE＝AF ……⑨
②，⑧から，DA＝EF ……⑩
⑨，⑩から，２組の対辺がそれぞれ等しいので，
四角形AFEDは平行四辺形である。

(2) ・$\triangle$ABCがAB＝ACの二等辺三角形のとき，
四角形AFEDは**ひし形になる。**
・$\triangle$ABCが∠BAC＝150°の三角形のとき，
四角形AFEDは**長方形になる。**
・$\triangle$ABCがAB＝AC，∠BAC＝150°の二等辺三角形のとき，
四角形AFEDは**正方形になる。**

活用・探究 つながる・ひろがる・数学の世界

折り紙の不思議な性質

折り紙を折ったときに現れる図形の性質を見つけましょう。

(1) 点Pを辺AD上のいろいろな位置にとって，折り紙を次(教科書166ページ)のように折ってみましょう。

(2) 点Pを辺ADのどこにとっても，点Cが点Eと重なることを証明するには，どのようなことがいえればよいですか。

(3) (2)で立てた方針で，点Pを辺ADのどこにとっても，点Cが点Eと重なることを証明しましょう。

解答 (1) 省略

(2) **$\triangle$BCF≡$\triangle$BEF**

(3) $\triangle$BCFと$\triangle$BEFで，
正方形の１辺だから，BC＝BE ……①
正方形の角だから，
∠BCF＝∠BAP＝∠BEP＝90° ……②
∠BEF＝180°−∠BEP＝90° ……③
②，③より，
∠BCF＝∠BEF＝90° ……④
共通な辺だから，BF＝BF ……⑤
①，④，⑤から，斜辺と他の１辺がそれぞれ等しい直角三角形だから，
$\triangle$BCF≡$\triangle$BEF
よって，点Cは点Eに重なる。

自分で課題をつくって取り組もう

(例)・上(教科書166ページ)の折り紙で，ほかの性質を見つけて証明してみよう。

解答 (例)角を二等分できる。

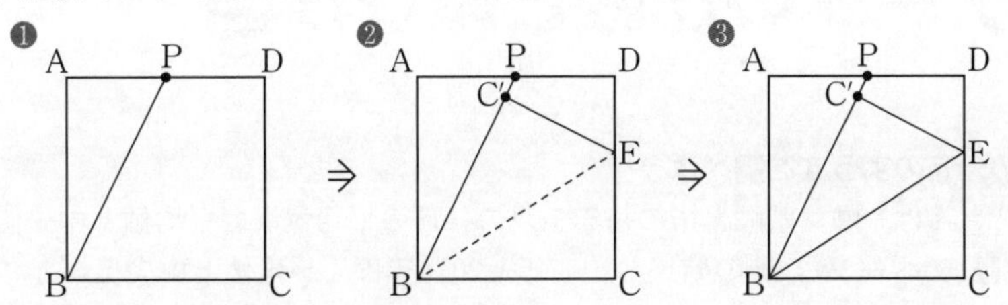

❶ 折り紙の4つの頂点をA，B，C，Dとし，AD上に点Pをとる。
❷ 線分BCをBPに重なるように折る。
折り目と線分CDの交点をEとする。
また，点Cが移った先をC′とする。
❸ 折った部分を開いてもとに戻す。
線分BEをひく。
線分BEは∠PBCの二等分線になっている。

証明

△C′BEと△CBEにおいて，
折り紙の1辺の長さだから，
BC′＝BC ……①
∠BC′E＝∠BCE＝90° ……②
共通な辺だから，
BE＝BE ……③
直角三角形の斜辺と他の1辺がそれぞれ等しいから，
△C′BE≡△CBE
対応する角は等しいから，∠C′BE＝∠CBE

6章 データの比較と箱ひげ図

気温の分布のようすを調べよう

さくらさんは，岐阜県岐阜市の毎年１月の各日の平均気温の平均値と中央値を調べました(教科書169ページ)。その結果，2002年と2014年は，平均値と中央値がどちらも等しいことがわかりました。

(1)　2002年と2014年の１月の各日の平均気温の分布のようすを，度数分布表やヒストグラム(教科書169ページ)を使って調べよう。

解答 (1)　表２　岐阜市の１月の各日の平均気温

気温(℃)	2002年	2014年
	度数(日)	度数(日)
以上　未満 −1.5～ 0	1	**0**
0 ～ 1.5	3	**0**
1.5～ 3.0	5	**4**
3.0～ 4.5	7	**12**
4.5～ 6.0	5	**9**
6.0～ 7.5	5	**5**
7.5～ 9.0	4	**1**
9.0～10.5	1	**0**
計	31	**31**

図１　岐阜市の１月の各日の平均気温

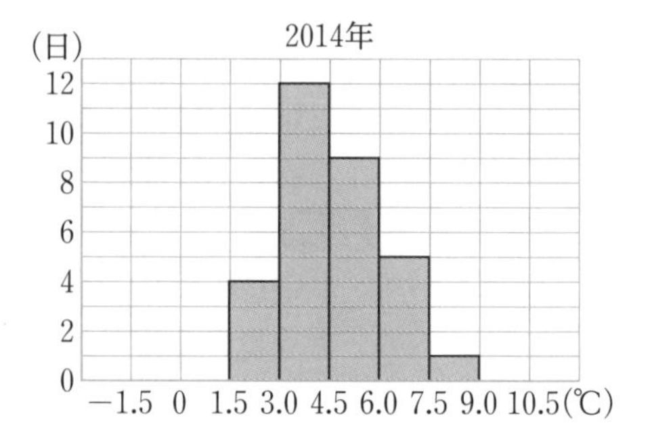

1節 箱ひげ図

1 四分位数と四分位範囲

CHECK! 確認したら✓を書こう

教科書の要点

□四分位数　データを大きさの順に並べ，４等分して分布のようすを調べるとき，４等分した位置にある値を四分位数という。
四分位数は，小さいほうから順に，
第１四分位数，第２四分位数，第３四分位数という。
第２四分位数は，中央値である。

□四分位範囲　第３四分位数と第１四分位数との差を，四分位範囲という。

考えよう　次の資料(教科書170ページ)は，図書委員会に所属する１年生と２年生の１週間の読書時間を調べた記録(データ)である。
２つのデータには，分布のようすにちがいがあるといえるだろうか。

ガイド　１年生の平均値は３時間であり，２年生の平均値は3.5時間である。
また，１年生の分布の形は左に偏った山があるのに対して，

2年生の分布の形は2つの山がある形になっている。

解答 **いえる。**

活動1 ?考えよう の2つのデータを小さい順に並べると，それぞれ表3（教科書170ページ）のようになった。2つのデータの分布のようすについて調べよう。

(1) 2つのデータの最小値，最大値をそれぞれ求め，範囲（はんい）を比べなさい。

(2) それぞれの中央値を求め，比べなさい。

(3) 学年によって，データの分布のようすにちがいはありますか。

ガイド (1) データの最大値と最小値との差を，範囲という。

(2) データを2等分した位置にある値を中央値という。

(3) それぞれの範囲，中央値を比べた結果から考える。

解答 (1) 1年生…最小値は **0時間**，最大値は **7時間**だから，
範囲は $7-0=$ **7（時間）**
2年生…最小値は **0時間**，最大値は **7時間**だから，
範囲は $7-0=$ **7（時間）**
1年生と2年生の**範囲は等しい。**

(2) 1年生の中央値は表3の⑦にあたる **3時間**。
2年生の中央値は表3の⑥と⑦の平均である **3時間**。
1年生と2年生の**中央値は等しい。**

(3) 範囲と中央値を比べると，
データの分布のようすに**ちがいがないといえる。**

教科書 p.171

Q1 表3（教科書170ページ）の2年生のデータの四分位数と四分位範囲を求めなさい。

ガイド

最小値をふくむ組　　最大値をふくむ組

0，1，[2，2]，3，[3，3]，4，[5，6]，6，7

最小値　❸　❶　❹　最大値

❶ 第2四分位数は，$\dfrac{3+3}{2}=3$（時間）

❷ 上の図のように，データを6個ずつの組に分ける。

❸ 第1四分位数は，$\dfrac{2+2}{2}=2$（時間）

❹ 第3四分位数は，$\dfrac{5+6}{2}=5.5$（時間）

解答 第1四分位数… **2時間**
第2四分位数… **3時間**
第3四分位数… **5.5時間**
四分位範囲… $5.5-2=$ **3.5（時間）**

6章 1節 箱ひげ図

2 箱ひげ図

CHECK! 確認したら✓を書こう

教科書の要点

□箱ひげ図

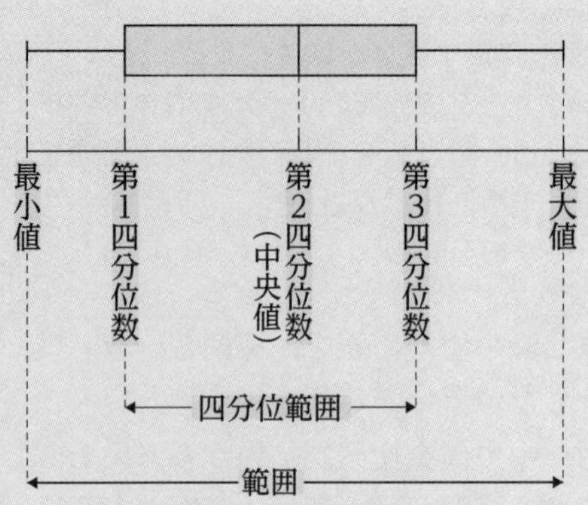

注 範囲はかけ離(はな)れた値の影響(えいきょう)を受けるが，四分位範囲はその影響を受けにくいので，箱ひげ図は，複数の集団のデータの分布のようすを比較するのに適している。

教科書 p.172

活動1 2つのデータの分布のようすを，箱ひげ図を使って比べよう。

(1) 図3(教科書172ページ)に，(教科書)170ページの表3の2年生のデータの箱ひげ図をかき入れなさい。

(2) (1)の2つの箱ひげ図を比べて，わかることをいいなさい。

ガイド (2) 1年生のデータと2年生のデータの四分位数を比べて考える。

解答 (1) 図3 **1年生と2年生の1週間の読書時間**

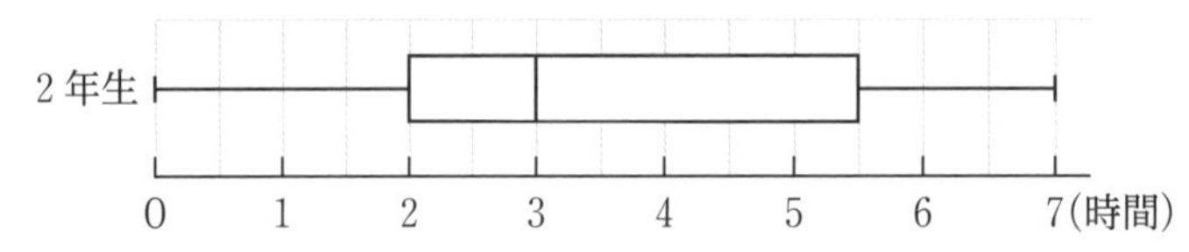

(2) **全体として，1年生よりも2年生のほうが，1週間の読書時間が長いことがわかる。**

教科書 p.173

活動2 表5(教科書173ページ)は，3年生の1週間の読書時間のデータである。
箱ひげ図を使って，データの分布のようすを調べてみよう。

(1) 四分位数を求めなさい。

(2) 箱ひげ図(教科書173ページ)を完成させなさい。

(3) 範囲と四分位範囲を求めなさい。

(4) 3年生のデータが，右のように(教科書173ページ)1人分増えました。
(1)~(3)と同じことを調べ，14人のときと比べなさい。

ガイド (1) 第2四分位数は，中央値であるから，⑦と⑧の平均である5時間。

解答 (1) 第1四分位数… **4時間**　第2四分位数… **5時間**　第3四分位数… **6時間**

(2) 図4　3年生の1週間の読書時間

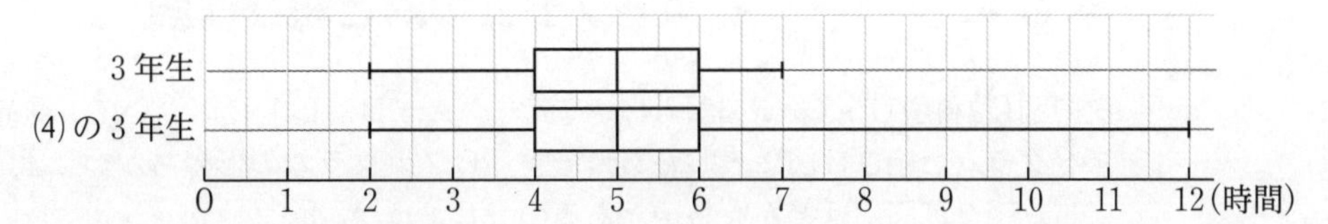

(3) 範囲…7−2＝**5(時間)**
四分位範囲…6−4＝**2(時間)**

(4)

	最小値	第1四分位数	第2四分位数	第3四分位数	最大値
3年生	**2**	**4**	**5**	**6**	**12**

(時間)

箱ひげ図は(2)の図参照。
範囲…12−2＝**10(時間)**
四分位範囲…6−4＝**2(時間)**
14人のときと，15人のときでは，
範囲は異なっているが，四分位範囲は等しい。

教科書 p.174

活動3 表7(教科書174ページ)は，3つの中学校の野球部の生徒の50m走のデータである。このデータの分布のようすを比べよう。
(1) 図5(教科書174ページ)は，表7のデータを箱ひげ図に表したものです。3つの中学校のデータの分布のようすには，どのようなちがいがありますか。
(2) 図6，7(教科書174ページ)は，表7のA中学校とB中学校のデータを，それぞれヒストグラムに表したものです。(1)で図5から読み取ったことのほかに，どのようなことを読み取ることができますか。

ガイド (1) 箱の位置からデータの分布のようすを比べることができる。

解答 (1) (例)　**C中学校…各四分位数が3校の中でいちばん速いタイムを表している。**
A中学校とB中学校…四分位範囲は同じであるが，
第2四分位数からA中学校のほうが速いといえる。

(2) (例)　**A中学校の記録は8.0秒以上8.5秒未満に集中しているが，B中学校の記録は偏りが小さい。**

教科書 p.175

Q1 Aさんの学校で，2年生女子70人の2回のハンドボール投げの記録を調べ，箱ひげ図とヒストグラムに表すと，図8，9(教科書175ページ)のようになりました。
Aさんは図8，9を見て，右(教科書175ページ)のように考えました。この考えは正しいですか。

ガイド ヒストグラムの形のちがいを読み取る。
1回目の記録は，最頻値が13m，15m，17mの3回あって，偏りが小さいが，
2回目の記録は，最頻値が15mの1回であり，この記録に集中している。

解答 **正しくない。**

学びにプラス ヒストグラムの形と箱ひげ図

次の図(教科書175ページ)は，４つのデータA，B，C，Dについて，分布のようすをヒストグラムと箱ひげ図に表したものです。ヒストグラムの形のちがいによって，それに対応した箱ひげ図にはどんな特徴(とくちょう)があるのでしょうか。

解答 A…中央の度数が最も大きいため，ヒストグラムの形が左右対称な山のようになっているとき，箱ひげ図は**箱の位置が中央にある。**

B…度数の大きさの差が少ないため，ヒストグラムの形がなだらかで山がないようになっているとき，箱ひげ図は**Aと同じように箱の位置が中央にあるが，Aに比べて箱が大きくなる。**

C…分布が右側に偏っていて，ヒストグラムの形が左に長くすそが伸びたようになっているとき，箱ひげ図の**箱の位置も中央より右にある。**

D…分布が左側に偏っていて，ヒストグラムの形が右に長くすそが伸びたようになっているとき，箱ひげ図の**箱の位置も中央より左にある。**

2節 箱ひげ図の利用

1 バレーボール選手の身長を比べよう

調べたいこと▶

日本の選手の身長は，ほかの国の選手に比べて，どのような傾向(けいこう)があるのだろうか。

(1) 表８(教科書176ページ)のデータを，どのような方法で分析(ぶんせき)すれば，日本の選手の身長の傾向がわかりそうですか。

(2) 表８をもとに，日本とイランの選手の身長のデータを，箱ひげ図(教科書177ページ)に表しなさい。

(3) (2)から，日本の選手とイランの選手の身長の分布のようすを比べて，わかることをいいなさい。

(4) (3)と同じように，日本の選手とイラン以外の国の選手の身長の分布のようすを比べて，わかることをいいなさい。

(5) (3)，(4)から，日本の選手の身長は，ほかの国の選手に比べてどのような傾向があるといえるか，説明しなさい。

ガイド (2) 表８のデータの最小値，最大値と四分位数をまとめると次のようになる。

	日本	イラン
最小値	174	172
第１四分位数	183	$\frac{195+196}{2}=195.5$
第２四分位数	$\frac{192+193}{2}=192.5$	$\frac{200+201}{2}=200.5$
第３四分位数	200	$\frac{204+204}{2}=204$
最大値	204	205

解答 (1) **各国の選手のデータをそれぞれ箱ひげ図やヒストグラムに表し，データの分布のようすを比べる。**

(2) **右の図**

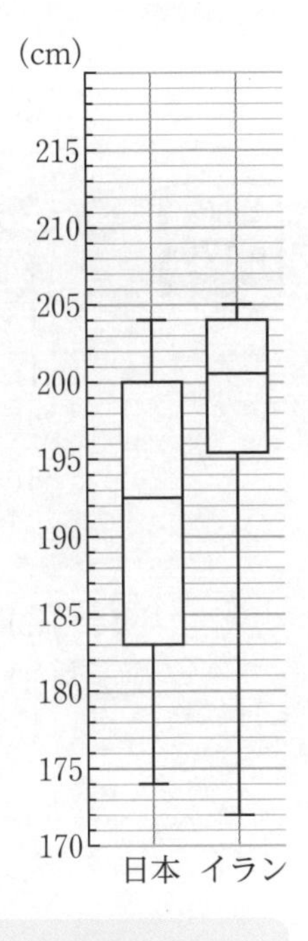

(3) 日本の箱ひげ図の箱は，イランの箱ひげ図の箱に比べて，低いところに位置しているので，**全体として日本のほうが身長の低い選手が多いことがわかる。**

(4) 日本の箱ひげ図の箱は，イラン以外の国の箱ひげ図の箱と比べても，低いところに位置しているので，**どの国と比べても全体として日本は身長の低い選手が多いことがわかる。**

(5) 日本の選手の身長は，ほかの国の選手に比べて**低い傾向**がある。

教科書 p.177

アメリカの選手とほかの国の選手を比べると，どのような傾向があるといえるのかな。

解答 (例) **イランは200cm前後に集中しているところが同じだが，最大値がアメリカのほうが大きい。**
イタリアは範囲は似ているが，アメリカのほうがちらばりが小さい。

教科書 p.177

学びにプラス いろいろなデータの傾向を説明しよう

興味のある複数のデータを集め，ヒストグラムや箱ひげ図などを使って，データの傾向を説明してみよう。

解答 (例) **ドラマの視聴率，地域の降水量，クラスの友達の睡眠時間など興味のあるデータについて実際に調べ，箱ひげ図に表してデータの傾向を読み取る。**

6章をふり返ろう

❶ 次の図(教科書178ページ)は，2年1組で行ったゲームの点数のデータを，箱ひげ図に表したものです。

(1) 最小値，最大値，範囲(はんい)をそれぞれ求めなさい。

(2) 第1四分位数，第2四分位数，第3四分位数をいいなさい。

(3) 四分位範囲を求めなさい。

解答 (1) 最小値…**31点**
最大値…**92点**
範囲…92－31＝**61(点)**

(2) 第1四分位数…**46点**
第2四分位数…**58点**

第３四分位数…**73点**

(3)　73－46＝**27(点)**

❷ バスケットボール部の１年生７人と２年生８人が１人10回ずつシュートの練習をしました。成功した回数のデータを小さい順に並べると，次の表(教科書178ページ)のようになりました。

(1)　１年生と２年生のデータの四分位数をそれぞれ求めなさい。

(2)　次の図(教科書178ページ)に，２つのデータの箱ひげ図をかきなさい。

(3)　２つの箱ひげ図を比べて，データの分布のようすについてわかることをいいなさい。

ガイド (3)　箱ひげ図の箱の位置や箱の大きさを比べて考える。

解答 (1)

	第１四分位数	第２四分位数	第３四分位数
１年生	**5**	**6**	**7**
２年生	**5**	**7**	**9**

(回)

(2)

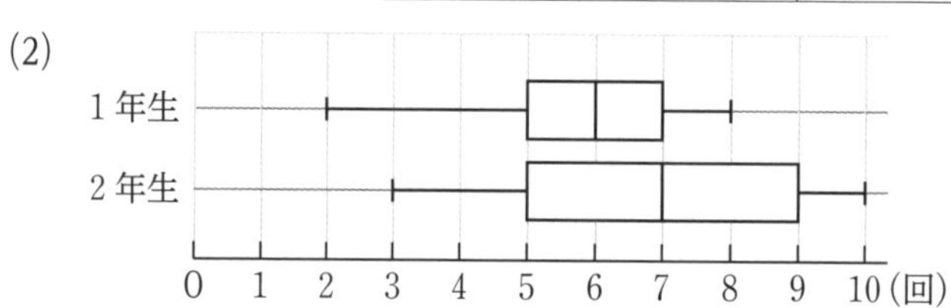

(3)　(例)　**全体として，１年生よりも２年生のほうが，シュートを多く成功させたことがわかる。**

教科書 p.178

❸ 箱ひげ図とヒストグラムは，それぞれどのようなことを知りたいときに使うとよいですか。

解答 **箱ひげ図は，複数の集団のデータの分布のようすを比べたいときに，ヒストグラムは，分布のようすをくわしく読み取りたいときに使うとよい。**

力をのばそう

❶ 次の図(教科書179ページ)は，クラスの生徒20人の１週間の学習時間のデータを箱ひげ図に表したものです。

下の**ア**～**ウ**のうち，この図から読み取れることで正しいものをすべて選びなさい。

ア　最も学習時間が短い生徒は，７時間である。

イ　学習時間が９時間以上の生徒が半数以上いる。

ウ　学習時間が９時間以上15時間以下の生徒は，３人である。

ガイド **ア**　最小値はひげの端であり，箱の端ではない。

イ　中央値は９時間で，これは学習時間が短いほうから10番目と11番目の平均が９時間であることを示しているので，９時間以上の生徒は10人以上いる。

ウ　箱ひげ図からだけでは人数は読み取れない。

解答 **イ**

❷ 次の(1)~(3)のヒストグラム(教科書179ページ)は，下のA~Cの箱ひげ図(教科書179ページ)のいずれかに対応しています。(1)~(3)に対応している箱ひげ図をそれぞれ選びなさい。

ガイド ヒストグラムの分布のようすから，箱ひげ図の箱の位置や大きさを考える。

解答 (1) **B**

(2) **A**

(3) **C**

活用・探究 つながる・ひろがる・数学の世界

教科書 p.180

友好都市の気温を比べると…

だいすけさんが住む群馬県前橋市は，山口県萩市と友好都市になっています。だいすけさんのクラスでは，自分でテーマを決めて萩市について調べ，発表することになりました。

そこで，だいすけさんは気温をテーマにして，次(教科書180ページ)のようにまとめようとしています。

(1) だいすけさんになったつもりで，上の箱ひげ図(教科書180ページ)をもとに，A の部分と B の部分にまとめる内容を，それぞれ考えてみましょう。

ガイド 四季それぞれで，前橋市と萩市の箱ひげ図の箱の位置を比べる。冬は前橋市のほうが，萩市よりも寒いことがわかり，春，夏，秋は大きなちがいがないことがわかる。

解答 (1) A (例)**冬は前橋のほうが萩よりも気温が低く寒いけれど，春，夏，秋は大きなちがいはありません。**

B (例)**冬に訪れる場合は，萩にいるときよりも寒さに注意して暖かい服装をしてください。春・夏・秋に訪れる場合は，萩とほぼ同じように過ごすことができます。**

教科書 p.180

自分で課題をつくって取り組もう

(例)・いろいろな複数の都市で，気温などの分布のようすのちがいを調べてみよう。

解答 **いろいろな都市の気温などの分布を教科書180ページのように，箱ひげ図にかいてちがいを読み取る。**

6章

7章 確率

1節 確率

1 確率とその求め方

CHECK! 確認したら✓を書こう

教科書の要点

□同様に確からしい	正しくできているさいころでは，1から6までのどの目が出ることも同じ程度に期待できる。このようなとき，さいころの1から6までのどの目が出ることも同様に確からしいという。
□確率の求め方	起こり得る場合が全部でn通りあって，そのどれが起こることも同様に確からしいとする。 そのうち，ことがらAの起こる場合がa通りあるとき，Aの起こる確率pは， $p=\frac{a}{n}$
□確率の範囲	あることがらの起こる確率pの範囲（はんい）は，$0 \leqq p \leqq 1$である。 ・「確率が1である」……そのことがらが必ず起こる。 ・「確率が0である」……そのことがらが絶対に起こらない。

教科書 p.184

?考えよう 右のような各面に1から6の目がかかれた直方体(教科書184ページ)を投げるとき，1の目が出ることと2の目が出ることの確率は，同じといってよいだろうか。

解答 図の直方体の場合は，長方形の面が上になる場合のほうが起こりやすいから，**同じとはいえない。**

教科書 p.184

活動1 次の表(教科書184ページ)は，1個の正しくできているさいころを投げたときの，それぞれの目が出る相対度数を表したものである。相対度数の変化のようすを比べよう。

(1) さいころを投げる実験を数多く行うと，それぞれの目が出る相対度数はどのようになるといえそうですか。

解答 (1) **どの目が出る相対度数も0.167に近づくといえそうである。**

教科書 p.185

Q1 ?考えよう の直方体では，どの目が出ることも同様に確からしいといえますか。

ガイド ?考えよう の直方体は，長方形の面が上になる場合のほうが起こりやすいから，同様に確からしいとはいえない。

解答 **いえない。**

教科書 p.185

Q2 1個のさいころを投げるとき，次のことがらが起こる確率を求めなさい。

㋐ 1の目が出る　　㋑ 4以下の目が出る

㋒ 偶数（ぐうすう）の目が出る

ガイド 6通りの目の出方のうち，1の目の出方は1通り，4以下の目の出方は4通り，偶数の目の出方は3通りある。

解答 ㋐ $\frac{1}{6}$　㋑ $\frac{4}{6}=\frac{2}{3}$　㋒ $\frac{3}{6}=\frac{1}{2}$

教科書 p.185

学びにプラス　5種類の目の立方体

立方体の各面(教科書185ページの図)に，1，1，2，3，4，5の目があります。

2の目が出る確率は，$\frac{1}{5}$といってよいでしょうか。

ガイド 立方体の面の数は6でどの面の出方も同様に確からしいと考えられるから，2の目の出る確率は$\frac{1}{6}$である。

解答 **よくない。**

教科書 p.186

Q3 ジョーカーを除いた52枚のトランプをよくきってから1枚引きます。
(1) 起こり得る場合は全部で何通りですか。
(2) 引いたカードがスペードである場合は，全部で何通りですか。
(3) 引いたカードがスペードである確率を求めなさい。

解答 (1) **52通り**　(2) **13通り**　(3) $\frac{13}{52}=\frac{1}{4}$

教科書 p.186

活動5 ジョーカーを除いた52枚のトランプから1枚のトランプを引くとき，次の確率を求め，確率の値(あたい)の範囲(はんい)について考えよう。
(1) 引いたカードの数が7である確率を求めなさい。
(2) 引いたカードがジョーカーである確率を求めなさい。
(3) 引いたカードがハート，ダイヤ，クラブ，スペードのどれかである確率を求めなさい。
(4) (1)~(3)から，確率の値は，どのような範囲にあると考えられますか。

解答 (1) 起こり得る場合は全部で52通り。
7は，ハート，ダイヤ，クラブ，スペードにそれぞれ1枚ずつあるので，7が出る場合は4通り。
よって，7が出る確率は $\frac{4}{52}=\frac{1}{13}$

(2) ジョーカーが出る場合は0通り。
よって，ジョーカーが出る確率は $\frac{0}{52}=0$

(3) ハート，ダイヤ，クラブ，スペードのどれかが出る場合は52通り。
よって，ハート，ダイヤ，クラブ，スペードのどれかが出る確率は $\frac{52}{52}=1$

(4) **0以上1以下の範囲にあると考えられる。**

教科書 p.187

活動6 赤玉と白玉を**ア**，**イ**(教科書187ページ)のように袋(ふくろ)に入れて，玉を1個取り出すとき，白玉の出る確率はどちらが大きいだろうか。

(1) あおいさんは，**ア**から玉を1個取り出すときの白玉の出る確率を，$\frac{1}{3}$と考えました。どのように考えたのですか。
(2) **イ**から玉を1個取り出すとき，白玉の出る確率を求めなさい。
(3) **ア**と**イ**では，白玉の出る確率はどちらのほうが大きいですか。

ガイド **ア**では2個の赤玉を，**イ**では4個の赤玉と2個の白玉を，それぞれ区別して考える。
(2) 起こり得る場合は全部で6通り，そのうち白玉の取り出し方は2通りである。

解答 (1) **起こり得る場合は全部で3通り，そのうち白玉の取り出し方は1通りであるから，白玉の出る確率は$\frac{1}{3}$と考えた。**

(2) $\frac{2}{6}=\mathbf{\frac{1}{3}}$

(3) **どちらも同じ確率である。**

教科書 p.187

Q4 袋の中に玉が5個入っていて，それらには1から5までの番号が書いてあります。玉を1個取り出すとき，次の確率を求めなさい。
(1) 番号が偶数である確率
(2) 番号が奇数である確率
(3) 番号が5以下である確率
(4) 番号が6以上である確率

ガイド 起こり得る場合は全部で5通り。
(1) 偶数の取り出し方は，2，4の2通り。
(2) 奇数の取り出し方は，1，3，5の3通り。
(3) 5以下の玉の取り出し方は，1，2，3，4，5の5通り。
(4) 6以上の玉の取り出し方は，0通り。

解答 (1) $\mathbf{\frac{2}{5}}$　(2) $\mathbf{\frac{3}{5}}$　(3) **1**　(4) **0**

教科書 p.187

Q5 10本のくじの中に2本の当たりが入っている箱Sと，50本のくじの中に10本の当たりが入っている箱Tがあります。
それぞれの箱からくじを1本ずつ引くとき，当たる確率を比べなさい。

ガイド Sの箱…起こり得る場合は全部で10通り，当たる場合は2通りであるから，
求める確率は，$\frac{2}{10}=\frac{1}{5}$
Tの箱…起こり得る場合は全部で50通り，当たる場合は10通りであるから，
求める確率は，$\frac{10}{50}=\frac{1}{5}$

解答 **どちらも同じ確率である。**

② 確率と場合の数

CHECK! 確認したら✓を書こう

教科書の要点

□場合の数の調べ方	起こり得る場合のすべてを調べるには，表や樹形図(じゅけいず)を使って考えるとよい。

教科書 p.188

考えよう 2枚の硬貨(こうか)を同時に投げるとき，2枚とも裏が出る確率は $\frac{1}{3}$ であるといってよいだろうか。

ガイド 2枚の硬貨を区別して考えるので，起こり得る場合は「表と表」，「表と裏」，「裏と表」，「裏と裏」の4通りある。

解答 確率は，**$\frac{1}{3}$ とはいえない。**

教科書 p.188

活動1 5円硬貨と10円硬貨を2枚同時に投げるとき，2枚とも裏が出る確率の求め方を考えよう。

(1) つばささんとあおいさんは，次(教科書188ページ)のようにして起こり得る場合をすべて調べた。2人の調べ方について説明しなさい。

(2) 起こり得る場合は全部で何通りですか。また，それらはどれも同様に確からしいといえますか。

(3) 2枚とも裏が出る確率を求めなさい。

ガイド (3) 2枚とも裏が出るのは1通りである。

解答 (1) つばささん…**表をかいて考えた。**

あおいさん…**樹形図をかいて考えた。**

(2) **4通り　　どれも同様に確からしい。**

(3) $\frac{1}{4}$

教科書 p.188

たしかめ1 1 で，2枚とも表が出る確率を求めなさい。

ガイド 1 で考えた表や樹形図を使って考えるとよい。起こり得る場合は全部で4通りで，これらはどれも同様に確からしい。2枚とも表が出るのは1通りである。

解答 $\frac{1}{4}$

教科書 p.189

たしかめ2 2 で，2枚とも裏が出る確率を求めなさい。

ガイド 2 のような樹形図をかいて調べるとよい。起こり得る場合は全部で4通りあり，このうち，2枚とも裏が出るのは1通りである。

解答 $\frac{1}{4}$

教科書 p.189

Q1 Aさんと B さんがじゃんけんを 1 回するとき，次の(1)~(3)に答えなさい。ただし，グー，チョキ，パーのどれを出すことも同様に確からしいとします。

(1) グー，チョキ，パーを，それぞれ㋖，㋠，㋫と表して，右の樹形図(教科書189ページ)を完成させなさい。

(2) Aさんが勝つ確率を求めなさい。

(3) あいこになる確率を求めなさい。

解答 (1) **右の図**

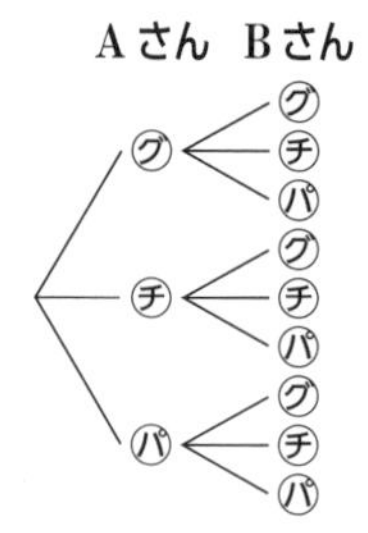

(2) 起こり得る場合は右の樹形図より全部で 9 通りで，これらは同様に確からしい。

このうち，Aさんが勝つ場合は 3 通り。

よって，求める確率は，$\frac{3}{9}=\mathbf{\frac{1}{3}}$

(3) あいこになる場合は，グー，チョキ，パーそれぞれあるので 3 通り。

よって，求める確率は，$\frac{3}{9}=\mathbf{\frac{1}{3}}$

Q2 3 枚の硬貨を同時に投げるとき，次の(1)~(3)に答えなさい。

(1) 樹形図をかいて，起こり得る場合は全部で何通りか求めなさい。

(2) 3 枚とも表が出る確率を求めなさい。

(3) 1 枚は表で 2 枚は裏が出る確率を求めなさい。

ガイド 3 枚の硬貨を X，Y，Z とすると，右の樹形図(表を㋔，裏を㋒とする)より，起こり得る場合は全部で 8 通りある。

(2) 3 枚とも表が出る場合は 1 通り。

(3) 1 枚は表が出て，2 枚は裏が出る場合は 3 通り。

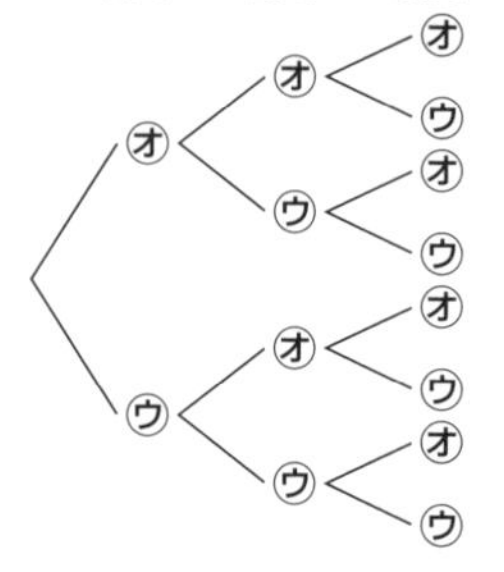

解答 (1) 樹形図…**右の図**　**8 通り**

(2) $\mathbf{\frac{1}{8}}$

(3) $\mathbf{\frac{3}{8}}$

③ 確率の求め方の工夫

CHECK! 確認したら ✓を書こう

教科書の要点

□確率の求め方の工夫	一般に，ことがら A の起こらない確率は，次のように求められる。 (A の起こらない確率) = 1 − (A の起こる確率)

教科書 p.190

活動1 赤と白の2個のさいころを同時に投げるとき，同じ目が出る確率を求めよう。

(1) 次のような表(教科書190ページ)をかいて，起こり得る場合のすべてを調べ，表を完成させなさい。

(2) 起こり得る場合は全部で何通りですか。
また，それらはどれも同様に確からしいといえますか。

(3) 同じ目が出る場合は何通りですか。

(4) 同じ目が出る確率を求めなさい。

解答 (1)

赤＼白	⚀	⚁	⚂	⚃	⚄	⚅
⚀	(1, 1)	(1, 2)	(1, 3)	(1, 4)	(1, 5)	(1, 6)
⚁	(2, 1)	**(2, 2)**	**(2, 3)**	**(2, 4)**	**(2, 5)**	**(2, 6)**
⚂	(3, 1)	**(3, 2)**	**(3, 3)**	**(3, 4)**	**(3, 5)**	**(3, 6)**
⚃	(4, 1)	**(4, 2)**	**(4, 3)**	**(4, 4)**	**(4, 5)**	**(4, 6)**
⚄	(5, 1)	**(5, 2)**	**(5, 3)**	**(5, 4)**	**(5, 5)**	**(5, 6)**
⚅	(6, 1)	**(6, 2)**	**(6, 3)**	**(6, 4)**	**(6, 5)**	**(6, 6)**

(2) **全部で36通り**　**どれも同様に確からしいといえる。**

(3) **6通り**

(4) $\frac{6}{36}=\mathbf{\frac{1}{6}}$

教科書 p.190

活動2 1 で，同じ目が出ない確率を求めよう。

(1) 同じ目が出ない場合は何通りですか。

(2) 同じ目が出ない確率を求めなさい。

ガイド (1) 1 の表より，同じ目が出ない場合は全部で30通り。

解答 (1) **30通り**

(2) $\frac{30}{36}=\mathbf{\frac{5}{6}}$

Q1 2個のさいころを同時に投げるとき，次の確率を求めなさい。

(1) 目の和が4である確率

(2) 目の和が4でない確率

(3) 目の和が偶数である確率

(4) 目の和が奇数である確率

ガイド (1) 目の和が4であるのは，(1, 3)，(2, 2)，(3, 1)の3通りである。

(2) (目の和が4でない確率)＝1－(目の和が4である確率)

(3) 目の和が偶数であるのは，(1, 1)，(1, 3)，(1, 5)，(2, 2)，(2, 4)，(2, 6)，(3, 1)，(3, 3)，(3, 5)，(4, 2)，(4, 4)，(4, 6)，(5, 1)，(5, 3)，(5, 5)，(6, 2)，(6, 4)，(6, 6)の18通りである。

(4) (目の和が奇数である確率)＝1－(目の和が偶数である確率)

解答 (1) $\frac{3}{36}=\mathbf{\frac{1}{12}}$

(2) $1-\frac{1}{12}=\mathbf{\frac{11}{12}}$

(3) $\frac{18}{36}=\mathbf{\frac{1}{2}}$

(4) $1-\frac{1}{2}=\mathbf{\frac{1}{2}}$

教科書 p.191

プラス・ワン 目の和が10以下である確率を求めなさい。

ガイド (目の和が10以下である確率)＝1－(目の和が10より大きくなる確率)
目の和が10より大きくなるのは，(5, 6)，(6, 5)，(6, 6)の3通り。

解答 $1-\frac{3}{36}=\mathbf{\frac{11}{12}}$

教科書 p.191

Q2 2個のさいころを同時に投げるとき，目の和がいくつになる確率が最も大きいですか。

ガイド 1 の表を使って，それぞれの場合の数から確率を求める。(　)内の数値は確率。

目の和が2…1通り$\left(\frac{1}{36}\right)$　　目の和が3…2通り$\left(\frac{1}{18}\right)$

目の和が4…3通り$\left(\frac{1}{12}\right)$　　目の和が5…4通り$\left(\frac{1}{9}\right)$

目の和が6…5通り$\left(\frac{5}{36}\right)$　　目の和が7…6通り$\left(\frac{1}{6}\right)$

目の和が8…5通り$\left(\frac{5}{36}\right)$　　目の和が9…4通り$\left(\frac{1}{9}\right)$

目の和が10…3通り$\left(\frac{1}{12}\right)$　　目の和が11…2通り$\left(\frac{1}{18}\right)$

目の和が12…1通り$\left(\frac{1}{36}\right)$

解答 **目の和が7になる確率が最も大きい。**

教科書 p.191

活動3 袋の中に，白玉2個，赤玉1個が入っている。玉をよくかき混ぜてから1個取り出し，それを袋に戻(もど)してかき混ぜ，また1個取り出すとき，少なくとも1回は赤玉が出る確率を求めよう。

(1) 2個の白玉を区別して①，②のように表します。このとき，起こり得る場合のすべてを表(教科書191ページ)に表しなさい。
(2) 1回も赤玉が出ない場合は何通りですか。
(3) 少なくとも1回は赤玉が出る場合は何通りですか。
(4) 少なくとも1回は赤玉が出る確率を求めなさい。

ガイド (1) 表より，起こり得るすべての場合は全部で9通りで，これらは同様に確からしい。
(2) 「2回とも白玉が出る」ことで，表では(①，①)，(①，②)，(②，①)，(②，②)の4通りある。
(3) 「少なくとも1回は赤玉が出る」ことの意味は，「2回とも赤玉が出るか，または，1回だけ赤玉が出る」という意味になる。

解答 (1) **右の表**　(2) **4通り**
(3) **5通り**　(4) $\mathbf{\frac{5}{9}}$

1回目＼2回目	①	②	赤
①	①,①	①,②	①,赤
②	②,①	②,②	**②,赤**
赤	**赤,①**	**赤,②**	**赤,赤**

教科書 p.191

Q3 **3** で，次の確率を求めなさい。

(1)　2回とも赤玉が出る確率　　(2)　少なくとも1回は白玉が出る確率

ガイド (1)　2回とも赤玉が出るのは **3** (1)の表より1通りだから，その確率は，$\frac{1}{9}$

(2)　(少なくとも1回は白玉が出る確率) = 1 − (2回とも赤玉が出る確率)

解答 (1)　$\mathbf{\frac{1}{9}}$　　(2)　$1-\frac{1}{9}=\mathbf{\frac{8}{9}}$

たしかめよう

教科書 p.192

1　1個のさいころを投げるとき，次の確率を求めなさい。

(1)　6の目が出る確率　　(2)　2か3の目が出る確率

ガイド 1個のさいころの目の出方は全部で6通りで，これらは同様に確からしい。

解答 (1)　$\mathbf{\frac{1}{6}}$　　(2)　$\frac{2}{6}=\mathbf{\frac{1}{3}}$

教科書 p.192

2　1から9までの数が書かれたカードがそれぞれ1枚ずつあります。ここから1枚のカードを引くとき，次の確率を求めなさい。

(1)　カードの数が偶数である確率　　(2)　カードの数が5以上である確率

(3)　カードの数が1から9のどれかである確率

ガイド カードの引き方は全部で9通りで，これらは同様に確からしい。

(1)　カードの取り出し方は2，4，6，8の4通り。

(2)　5以上のカードの取り出し方は5，6，7，8，9の5通り。

(3)　カードの取り出し方は1，2，3，4，5，6，7，8，9の9通り。

解答 (1)　$\mathbf{\frac{4}{9}}$　　(2)　$\mathbf{\frac{5}{9}}$　　(3)　**1**

教科書 p.192

3　1枚の硬貨を2回投げるとき，次の(1)，(2)に答えなさい。

(1)　起こり得る場合は全部で何通りですか。

(2)　1回目は表が出て，2回目は裏が出る確率を求めなさい。

ガイド (1)　(1回目，2回目)の順に書き出すと，起こり得る場合は全部で(表，表)，(表，裏)，(裏，表)，(裏，裏)の4通りで，これらは同様に確からしい。

(2)　1回目は表が出て，2回目は裏が出るのは1通りである。

解答 (1)　**4通り**　　(2)　$\mathbf{\frac{1}{4}}$

教科書 p.192

4　2個のさいころを同時に投げるとき，次の確率を求めなさい。

(1)　目の和が6である確率　　(2)　目の和が6でない確率

7章 1節 確率

ガイド 目の出方は教科書190ページ 活動1 より，全部で36通りで，これらは同様に確からしい。

(1) 和が6であるのは，(1, 5)，(2, 4)，(3, 3)，(4, 2)，(5, 1)の5通り。

(2) (目の和が6でない確率)＝1－(目の和が6である確率)

解答 (1) $\dfrac{5}{36}$　　(2) $1-\dfrac{5}{36}=\dfrac{31}{36}$

5 袋の中に赤玉3個と白玉1個が入っています。玉をよくかき混ぜてから1個取り出し，それを袋に戻してかき混ぜ，また1個取り出すとき，次の確率を求めなさい。

(1) 2回とも白玉が出る確率　　(2) 少なくとも1回は赤玉が出る確率

ガイド (1) 3個の赤玉を1，2，3，1個の白玉を①のように区別して表す。起こり得るすべての場合は右の表のように16通りある。

1回目＼2回目	1	2	3	①
1	11	12	13	1①
2	21	22	23	2①
3	31	32	33	3①
①	①1	①2	①3	①①

(2) 「少なくとも1回は赤玉が出る」ということは，「2回とも白玉が出ること以外」ということなので，次のように求められる。

(少なくとも1回は赤玉が出る確率)＝1－(2回とも白玉が出る確率)

解答 (1) $\dfrac{1}{16}$　　(2) $1-\dfrac{1}{16}=\dfrac{15}{16}$

2節 確率の利用

① くじ引きの当たりやすさを考えよう

5本のうち，2本の当たりが入っているくじがある。あおいさんが先に1本引き，それをもとに戻さずに，後からカルロスさんが1本引く。このとき，2人のどちらが当たりやすいかを調べよう。

(1) 2人のどちらが当たりやすいか予想しなさい。また，予想したことを確かめるには，どのように調べればよいですか。

(2) 2人は，当たる確率を比べることにしました。2人のくじの引き方にはどのような場合がありますか。当たりを(あ1)，(あ2)，はずれを(は1)，(は2)，(は3)として，樹形図や表(教科書194ページ)を使って調べなさい。

(3) あおいさんとカルロスさんが当たる確率をそれぞれ求めなさい。

(4) (3)をもとに，どちらが当たりやすいかを説明しなさい。

ガイド (3) あおいさんが先に引く場合で，引き方すべての場合は5通りあり，そのうち当たる場合は2通りである。

解答 (1) **先に引いても後から引いても当たりやすさは同じと予想される。樹形図や表を使うとよい。**

(2) 次の図より，**20通りあり，これらは同様に確からしい。**

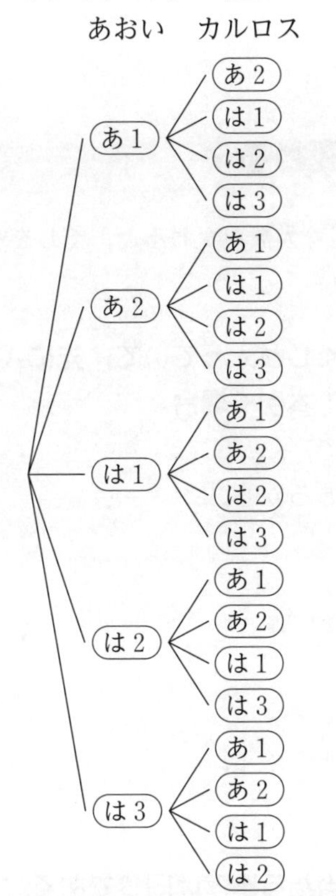

カルロス(後) ＼ (先)あおい	あ1	あ2	は1	は2	は3
あ1	＼	あ1 あ2	あ1 は1	あ1 は2	あ1 は3
あ2	あ2 あ1	＼	あ2 は1	あ2 は2	あ2 は3
は1	は1 あ1	は1 あ2	＼	は1 は2	は1 は3
は2	は2 あ1	は2 あ2	は2 は1	＼	は2 は3
は3	は3 あ1	は3 あ2	は3 は1	は3 は2	＼

(3) あおいさん…$\mathbf{\frac{2}{5}}$

カルロスさん…$\frac{8}{20}=\mathbf{\frac{2}{5}}$

(4) **どちらも当たりやすさは同じである。**

教科書 p.194

Q1 上の問題(教科書193・194ページ)で，5本のうち当たりを1本としたとき，あおいさんとカルロスさんのどちらが当たりやすいですか。

ガイド 当たりくじを(あ)，はずれくじを(は1)(は2)(は3)(は4)とすると，2人のくじの引き方は，次の図のように20通り。

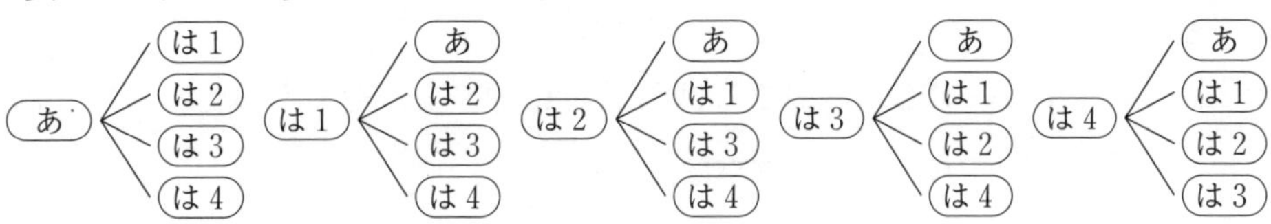

あおいさんの引き方は全部で5通りで，そのうち当たる場合は1通りであるから，求める確率は$\frac{1}{5}$

カルロスさんの引き方は全部で20通りで，そのうち当たる場合は4通りである

7章 2節 確率の利用

から，求める確率は，$\frac{4}{20}=\frac{1}{5}$

解答 **どちらも当たりやすさは同じである。**

学びにプラス 当たる確率は変わる？

くじ引きで，くじの本数や当たりの本数，引く人数が変わると，くじを引く順番によって当たる確率が異なるかどうかを調べましょう。

解答 (例) **4本のくじの中に1本の当たりくじが入っていて，先にAさんが1本引き，それをもとに戻さずにBさんが1本引く場合。**

Aさんの引き方は全部で4通りで，
そのうち当たる場合は1通りであるから，
求める確率は $\frac{1}{4}$

Bさんの引き方は，当たりくじを○，
はずれくじを[1]，[2]，[3]とすると，
右の図のように全部で12通りである。
Bさんが当たる場合は3通りであるから，
求める確率は，$\frac{3}{12}=\frac{1}{4}$

A	B
○	[1], [2], [3]
[1]	○, [2], [3]
[2]	○, [1], [3]
[3]	○, [1], [2]

したがって，AさんもBさんも**当たる確率は同じである。**

(例) **4本のくじの中に2本の当たりくじが入っていて，Aさん，Bさん，Cさんの順にもとに戻さず1本ずつ引く場合。**

Aさんの引き方は全部で4通りで，そのうち当たる場合は2通りであるから，
求める確率は $\frac{1}{2}$

次の，Bさん，Cさんの引き方は，当たりくじを①，②，はずれくじを[3]，[4]として樹形図をかくと，次の図のようになる。

A	B	C
①	②	[3], [4]
	[3]	②, [4]
	[4]	②, [3]
②	①	[3], [4]
	[3]	①, [4]
	[4]	①, [3]
[3]	①	②, [4]
	②	①, [4]
	[4]	①, ②
[4]	①	②, [3]
	②	①, [3]
	[3]	①, ②

Bさんの引き方は全部で12通りで，そのうち当たる場合は6通りであるから，求める確率は，$\frac{6}{12}=\frac{1}{2}$

Cさんの引き方は全部で24通りで，そのうち当たる場合は12通りであるから，求める確率は，$\frac{12}{24}=\frac{1}{2}$

したがって，3人とも**当たる確率は同じである。**

② くじ引きで選ばれる確率を考えよう

活動1 A，B，C，Dの4人の中から，くじ引きで2人を選ぶ。このとき，Aさんが選ばれる確率を求めよう。

(1) 4人の中から2人を選ぶとき，選び方は全部で何通りありますか。
図や表(教科書195ページ)を使って調べなさい。

(2) Aさんが選ばれる確率の求め方を説明しなさい。

ガイド (1) 2人の代表を選ぶとき，[A，B]，[B，A]は順序は別でも組としては同じである。このように，組み合わせが何通りあるかを求めるときは，だぶらないように工夫して調べる。

① 2人の代表のうちの1人をAとした場合，Bとした場合，……と順に書き出していく。

② 表を用いて調べると，斜線の下側のます目に入る組み合わせは，斜線の上側のます目の組み合わせと同じなので数えない。

③ 樹形図を使って調べる。同じ組み合わせは消していく。

解答 (1) 次の表や樹形図より，
[A，B]，[A，C]，[A，D]，[B，C]，[B，D]，[C，D]の**6通り。**

①
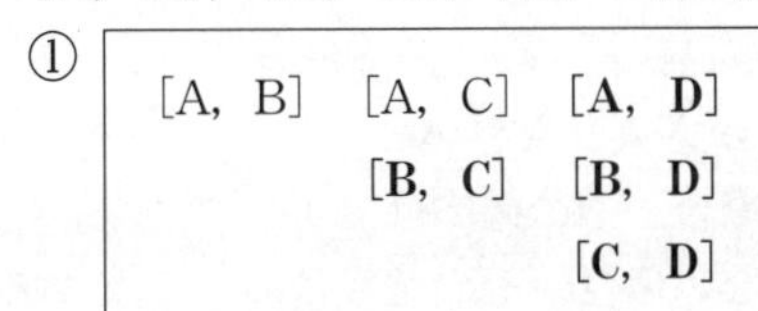

②
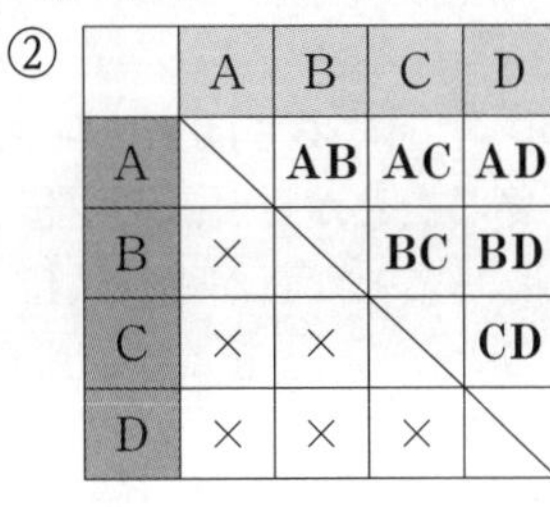

	A	B	C	D
A		AB	AC	AD
B	×		BC	BD
C	×	×		CD
D	×	×	×	

③
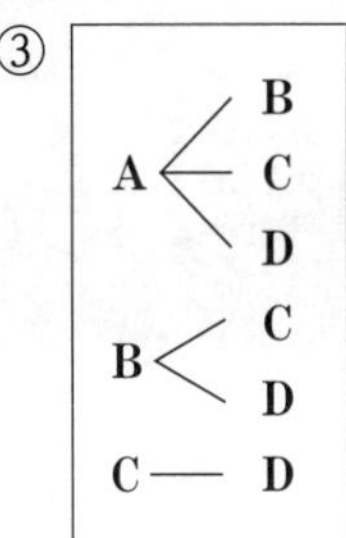

(2) 4人の中から2人を選ぶ選び方は全部で6通りで，
Aさんが選ばれるのは3通りである。

よって，$\frac{3}{6}=\mathbf{\frac{1}{2}}$

教科書 p.195

Q1 A，B，C，Dの4人の中から，くじ引きで3人を選びます。

(1) 選び方は全部で何通りありますか。

(2) AさんとBさんの2人が選ばれる確率を求めなさい。

(3) Aさんが選ばれる確率を求めなさい。

ガイド (1) 4人の中から3人を選ぶことは，4人から残り1人を選ぶことと同じである。
1人の選び方は，A，B，C，Dの4通り。

(2) 選び方は，(A，B，C)，(A，B，D)，(A，C，D)，(B，C，D)の4通りある。

解答 (1) **4通り**

(2) $\frac{2}{4}=\mathbf{\frac{1}{2}}$

(3) $\mathbf{\frac{3}{4}}$

7章をふり返ろう

教科書 p.196

1 次の**ア**～**エ**は，さいころの目の出方について説明したものです。正しいものをすべて選びなさい。

ア 6回投げると，必ず1回は3の目が出る。
イ 3000回投げると，およそ500回は3の目が出る。
ウ 10回投げて，3の目が1回も出ないこともある。
エ 6000回投げると，どの目もちょうど1000回ずつ出る。

ガイド **ア** 6回投げて，1回も3の目が出ない場合がある。

イ どの目の出る確率も$\frac{1}{6}$なので，それぞれの目がおよそ500回ずつ出る。

ウ 3の目の出る確率は$\frac{1}{6}$なので，10回投げればおよそ1回か2回，3の目が出ると考えられるが，実際は出ないこともある。

エ 計算上どの目もおよそ1000回ずつ出ると考えられるが，ちょうど1000回ずつ出るとは限らない。

解答 **イ，ウ**

教科書 p.196

2 次の□にあてはまる数や式をかき入れなさい。

(1) あることがらが，必ず起こる場合，その確率は□である。
(2) あることがらが絶対に起こらない場合，その確率は□である。
(3) ことがらAの起こる確率をpとすると，Aの起こらない確率は□である。

ガイド (3) (Aの起こらない確率)＝1－(Aの起こる確率)である。

解答 (1) **1**

(2) **0**

(3) $\boldsymbol{1-p}$

教科書 p.196

3 次の確率を求めなさい。

(1) 100本のくじの中に5本の当たりが入っている。
この中から1本のくじを引くとき，当たりが出る確率
(2) 1個のさいころを投げるとき，3以下の目が出る確率
(3) 2個のさいころA，Bを投げるとき，目の和が3以下である確率
(4) 2個のさいころを同時に投げるとき，目の和が3以下である確率

ガイド (1) 起こり得る場合は全部で100通りで，このうち，当たる場合は5通り。

(2) 起こり得る場合は全部で6通りで，3以下の目は1，2，3の3通り。

(3) 起こり得る場合は全部で36通りで，
目の和が3以下になるのは，[1，1]，[1，2]，[2，1]の3通り。

(4) (3)と同様に考えられる。

解答 (1) $\frac{5}{100}=\mathbf{\frac{1}{20}}$

(2) $\frac{3}{6}=\mathbf{\frac{1}{2}}$

(3) $\frac{3}{36}=\mathbf{\frac{1}{12}}$

(4) $\frac{3}{36}=\mathbf{\frac{1}{12}}$

教科書 p.196

4 次の**ア**，**イ**のことがらの起こりやすさを比べなさい。

(1) 2枚の硬貨(こうか)を投げるとき

ア 2枚とも表が出ること

イ 1枚は表で1枚は裏が出ること

(2) 赤，青，白，黒の4個の玉が入っている袋(ふくろ)の中から玉を1個取り出すとき

ア 赤玉か青玉が出ること

イ 白玉が出ないこと

解答 (1) 起こり得る場合は全部で4通り。

ア 2枚とも表が出る場合は1通りであるから，確率は，$\frac{1}{4}$

イ 1枚は表で1枚は裏が出る場合は2通りであるから，

確率は，$\frac{2}{4}=\frac{1}{2}$

よって，**イのことがらのほうが起こりやすい。**

(2) 起こりうる場合は全部で4通り。

ア 赤玉か青玉が出る場合は2通りであるから，確率は，$\frac{2}{4}=\frac{1}{2}$

イ 白玉が出る場合は1通りであるから，

白玉が出ない確率は，$1-\frac{1}{4}=\frac{3}{4}$

よって，**イのことがらのほうが起こりやすい。**

教科書 p.196

5 身のまわりで確率の考えが使われている場面をいろいろあげましょう。

解答 (例) **野球選手の打率，サッカーチームの勝率，天気予報の降水確率。**

力をのばそう

❶ Aさん，Bさん，Cさんの3人が1回だけじゃんけんをするとき，次の(1)~(4)に答えなさい。ただし，グー，チョキ，パーのどれを出すことも同様に確からしいとします。

(1) 起こり得る場合は，全部で何通りですか。

(2) Aさん1人だけが勝つ確率を求めなさい。

(3) Aさんが勝つ確率を求めなさい。

(4) あいこになる確率を求めなさい。

ガイド (1) 樹形図をかいて調べると起こり得る場合は全部で27通りある。

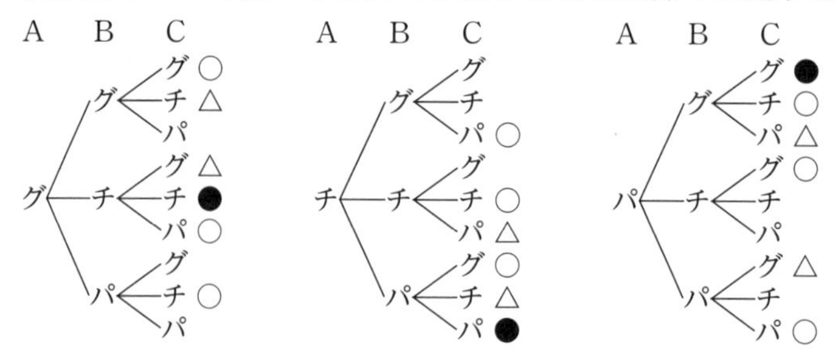

(2) Aさん1人だけが勝つのは，3通り(樹形図の●印)ある。

(3) Aさんが勝つのは，9通り(樹形図の●印と△印)ある。

(4) あいこになるのは，9通り(樹形図の○印)ある。

解答 (1) **27通り**

(2) $\frac{3}{27}=\mathbf{\frac{1}{9}}$

(3) $\frac{9}{27}=\mathbf{\frac{1}{3}}$

(4) $\frac{9}{27}=\mathbf{\frac{1}{3}}$

❷ A，B，C，D，Eの5つの野球チームの中から2つのチームをくじで選ぶとき，次の(1)~(3)に答えなさい。

(1) 選び方は，全部で何通りですか。

(2) AチームとBチームが選ばれる確率を求めなさい。

(3) Aチームが選ばれない確率を求めなさい。

ガイド (1) 選び方は，[A, B]，[A, C]，[A, D]，[A, E]，[B, C]，[B, D]，[B, E]，[C, D]，[C, E]，[D, E]がある。

(2) AチームとBチームが選ばれるのは1通り。

(3) Aチームが選ばれないのは，

[B, C]，[B, D]，[B, E]，[C, D]，[C, E]，[D, E]の6通り。

または，Aチームが選ばれる場合が4通りあることを利用して求めてもよい。

解答 (1)　**10通り**

(2)　$\mathbf{\dfrac{1}{10}}$

(3)　$\dfrac{6}{10}=\mathbf{\dfrac{3}{5}}$　または，$1-\dfrac{4}{10}=\mathbf{\dfrac{3}{5}}$

教科書 p.197

3　1から5までの数が1つずつ書かれた5枚のカードがあります。このカードをよくきってから続けて2枚引き，1枚目のカードの数を十の位の数，2枚目のカードの数を一の位の数として，2桁(けた)の整数をつくります。
つくった数が45以上になる確率を求めなさい。

ガイド　樹形図をかいて調べるとよい。

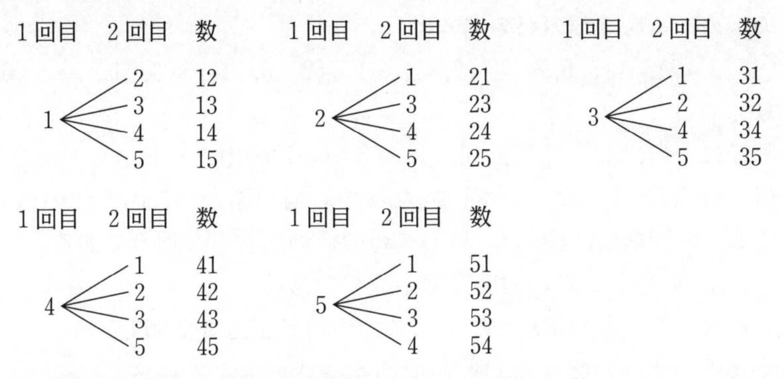

起こり得る場合は全部で20通り。
このうち，つくった数が45以上になるのは，45，51，52，53，54の5通り。

解答　$\dfrac{5}{20}=\mathbf{\dfrac{1}{4}}$

教科書 p.197

4　右の図(教科書197ページ)のような△ABCがあります。点Pは頂点Aの位置にあり，1枚の硬貨を投げて表が出ると矢印の方向のとなりの頂点に，裏が出ると矢印とは反対の方向のとなりの頂点にそれぞれ動きます。
(1)　1枚の硬貨を2回投げたとき，2回とも表が出ました。このとき，点Pはどの頂点にありますか。
(2)　1枚の硬貨を3回投げたとき，点Pが点Aにある確率を求めなさい。

ガイド (2)　樹形図をかいて調べるとよい。
表を㋔，裏を㋒としてかいた
右の樹形図より，
起こりうる場合は全部で8通り。

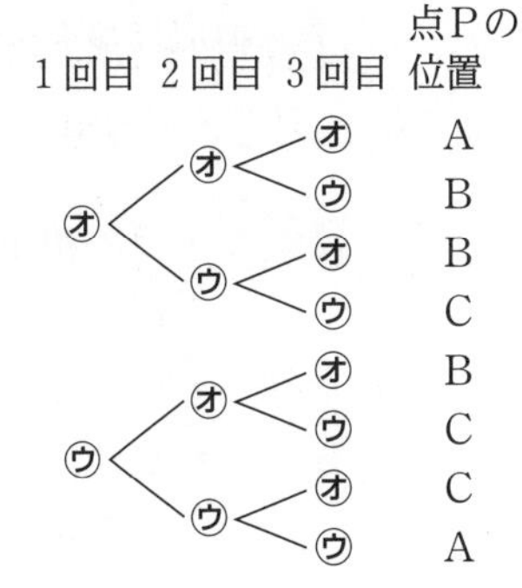

解答 (1)　**頂点C**

(2)　$\dfrac{2}{8}=\mathbf{\dfrac{1}{4}}$

活用・探究 つながる・ひろがる・数学の世界

トスカナ大公の質問に答えよう

イタリアの有名な科学者であったガリレイ(1564～1642)が，3個のさいころの目の出方について，トスカナ大公から質問(教科書198ページ)を受けたといわれています。
ガリレイになったつもりで，トスカナ大公の質問に答えてみましょう。

解答 目の和が9になる3つの数の組は，
(1，2，6)，(1，3，5)，(1，4，4)，(2，2，5)，(2，3，4)，(3，3，3)の6通りである。
3つのさいころは区別して考えるので，(1，2，6)のように異なる3つの数の組の場合，この3つの目の出方は
(1，2，6)，(1，6，2)，(2，1，6)，(2，6，1)，(6，1，2)，(6，2，1)の6通りである。
同様に，(1，3，5)，(2，3，4)の3つの目の出方も6通りである。
(1，4，4)のように1つだけ異なる数の組の場合，この3つの目の出方は3通りである。同様に，(2，2，5)の3つの目の出方も3通りである。
(3，3，3)の3つの目の出方は1通りである。
したがって，目の和が9になる3つの目の出方は全部で，
6+6+6+3+3+1＝25(通り)である。
同様に，目の和が10になる3つの数の組は，
(1，3，6)，(1，4，5)，(2，2，6)，(2，3，5)，(2，4，4)，(3，3，4)の6通りである。
3つのさいころは区別して考えるので，目の和が9になる場合と同様に考えて，
(1，3，6)，(1，4，5)，(2，3，5)の目の出方はそれぞれ6通りである。
(2，2，6)，(2，4，4)，(3，3，4)の目の出方はそれぞれ3通りである。
したがって，目の和が10になる3つの目の出方は全部で，
6×3+3×3＝27(通り)である。
ここで，起こり得る場合はどちらも同じ(6×6×6＝216)なので，3つの目の和が10になる場合のほうが確率が大きくなる。

自分で課題をつくって取り組もう

(例)・目の和がほかの数になる場合についても調べてみよう。

解答
- 目の和が3になるのは，(1，1，1)の数の組だから**1通り**
- 目の和が4になるのは，(1，1，2)の数の組だから**3通り**
- 目の和が5になるのは，(1，1，3)，(1，2，2)の数の組だから，3+3＝**6(通り)**
- 目の和が6になるのは，(1，1，4)，(1，2，3)，(2，2，2)の数の組だから，3+6+1＝**10(通り)**

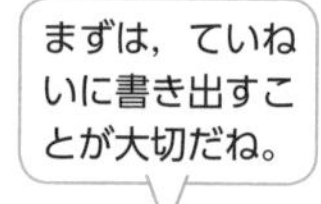

・目の和が7になるのは，(1，1，5)，(1，2，4)，(1，3，3)，(2，2，3)の数の組だから，$3+6+3+3=$ **15(通り)**

・目の和が8になるのは，(1，1，6)，(1，2，5)，(1，3，4)，(2，2，4)，(2，3，3)の数の組だから，$3+6+6+3+3=$ **21(通り)**

・同様にして，調べていくと，

目の和が11になるのは**27通り**　目の和が12になるのは**25通り**

目の和が13になるのは**21通り**　目の和が14になるのは**15通り**

目の和が15になるのは**10通り**　目の和が16になるのは**6通り**

目の和が17になるのは**3通り**　目の和が18になるのは**1通り**

別解

・目の和が3になるのは，(1，1，1)の**1通り**

・目の和が4になるのは，(1，1，2)，(1，2，1)，(2，1，1)の**3通り**

・目の和が5になるのは，(1，1，3)，(1，3，1)，(3，1，1)，(1，2，2)，(2，1，2)，(2，2，1)の**6通り**

・目の和が6になるのは，(1，1，4)，(1，4，1)，(4，1，1)，(1，2，3)，(1，3，2)，(2，1，3)，(2，3，1)，(3，1，2)，(3，2，1)，(2，2，2)の**10通り**

・目の和が7になるのは，(1，1，5)，(1，5，1)，(5，1，1)，(1，2，4)，(1，4，2)，(2，1，4)，(2，4，1)，(4，1，2)，(4，2，1)，(1，3，3)，(3，1，3)，(3，3，1)，(2，2，3)，(2，3，2)，(3，2，2)の**15通り**

・目の和が8になるのは，(1，1，6)，(1，6，1)，(6，1，1)，(1，2，5)，(1，5，2)，(2，1，5)，(2，5，1)，(5，1，2)，(5，2，1)，(1，3，4)，(1，4，3)，(3，1，4)，(3，4，1)，(4，1，3)，(4，3，1)，(2，2，4)，(2，4，2)，(4，2，2)，(2，3，3)，(3，2，3)，(3，3，2)の**21通り**

MATHFUL 確率　期待値

発展　教科書 p.199

★ 上(教科書199ページ)と同じように，T商店のくじの期待値を求め，S商店の期待値と比べましょう。

ガイド (ある賞金の期待値)

$=\{(賞金額)\times(そのくじを引く確率)\}$の総和

1等を引く確率…$\frac{5}{150}$

2等を引く確率…$\frac{14}{150}$

はずれの確率…$\frac{150-5-14}{150}=\frac{131}{150}$

賞金(円)	5000	1000	0
確率	$\frac{5}{150}$	$\frac{14}{150}$	$\frac{131}{150}$

解答 $5000\times\frac{5}{150}+1000\times\frac{14}{150}+0\times\frac{131}{150}=260$(円)

答 T商店のくじのほうがS商店のくじより期待値が大きい。

7章

巻末 \もっと/ **数学の世界へ**

課題学習 数学を生かして考えよう

課題1 どの店に注文する？

教科書 p.202

りかさんの所属するバスケットボール部では，オリジナルのTシャツを作ることにしました。そこで，無地のTシャツを買って，店にプリントを注文しようと考えています。次の表(教科書202ページ)は，３つの店のプリント料金をまとめたものです。

りかさんは，プリントする枚数によってどの店が一番安くなるか，Tシャツをx枚プリントしたときの料金をy円として，調べることにしました。

❶ ３つの店について，Tシャツの枚数と料金の関係を，式とグラフ(教科書202ページ)で表しましょう。

❷ プリントする枚数によって，どの店が一番安くなるか，説明しましょう。

解答 ❶ カラフル工房(こうぼう)…$y=180x$
スタープリント…$y=100x+3000$
良品染物店…$y=8000\ (0<x\leqq 60)$

❷ $y=180x$ と $y=100x+3000$ を連立方程式として解くと，$x=37.5$，$y=6750$
よって，２直線の交点は$(37.5,\ 6750)$
グラフより，37枚まではカラフル工房が一番安く，38枚から49枚まではスタープリントが一番安い。50枚ではスタープリントと良品染物店が同じ料金で，51枚から60枚までは良品染物店が一番安い。

課題2 考え方の共通点は？

次の２つの場面で，数を求めるときの考え方を比べて，共通点を見つけてみましょう。

トーナメント戦の試合数

４チームでトーナント戦を行うときは，３試合で優勝チームが決まります。

❶ 12チームでトーナメント戦を行うときは，何試合で優勝チームが決まりますか。また，右の図(教科書203ページ)とはちがうトーナメント表をかくと，必要な試合数は変わりますか。

❷ チーム数と試合数の間には，どのような関係がありますか。

チョコレートを分けるときに割る回数

右のようなチョコレート(教科書203ページ)を溝(みぞ)にそって12個に分けます。ただし，重ねて割ることはしないものとします。

❸ 何回割れば，12個に分けることができますか。
また，割り方を変えると，割る回数は変わりますか。

❹ チョコレートを割る回数と分けられた個数の間には，どのような関係がありますか。

❺ トーナメント戦の試合数を求めるときと，チョコレートを割る回数を求めるときの考え方を比べ，共通点をいいましょう。

解答 ❶ **11試合**

（例）

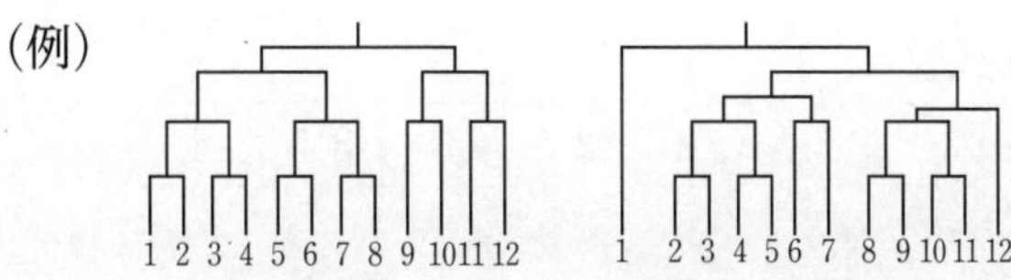

トーナメント表を変えても必要な試合数は変わらない。

❷ **試合数はチーム数より1少ない。**

❸ **11回**

（例）

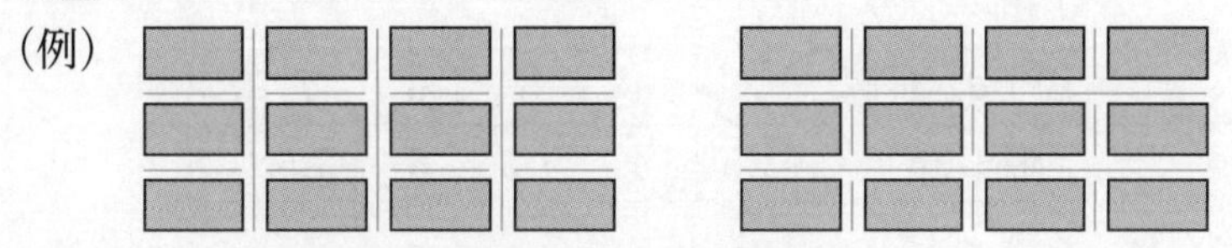

割り方を変えても割る回数は変わらない。

❹ **チョコレートを割る回数は，分けられた個数よりも1少ない。**

❺ （例）　**トーナメント表やチョコレートの割り方を変えても，必要な試合数やチョコレートを割る回数は変わらない。**

課題3　点を結んでできる図形の面積は？

次の図（教科書204ページ）のように等しい間隔（かんかく）で並んだ点があります。この中からいくつかの点を選び，線分で順に結んで囲んだ図形の面積は，周上の点の数と内部の点の数によって決まります。どのようにして求めることができるか，調べてみましょう。ただし，図形は，頂点や線分が重ならないように結んでつくるものとし，点と点の間隔は1 cmとします。

❶ （教科書）205ページの図に，内部の点が1～3個の図形をいろいろかいて，周上の点の数と面積の関係を，それぞれ調べましょう。

❷ 内部の点が1，2，3，……個のときの図形の面積は，周上の点がx個のとき，何cm^2になりますか。それぞれxを使った式で表し，右の表（教科書205ページ）に書きましょう。

❸ ❷で，内部の点がn個のときはどのような式になるかを予想しましょう。また，図形をいくつかかいて，その式が成り立つことを確かめましょう。

❹ これまでに調べた周上の点や内部の点の数と面積の関係を使って，次の**ア**～**エ**の図形（教科書205ページ）の面積を求めましょう。また，いろいろな図形をかき，点の数を使ってその面積を求めましょう。

ガイド ❶　図形の面積は，図形を囲む四角形の面積から図形のまわりの三角形の面積をひいて求める。

教科書204ページの（例）にある図形の面積について，上から順に，

$2^2-\frac{1}{2}\times2\times1\times2-\frac{1}{2}\times1\times1=4-2-0.5=1.5$ より，1.5cm^2

$2\times3-\frac{1}{2}\times2\times1\times2-\frac{1}{2}\times1\times3=6-2-1.5=2.5$ より，2.5cm^2

$3^2-\frac{1}{2}\times3\times2-\frac{1}{2}\times1\times3-\frac{1}{2}\times2\times1=9-3-1.5-1=3.5$ より，3.5cm^2

解答 ❶ 〈内部の点が１個〉

周上の点(個)	3	4	5	**6**	**7**	**8**
面積(cm²)	1.5	**2**	**2.5**	**3**	**3.5**	**4**

〈内部の点が２個〉

周上の点(個)	3	4	5	**6**	**7**	**8**
面積(cm²)	2.5	**3**	**3.5**	**4**	**4.5**	**5**

〈内部の点が３個〉

周上の点(個)	3	4	5	**6**	**7**	**8**
面積(cm²)	3.5	**4**	**4.5**	**5**	**5.5**	**6**

❷

内部の点(個)	面積(cm²)
1	$\boldsymbol{\frac{1}{2}x}$
2	$\boldsymbol{\frac{1}{2}x+1}$
3	$\boldsymbol{\frac{1}{2}x+2}$
⋮	⋮
n	$\boldsymbol{\frac{1}{2}x+n-1}$

❸ ❷から，周上の点の数をx個，内部の点をnとしたときの面積は，

$\boldsymbol{\frac{1}{2}x+n-1}$ と予想される。

右の①，②の場合で計算すると

①の面積 $=\frac{1}{2}\times5+3=5.5$

②の面積 $=\frac{1}{2}\times7+1=4.5$

図から求めた面積も，計算と一致する。

❹ **ア**の図形は周上の点が４個，内部の点が３個であるから，

$\frac{1}{2}x+n-1$ に $x=4$，$n=3$ を代入すると，$\frac{1}{2}\times4+3-1=4$ より，**4cm²**

イの図形は周上の点が６個，内部の点が４個であるから，

$\frac{1}{2}x+n-1$ に $x=6$，$n=4$ を代入すると，$\frac{1}{2}\times6+4-1=6$ より，**6cm²**

ウの図形は周上の点が６個，内部の点が５個であるから，

$\frac{1}{2}x+n-1$ に $x=6$，$n=5$ を代入すると，$\frac{1}{2}\times6+5-1=7$ より，**7cm²**

エの図形は周上の点が９個，内部の点が３個であるから，

$\frac{1}{2}x+n-1$ に $x=9$，$n=3$ を代入すると，$\frac{1}{2}\times9+3-1=\frac{13}{2}$ より，**6.5cm²**

MATHFUL 数と式　まだある！ 数 の世界

教科書 p.206

★ 双子素数(ふたご)や婚約数(こんやく)と呼ばれる数もあります。どんな数か調べてみましょう。

解答 双子素数…差が2である2つの素数の組を双子素数という。

（例） **(3, 5), (5, 7), (11, 13), (17, 19), (29, 31), (41, 43), (59, 61), (71, 73)**

婚約数…異なる2つの自然数aとbがあり，aの1とa以外の約数の和がbに等しく，bの1とb以外の約数の和がaに等しいとき，aとbを婚約数という。

（例） **48と75**

48の1と48以外の約数をたすと，$2+3+4+6+8+12+16+24=75$

75の1と75以外の約数をたすと，$3+5+15+25=48$

MATHFUL 数と式　さっさ立てに挑戦しよう

教科書 p.207

★1 左右の石の数を求めてみましょう。

解答

$$\begin{cases} x+y=11 & \cdots\cdots① \\ 2x+3y=30 & \cdots\cdots② \end{cases}$$

$$\begin{array}{lrr} ①\times2 & & 2x+2y=22 \\ ② & -) & 2x+3y=30 \\ \hline & & -y=-8 \\ & & y=8 \end{array}$$

$y=8$を①に代入すると，$x+8=11$

$x=3$

よって，右の石の数は，$2\times3=6$(個)

左の石の数は，$3\times8=24$(個)

となり，この個数は問題の答えとしてよい。

答 左の石の数…**24個**　　右の石の数…**6個**

かけ声の回数と石の数から式をつくることができるのね。

教科書 p.207

★2 この解き方は，上(教科書207ページ)の連立方程式をどのように解いたときと同じ考え方でしょうか。

ガイド

$$\begin{array}{lrr} ①\times3 & & 3x+3y=33 \\ ② & -) & 2x+3y=30 \\ \hline & & x\qquad=3 \end{array}$$

よって，右の石の数は，$3\times2=6$(個)

解答 ★1の連立方程式を，**(①×3−②)×2 として解いたときと同じ考え方。**

MATHFUL 関数　関数を使って予想しよう

教科書 p.209

★ 函館(はこだて)市の2018年3月の平均気温は3.4℃でした。図(教科書209ページ)に直線をかいて，函館市の開花日を予想してみましょう。

解答 (例)　教科書209ページのグラフで2点(10, 0)，(4, 21)を結ぶ直線をひいてみると，点の集まりのほぼ真ん中を通ることがわかる。
この直線の方程式は，$y=-3.5x+35$
$x=3.4$ を代入すると，$y=23.1$
よって，**4月23日と予想される。**

MATHFUL 図形　幾何学の起こり

教科書 p.210

★ 公理2，公理3を，文字を使った式で表してみましょう。

解答 (例)　公理2　**$a=b$，$c=d$ ならば，$a+c=b+d$**
公理3　**$a=b$，$c=d$ ならば，$a-c=b-d$**

MATHFUL 図形　不思議な錯視の世界

教科書 p.211

次の図(教科書211ページ)を見てみましょう。(1)の2直線ℓ，mは平行でしょうか。また，(2)の縦の線はどのように見えるでしょうか。

解答 (1)　**ℓとmは，実際には平行なのに平行に見えない。**
(2)　**縦の線は，実際にはすべて平行なのに，平行に見えない。**

教科書 p.211

★ 次のそれぞれの図(教科書211ページ)で，アとイの線分を比べてみましょう。どのように見えるでしょうか。

解答 (3)　**線分アとイの長さが等しく見えない。**
(4)　**線分アとイが平行に見えない。中央がふくらんでいるように見える。**

MATHFUL 場合の数　点字を生んだブライユの想い

教科書 p.213

★ 同じように考えると，ふくらみが2か所だけ，3か所だけの場合，何種類の文字や数を表せるでしょうか。考えた結果と上(教科書213ページ)の10種類の点字を比べてみましょう。

解答 2か所の場合　**4種類**
3か所の場合　**4種類**

1年の復習

教科書 p.214

1 次の数について，(1)~(4)に答えなさい。

$-8,\ 0,\ -1,\ -0.4,\ +3,\ +1,\ +\frac{2}{5},\ -0.1$

(1) 最も小さい数はどれですか。
(2) 負の数で，最も大きい数はどれですか。
(3) 絶対値が最も小さい数はどれですか。
(4) 絶対値が等しい数はどれとどれですか。

解答 (1) 負の数は，その絶対値が大きい数ほど小さいから，最も小さい数は$\mathbf{-8}$

(2) 負の数は$-8,\ -1,\ -0.4,\ -0.1$
負の数で最も大きい数は，この中で絶対値が一番小さい数なので，$\mathbf{-0.1}$

(3) 正の数，負の数にかかわらず，絶対値が最も小さい数なので，$\mathbf{0}$

(4) $+\frac{2}{5}$を小数にすると$+0.4$だから，
絶対値が等しい数は$\mathbf{-0.4}$**と**$\mathbf{+\frac{2}{5}}$，$\mathbf{-1}$**と**$\mathbf{+1}$

教科書 p.214

2 次の計算をしなさい。

(1) $(-8)+(-4)$
(2) $(-1.6)+(+7)+(-0.4)$
(3) $(-7)-(+2)$
(4) $(-32)+(+48)-(-12)$
(5) $-7+11-9+5$
(6) $\frac{5}{4}-\left(-\frac{5}{8}\right)-\left(+\frac{1}{2}\right)-\frac{4}{3}$
(7) $(-6)\times(-7)$
(8) $(-2)\times(+9)\times(-5)$
(9) $(-2)^2\times(-5^2)$
(10) $(-32)\div\left(-\frac{8}{3}\right)$
(11) $12-\{3\times(-4)-(-2)\}$
(12) $(-2.8)\times6+(-2.2)\times6$

解答 (1) $(-8)+(-4)$
$=-(8+4)$
$=\mathbf{-12}$

(2) $(-1.6)+(+7)+(-0.4)$
$=(-1.6)+(-0.4)+(+7)$
$=(-2)+(+7)$
$=+(7-2)$
$=\mathbf{+5}$

(3) $(-7)-(+2)$
$=(-7)+(-2)$
$=\mathbf{-9}$

(4) $(-32)+(+48)-(-12)$
$=(-32)+(+48)+(+12)$
$=(+48)+(+12)+(-32)$
$=(+60)+(-32)$
$=+(60-32)$
$=\mathbf{+28}$

巻末 1年の復習

(5) $-7+11-9+5$
$=(-7)+(-9)+(+11)+(+5)$
$=-16+16$
$=\mathbf{0}$

(6) $\frac{5}{4}-\left(-\frac{5}{8}\right)-\left(+\frac{1}{2}\right)-\frac{4}{3}$
$=\frac{30}{24}-\left(-\frac{15}{24}\right)-\left(+\frac{12}{24}\right)-\frac{32}{24}$
$=\frac{(+30)-(-15)-(+12)-(+32)}{24}$
$=\frac{(+30)+(+15)+(-12)+(-32)}{24}$
$=\frac{(+45)+(-44)}{24}$
$=+\mathbf{\frac{1}{24}}$

(7) $(-6)\times(-7)$
$=+(6\times7)$
$=\mathbf{+42}$

(8) $(-2)\times(+9)\times(-5)$
$=+(2\times9\times5)$
$=\mathbf{+90}$

(9) $(-2)^2\times(-5^2)$
$=(-2)\times(-2)\times(-5\times5)$
$=(+4)\times(-25)$
$=\mathbf{-100}$

(10) $(-32)\div\left(-\frac{8}{3}\right)$
$=+\left(32\div\frac{8}{3}\right)$
$=+\left(32\times\frac{3}{8}\right)$
$=+\left(\overset{4}{\cancel{32}}\times\frac{3}{\underset{1}{\cancel{8}}}\right)$
$=+(4\times3)$
$=\mathbf{+12}$

(11) $12-\{3\times(-4)-(-2)\}$
$=12-(-12+2)$
$=12-(-10)$
$=12+10$
$=\mathbf{+22}$

(12) $(-2.8)\times6+(-2.2)\times6$
$=(-2.8-2.2)\times6$
$=\{-(2.8+2.2)\}\times6$
$=(-5)\times6$
$=\mathbf{-30}$

3 次の数量を式で表しなさい。

(1) 1箱4個入りのドーナツをa箱と，10個入りのドーナツをb箱買うときのドーナツの総数
(2) a円の品物を，3％引きで買うときの代金
(3) 100gがa円の牛肉をbg買ったときの代金
(4) 時速$x$kmの自動車で45分間走ったときの道のり

解答 (1) 1箱4個入りのドーナツa箱のドーナツの総数は$4\times a$(個)
1箱10個入りのドーナツb箱のドーナツの総数は$10\times b$(個)と表せる。
よって，$\mathbf{4a+10b}$**(個)**

(2) a円の品物を3％引きで買うときの代金は，$a\times(1-0.03)$ と表せる。
よって，$\mathbf{0.97a}$ **(円)**

(3) 100gあたりa円は，1gあたり$\frac{a}{100}$円と表せる。
これをbg買ったときの代金は$\frac{a}{100}\times b$になる。
よって，$\boldsymbol{\frac{ab}{100}}$ **(円)**

(4) 時速$x$kmは，分速$\frac{x}{60}$kmと表せる。
この速度で45分間走ったときの道のりは$\frac{x}{60}\times 45$と表せる。
よって，$\boldsymbol{\frac{3}{4}x}$ **(km)**

別解 45分$=\frac{3}{4}$時間だから，$x\times\frac{3}{4}=\frac{3}{4}x$ (km)

教科書 p.214

4 $x=-3$，$y=2$のときの，次の式の値を求めなさい。
(1) $4x+5y$　(2) $-x-6y$　(3) $-8xy$

解答 (1) $4x+5y$
$=4\times(-3)+5\times 2$
$=-12+10$
$=\mathbf{-2}$

(2) $-x-6y$
$=-(-3)-6\times 2$
$=3-12$
$=\mathbf{-9}$

(3) $-8xy$
$=-8\times(-3)\times 2$
$=+(8\times 3\times 2)$
$=\mathbf{48}$

教科書 p.214

5 次の式の計算をしなさい。
(1) $-2y+4+3y-6$　(2) $(-8)\times 2a$
(3) $\left(-\frac{2}{3}a-\frac{1}{9}\right)\times(-36)$　(4) $(18x-5)\div 9$
(5) $(-5x+8)+(9x-7)$　(6) $3(4a-1)-8(-a+2)$
(7) $-4\left(\frac{3}{4}a+\frac{1}{2}\right)+3\left(\frac{1}{3}-\frac{5}{3}a\right)$

解答 (1) $-2y+4+3y-6$
$=-2y+3y+4-6$
$=\boldsymbol{y-2}$

(2) $(-8)\times 2a$
$=\mathbf{-16a}$

(3) $\left(-\frac{2}{3}a-\frac{1}{9}\right)\times(-36)$

$=\left(-\frac{2}{3}a\right)\times(-36)-\frac{1}{9}\times(-36)$

$=\mathbf{24a+4}$

(4) $(18x-5)\div 9=(18x-5)\times\frac{1}{9}$

$=18x\times\frac{1}{9}-5\times\frac{1}{9}$

$=\mathbf{2x-\frac{5}{9}}$

(5) $(-5x+8)+(9x-7)$

$=-5x+8+9x-7$

$=-5x+9x+8-7$

$=\mathbf{4x+1}$

(6) $3(4a-1)-8(-a+2)$

$=12a-3+8a-16$

$=12a+8a-3-16$

$=\mathbf{20a-19}$

(7) $-4\left(\frac{3}{4}a+\frac{1}{2}\right)+3\left(\frac{1}{3}-\frac{5}{3}a\right)$

$=-4\times\frac{3}{4}a-4\times\frac{1}{2}+3\times\frac{1}{3}-3\times\frac{5}{3}a$

$=-3a-2+1-5a$

$=-3a-5a-2+1$

$=\mathbf{-8a-1}$

6 次の方程式を解きなさい。

(1) $x-21=-37$

(2) $-6x=84$

(3) $23x=15x-16$

(4) $-5x+4=2x+25$

(5) $5x+3=3(x-4)-1$

(6) $0.1x-1.5=0.4x+2.1$

(7) $\frac{1}{2}x-\frac{1}{5}=\frac{x}{3}+\frac{1}{2}$

解答 (1) $x-21=-37$

$x=-37+21$

$x=\mathbf{-16}$

(2) $-6x=84$

$x=-\frac{84}{6}$

$x=\mathbf{-14}$

(3) $23x=15x-16$

$23x-15x=-16$

$8x=-16$

$x=-\frac{16}{8}$

$x=\mathbf{-2}$

(4) $-5x+4=2x+25$

$-5x-2x=25-4$

$-7x=21$

$x=-\frac{21}{7}$

$x=\mathbf{-3}$

(5) $5x+3=3(x-4)-1$

$5x+3=3x-12-1$

$5x+3=3x-13$

$5x-3x=-13-3$

$2x=-16$

$x=-\frac{16}{2}$

$x=\mathbf{-8}$

(6) $0.1x-1.5=0.4x+2.1$

$x-15=4x+21$

$x-4x=21+15$

$-3x=36$

$x=-\frac{36}{3}$

$x=\mathbf{-12}$

(7) $\frac{1}{2}x-\frac{1}{5}=\frac{x}{3}+\frac{1}{2}$

$\left(\frac{1}{2}x-\frac{1}{5}\right)\times30=\left(\frac{x}{3}+\frac{1}{2}\right)\times30$

$15x-6=10x+15$

$15x-10x=15+6$

$5x=21$

$x=\mathbf{\frac{21}{5}}$

7 A市から2.8km離れたC市へ行くのに，初めは時速5kmで歩き，途中のB地点から時速4kmで歩いて36分間かかりました。
A市からB地点までの距離を求めなさい。

解答 A市からB地点までの距離を x kmとすると，
B地点からC市までの距離は $2.8-x$(km) となる。

A市からB地点までかかった時間は $\frac{x}{5}$ 時間であり，

B地点からC市までかかった時間は $\frac{2.8-x}{4}$ 時間となる。

$\frac{x}{5}+\frac{2.8-x}{4}=\frac{36}{60}$

$\frac{x}{5}+\frac{2.8-x}{4}=\frac{3}{5}$

両辺に20をかけると，

$4x+5(2.8-x)=12$

$4x+14-5x=12$

$-x=-2$

$x=2$

2kmは問題に適しているので，答えとしてよい。
よって，A市からB地点までの距離は，**2km**

巻末
1年の復習

8 次の**ア**～**オ**について，(1)～(3)に答えなさい。

ア　1本x円の鉛筆を24本買うときの代金がy円

イ　整数xの絶対値がy

ウ　周の長さがx cmの長方形の面積がy cm^2

エ　全部で312ページある本を，xページ読んだときの残りがyページ

オ　底辺がx cm，高さがy cmの平行四辺形の面積が36 cm^2

(1)　yがxの関数であるものを選びなさい。

(2)　yがxに比例するものを選びなさい。

(3)　yがxに反比例するものを選びなさい。

ガイド **ア**　$y=x\times 24$

イ　$x\geqq 0$ のとき，$y=x$　$x<0$ のとき，$y=-x$

ウ　xの値を決めても，それに対応するyの値がただ1つに定まらないため，yはxの関数ではない。

エ　$y=312-x$

オ　$y=\dfrac{36}{x}$

解答 (1)　**ア，イ，エ，オ**

(2)　**ア**

(3)　**オ**

9 次の場合について，yをxの式で表しなさい。

(1)　yがxに比例し，$x=3$のとき，$y=-4$である。

(2)　グラフが右(教科書215ページ)の**ア**の直線である。

(3)　yがxに反比例し，$x=4$のとき，$y=2$である。

(4)　グラフが右(教科書215ページ)の**イ**の双曲線である。

解答 (1)　yがxに比例するので，$y=ax$と表される。

$x=3$，$y=-4$ を代入すると，$-4=3\times a$　　$a=-\dfrac{4}{3}$

よって，$\boldsymbol{y=-\dfrac{4}{3}x}$

(2)　原点を通る直線の式は，$y=ax$と表される。

$x=4$ のとき $y=3$ なので，$3=4a$　　$a=\dfrac{3}{4}$

よって，$\boldsymbol{y=\dfrac{3}{4}x}$

(3)　yがxに反比例するので，$y=\dfrac{a}{x}$ と表される。

$x=4$，$y=2$ を代入すると，$2=\dfrac{a}{4}$　　$a=8$

よって，$\boldsymbol{y=\dfrac{8}{x}}$

(4) 双曲線の式は，$y=\frac{a}{x}$ と表される。

$x=2$ のとき $y=-4$ なので，$-4=\frac{a}{2}$　　$a=-8$

よって，$\boldsymbol{y=-\frac{8}{x}}$

教科書 p.216

⑩ 次の図(教科書216ページ)のように，直線ABとAB上にない点Cがあります。直線ABに対して点Cと同じ側にあって，面積が△CABの $\frac{1}{2}$ であるような△PABを考えるとき，その頂点Pはどのような線上にありますか。その線を作図しなさい。

解答

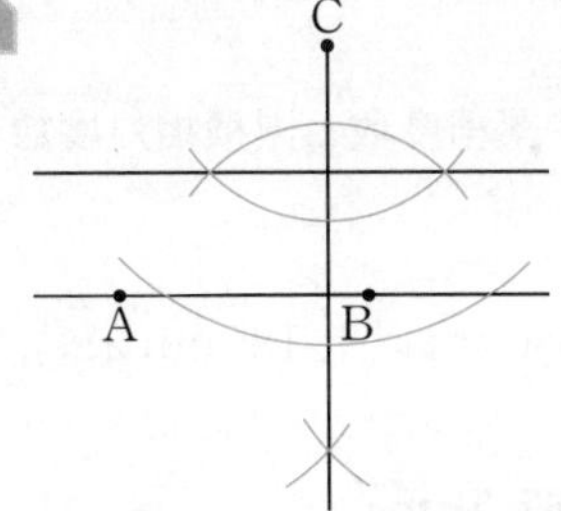

教科書 p.216

⑪ 右の図(教科書216ページ)でAB＝CDです。

(1) まず，点AがCに重なるように線分ABを平行移動させ，次に点BがDに重なるようにするには，どのように移動させればよいですか。

(2) 1回の移動で，線分ABがCDに重なるようにするには，どのようにすればよいですか。

解答 (1) **線分ABを線分ACの方向にACの長さだけ平行移動させる。次に，点Aを回転の中心として回転移動させる。**

(2) **点Aと点Cから等しい距離にある直線と，点Bと点Dから等しい距離にある直線との交点を求め，その点を回転の中心として回転移動させる。**

教科書 p.216

⑫ 次の立体の表面積と体積を，それぞれ求めなさい。

(1) 底面の1辺が5 cm，高さが8 cmの正四角柱

(2) 底面の半径が4 cm，高さが10cmの円柱

(3) 底面の半径が6 cm，高さが8 cm，母線の長さ10cmの円錐

(4) 半径が3 cmの球

ガイド (3) 円錐の側面になるおうぎ形の面積は

$\frac{1}{2}$×(底面の円周の長さ)×(円錐の母線の長さ) で求められる。

解答 (1) 表面積　$5\times5\times2+5\times8\times4=50+160=210$ より，**$210\,\text{cm}^2$**

体　積　$5\times5\times8=200$より，**$200\,\text{cm}^3$**

(2) 表面積　$\pi\times4^2\times2+10\times2\times\pi\times4=32\pi+80\pi=112\pi$ より，**$112\pi\,\text{cm}^2$**

体　積　$\pi\times4^2\times10=160\pi$ より，**$160\pi\,\text{cm}^3$**

(3) 表面積 $\pi\times6^2+\frac{1}{2}\times2\times\pi\times6\times10=36\pi+60\pi=96\pi$ より，$\boldsymbol{96\pi}$**cm**^{2}

体　積 $\frac{1}{3}\times\pi\times6^2\times8=96\pi$ より，$\boldsymbol{96\pi}$**cm**^{3}

(4) 表面積 $4\times\pi\times3^2=36\pi$ より，$\boldsymbol{36\pi}$**cm**^{2}

体　積 $\frac{4}{3}\times\pi\times3^3=\frac{4}{3}\times27\times\pi=36\pi$ より，$\boldsymbol{36\pi}$**cm**^{3}

⑬ 右の表(教科書217ページ)は，バスケットボールのAチームとBチームの選手の身長を度数分布表にまとめたものです。

(1) AチームとBチームの最頻値を求めなさい。

(2) AチームとBチームの度数分布多角形を，次の図(教科書217ページ)にかきなさい。

(3) Bチームで，身長が180 cm未満の選手の累積度数と累積相対度数をそれぞれ求めなさい。

ガイド (1) 度数が一番多い階級は，Aチームが180cm以上185cm未満，Bチームが185cm以上190cm未満である。

解答 (1) Aチーム…**182.5cm**　　Bチーム…**187.5cm**

(2)

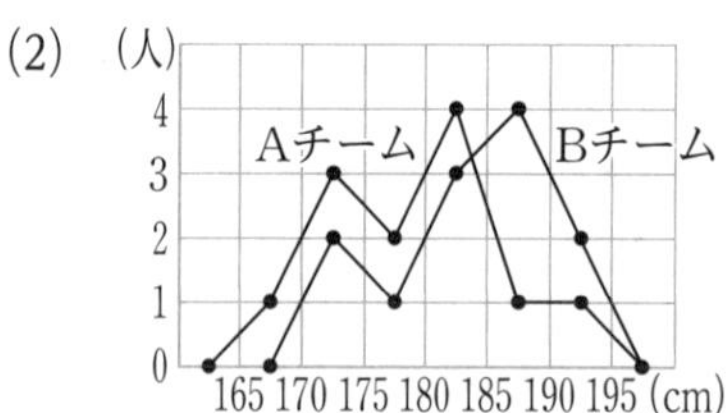

(3) Bチームの身長が180cm未満の選手の累積度数は，$0+2+1=$**3(人)**

$(\text{累積相対度数})=\frac{(\text{累積度数})}{(\text{度数の合計})}=\frac{3}{12}=\mathbf{0.25}$

⑭ 次の表(教科書217ページ)は，あるペットボトルのふたA，Bを投げる実験をした結果です。

(1) ふたAが表向きになることとそれ以外になることでは，どちらのことがらが起こりやすいと判断できますか。

(2) ふたBで，それ以外になる相対度数を求めなさい。

(3) ふたAとBで，表向きになる確率が大きいと考えられるのはどちらですか。

解答 (1) **それ以外**

(2) $(\text{相対度数})=\frac{(\text{階級の度数})}{(\text{度数の合計})}=\frac{594}{1000}=\mathbf{0.594}$

(3) それぞれの，表向きになる確率は，

ふたA $\frac{421}{1200}=0.35\cdots$

ふたB $\frac{406}{1000}=0.406$

よって，**ふたBのほうが表向きになる確率が大きい。**

補充問題

1章　式と計算

教科書 p.218

1 次の計算をしなさい。

(1) $5xy+7xy$　　(2) $8ab-ab$

(3) $-y^2+2.5y^2$　　(4) $3a+5b-4a+b$

(5) $9x^2-5x-3x^2+2x$　　(6) $\dfrac{5}{6}x+\dfrac{2}{3}y-\dfrac{1}{3}x-\dfrac{1}{4}y$

解答 (1) $\boldsymbol{12xy}$　　(2) $\boldsymbol{7ab}$　　(3) $\boldsymbol{1.5y^2}$

(4) $3a-4a+5b+b=\boldsymbol{-a+6b}$

(5) $9x^2-3x^2-5x+2x=\boldsymbol{6x^2-3x}$

(6) $\dfrac{5}{6}x-\dfrac{1}{3}x+\dfrac{2}{3}y-\dfrac{1}{4}y=\dfrac{3}{6}x+\dfrac{5}{12}y=\boldsymbol{\dfrac{1}{2}x+\dfrac{5}{12}y}$

教科書 p.218

2 次の計算をしなさい。

(1) $(8a+5b)+(2a-b)$　　(2) $(4x-3y+1)+(-6x-2y+7)$

(3) $(3a+2b)-(7a-4b)$　　(4) $(8x^2+5x-3)-(3x^2-4+x)$

解答 (1) $8a+5b+2a-b=8a+2a+5b-b=\boldsymbol{10a+4b}$

(2) $4x-3y+1-6x-2y+7=4x-6x-3y-2y+1+7=\boldsymbol{-2x-5y+8}$

(3) $3a+2b-7a+4b=3a-7a+2b+4b=\boldsymbol{-4a+6b}$

(4) $8x^2+5x-3-3x^2+4-x=8x^2-3x^2+5x-x-3+4=\boldsymbol{5x^2+4x+1}$

教科書 p.218

3 次の計算をしなさい。

(1) $4a\times7b$　　(2) $(-9x)\times8y$　　(3) $-x\times(-2x^2)$

(4) $-(6x)^2$　　(5) $-x\times(-2x)^2$　　(6) $(-2x)^3\times5x$

解答 (1) $\boldsymbol{28ab}$　　(2) $\boldsymbol{-72xy}$　　(3) $\boldsymbol{2x^3}$

(4) $\boldsymbol{-36x^2}$　　(5) $-x\times4x^2=\boldsymbol{-4x^3}$

(6) $(-2x)\times(-2x)\times(-2x)\times5x=-8x^3\times5x=\boldsymbol{-40x^4}$

教科書 p.218

4 次の計算をしなさい。

(1) $28ab\div4b$　　(2) $(-81xy)\div27x$

(3) $(-32x^3)\div(-8x^2)$　　(4) $\dfrac{2}{3}a^2\div\left(-\dfrac{4}{9}a\right)$

(5) $18x^2\div\left(-\dfrac{6}{5}x\right)\times(-2x)^2$　　(6) $a^2b\div\left(-\dfrac{1}{3}a\right)\div\left(-\dfrac{b}{2}\right)$

解答 (1) $\boldsymbol{7a}$　　(2) $\dfrac{-81xy}{27x}=\boldsymbol{-3y}$　　(3) $\dfrac{-32x^3}{-8x^2}=\boldsymbol{4x}$

(4) $\dfrac{2}{3}a^2\times\left(-\dfrac{9}{4a}\right)=\boldsymbol{-\dfrac{3}{2}a}$

巻末 補充問題

(5) $18x^2\times\left(-\frac{5}{6x}\right)\times 4x^2=-\frac{18x^2\times 5\times 4x^2}{6x}=\boldsymbol{-60x^3}$

(6) $a^2b\times\left(-\frac{3}{a}\right)\times\left(-\frac{2}{b}\right)=+\frac{a^2b\times 3\times 2}{a\times b}=\boldsymbol{6a}$

教科書 p.218

5 次の計算をしなさい。

(1) $4(8a-3b)$
(2) $-3(4a-2b-1)$
(3) $(42x-24y)\div 6$
(4) $(98x^2+63x-49)\div(-7)$
(5) $2(4a-3b)+3(2a+b)$
(6) $5(6x-y)-7(3x-2y)$
(7) $\frac{4}{3}(6x-3y)+\frac{5}{6}(12x-6y)$
(8) $\frac{2x-y}{3}-\frac{4x-2y}{9}$

解答 (1) $\boldsymbol{32a-12b}$

(2) $\boldsymbol{-12a+6b+3}$

(3) $\frac{42x-24y}{6}=\boldsymbol{7x-4y}$

(4) $\frac{98x^2+63x-49}{-7}=\boldsymbol{-14x^2-9x+7}$

(5) $8a-6b+6a+3b=8a+6a-6b+3b=\boldsymbol{14a-3b}$

(6) $30x-5y-21x+14y=30x-21x-5y+14y=\boldsymbol{9x+9y}$

(7) $4(2x-y)+5(2x-y)=8x-4y+10x-5y=\boldsymbol{18x-9y}$

(8) $\frac{3(2x-y)}{9}-\frac{4x-2y}{9}=\frac{6x-3y-4x+2y}{9}=\frac{6x-4x-3y+2y}{9}$

$=\boldsymbol{\frac{2x-y}{9}}\left(=\boldsymbol{\frac{2}{9}x-\frac{1}{9}y}\right)$

教科書 p.218

6 $x=-4$，$y=\frac{2}{3}$ のときの，次の式の値（あたい）を求めなさい。

(1) $6(2x-y)-4(2x+3y)$
(2) $3x^2y\div 6x\times 12y$

解答 (1) $6(2x-y)-4(2x+3y)=12x-6y-8x-12y=4x-18y$

$x=-4$，$y=\frac{2}{3}$ を代入すると，

$4\times(-4)-18\times\frac{2}{3}=-16-12=\boldsymbol{-28}$

(2) $3x^2y\div 6x\times 12y=\frac{3x^2y\times 12y}{6x}=6xy^2$

$x=-4$，$y=\frac{2}{3}$ を代入すると，

$6\times(-4)\times\left(\frac{2}{3}\right)^2=-24\times\frac{4}{9}=\boldsymbol{-\frac{32}{3}}$

7 次の式を[ ]内の文字について解きなさい。

(1) $V=\frac{1}{3}\pi r^2 h$ [h]　　(2) $3x+2y=6$ [x]

解答 (1) $V=\frac{1}{3}\pi r^2 h$　$\pi r^2 h=3V$　$h=\boldsymbol{\frac{3V}{\pi r^2}}$

(2) $3x+2y=6$　$3x=-2y+6$　$x=\boldsymbol{\frac{-2y+6}{3}}$ $\left(\boldsymbol{x=-\frac{2}{3}y+2}\right)$

2章　連立方程式

8 次の連立方程式を加減法で解きなさい。

(1) $\begin{cases} x-3y=2 \\ 4x+3y=23 \end{cases}$　(2) $\begin{cases} 2x+5y=12 \\ 2x-3y=-4 \end{cases}$　(3) $\begin{cases} -3x+2y=7 \\ 3x+2y=1 \end{cases}$

(4) $\begin{cases} 4x+3y=11 \\ 2x-7y=-3 \end{cases}$　(5) $\begin{cases} 2x-y=5 \\ x+3y=-1 \end{cases}$　(6) $\begin{cases} 3x-2y=6 \\ 4x-3y=12 \end{cases}$

解答 (1) $\begin{cases} x-3y=2 & \cdots\cdots① \\ 4x+3y=23 & \cdots\cdots② \end{cases}$

①　$x-3y=2$
②　+) $4x+3y=23$
$5x=25$
$x=5$

$x=5$ を①に代入すると,
$5-3y=2$
$-3y=-3$
$y=1$

答 $\begin{cases} \boldsymbol{x=5} \\ \boldsymbol{y=1} \end{cases}$

(2) $\begin{cases} 2x+5y=12 & \cdots\cdots① \\ 2x-3y=-4 & \cdots\cdots② \end{cases}$

①　$2x+5y=12$
②　−) $2x-3y=-4$
$8y=16$
$y=2$

$y=2$ を①に代入すると,
$2x+10=12$
$2x=2$
$x=1$

答 $\begin{cases} \boldsymbol{x=1} \\ \boldsymbol{y=2} \end{cases}$

(3) $\begin{cases} -3x+2y=7 & \cdots\cdots① \\ 3x+2y=1 & \cdots\cdots② \end{cases}$

①　$-3x+2y=7$
②　+) $3x+2y=1$
$4y=8$
$y=2$

$y=2$ を②に代入すると,
$3x+4=1$
$3x=-3$
$x=-1$

答 $\begin{cases} \boldsymbol{x=-1} \\ \boldsymbol{y=2} \end{cases}$

(4) $\begin{cases} 4x+3y=11 & \cdots\cdots① \\ 2x-7y=-3 & \cdots\cdots② \end{cases}$

①　$4x+3y=11$
②×2　−) $4x-14y=-6$
$17y=17$
$y=1$

$y=1$ を①に代入すると,
$4x+3=11$
$4x=8$
$x=2$

答 $\begin{cases} \boldsymbol{x=2} \\ \boldsymbol{y=1} \end{cases}$

巻末 補充問題

(5) $\begin{cases} 2x-y=5 & \cdots\cdots ① \\ x+3y=-1 & \cdots\cdots ② \end{cases}$

$$\begin{array}{lrl} ①\times 3 & 6x-3y & =15 \\ ② & +)\quad x+3y & =-1 \\ \hline & 7x & =14 \\ & x & =2 \end{array}$$

$x=2$ を②に代入すると,

$2+3y=-1$

$3y=-3$

$y=-1$

答 $\begin{cases} x=2 \\ y=-1 \end{cases}$

(6) $\begin{cases} 3x-2y=6 & \cdots\cdots ① \\ 4x-3y=12 & \cdots\cdots ② \end{cases}$

$$\begin{array}{lrl} ①\times 3 & 9x-6y & =18 \\ ②\times 2 & -)\quad 8x-6y & =24 \\ \hline & x & =-6 \end{array}$$

$x=-6$ を①に代入すると,

$-18-2y=6$

$-2y=24$

$y=-12$

答 $\begin{cases} x=-6 \\ y=-12 \end{cases}$

教科書 p.219

9 次の連立方程式を代入法で解きなさい。

(1) $\begin{cases} 3x-2y=14 \\ y=-2x \end{cases}$ (2) $\begin{cases} x=y+1 \\ 4x+y=9 \end{cases}$ (3) $\begin{cases} y=9-2x \\ y=3x+4 \end{cases}$

解答 (1) $\begin{cases} 3x-2y=14 & \cdots\cdots ① \\ y=-2x & \cdots\cdots ② \end{cases}$

②を①に代入すると,

$3x-2\times(-2x)=14$

$3x+4x=14$

$7x=14$

$x=2$

$x=2$ を②に代入すると,

$y=-2\times 2=-4$

答 $\begin{cases} x=2 \\ y=-4 \end{cases}$

(2) $\begin{cases} x=y+1 & \cdots\cdots ① \\ 4x+y=9 & \cdots\cdots ② \end{cases}$

①を②に代入すると,

$4(y+1)+y=9$

$4y+4+y=9$

$5y=5$

$y=1$

$y=1$ を①に代入すると,

$x=1+1=2$

答 $\begin{cases} x=2 \\ y=1 \end{cases}$

(3) $\begin{cases} y=9-2x & \cdots\cdots ① \\ y=3x+4 & \cdots\cdots ② \end{cases}$

①を②に代入すると,

$9-2x=3x+4$

$-5x=-5$

$x=1$

$x=1$ を①に代入すると,

$y=9-2=7$

答 $\begin{cases} x=1 \\ y=7 \end{cases}$

10 次の連立方程式を解きなさい。

(1) $\begin{cases} 2(2x+y)-3x=5 \\ 4x+3(x+2y)=11 \end{cases}$　　(2) $\begin{cases} 5x+4(x-y)=-8 \\ 2(x+y)=3x+y+2 \end{cases}$

(3) $\begin{cases} 3x+2y=9 \\ 0.4x+0.3y=1.3 \end{cases}$　　(4) $\begin{cases} 1.2x-0.6y=-1.5 \\ 0.42x+y=0.08 \end{cases}$

(5) $\begin{cases} 2x-y=4 \\ \dfrac{x}{3}+\dfrac{y}{2}=2 \end{cases}$　　(6) $\begin{cases} \dfrac{x+y}{7}=\dfrac{x}{2} \\ \dfrac{3}{2}x+\dfrac{2}{5}y=5 \end{cases}$

(7) $2x-5y+10=9-5x-y=2$

ガイド (1)(2)はかっこをはずしてから，(3)～(6)は両辺に適当な数をかけて文字の係数を整数にしてから解く。

解答 (1) $\begin{cases} 2(2x+y)-3x=5 & \cdots\cdots① \\ 4x+3(x+2y)=11 & \cdots\cdots② \end{cases}$

①は，$4x+2y-3x=5$

$x+2y=5$ ……③

②は，$4x+3x+6y=11$

$7x+6y=11$ ……④

③×7　$7x+14y=35$

④　$-)\ 7x+6y=11$

$8y=24$

$y=3$

$y=3$ を④に代入すると，

$7x+6\times3=11$

$7x+18=11$

$7x=-7$

$x=-1$

答 $\begin{cases} \boldsymbol{x=-1} \\ \boldsymbol{y=3} \end{cases}$

(2) $\begin{cases} 5x+4(x-y)=-8 & \cdots\cdots① \\ 2(x+y)=3x+y+2 & \cdots\cdots② \end{cases}$

①は，$5x+4x-4y=-8$

$9x-4y=-8$ ……③

②は，$2x+2y=3x+y+2$

$2x-3x+2y-y=2$

$-x+y=2$ ……④

③　$9x-4y=-8$

④×4　$+)\ -4x+4y=8$

$5x\quad=0$

$x=0$

$x=0$ を④に代入すると，

$0+y=2$

$y=2$

答 $\begin{cases} \boldsymbol{x=0} \\ \boldsymbol{y=2} \end{cases}$

(3) $\begin{cases} 3x+2y=9 & \cdots\cdots① \\ 0.4x+0.3y=1.3 & \cdots\cdots② \end{cases}$

②の両辺に10をかけると，

$4x+3y=13$……③

①×4　$12x+8y=36$

③×3　$-)\ 12x+9y=39$

$-y=-3$

$y=3$

$y=3$ を①に代入すると，

$3x+2\times3=9$

$3x+6=9$

$3x=3$

$x=1$

答 $\begin{cases} \boldsymbol{x=1} \\ \boldsymbol{y=3} \end{cases}$

(4) $\begin{cases} 1.2x-0.6y=-1.5 & \cdots\cdots① \\ 0.42x+y=0.08 & \cdots\cdots② \end{cases}$

①の両辺に10をかけると,

$12x-6y=-15 \quad \cdots\cdots③$

②の両辺に100をかけると,

$42x+100y=8 \quad \cdots\cdots④$

$$\begin{array}{lrr} ③\times50 & 600x-300y= & -750 \\ ④\times3 & +)\ 126x+300y= & 24 \\ \hline & 726x \qquad\quad = & -726 \\ & x= & -1 \end{array}$$

$x=-1$ を③に代入すると,

$-12-6y=-15$

$-6y=-15+12$

$-6y=-3$

$y=\dfrac{1}{2}$

答 $\begin{cases} \boldsymbol{x=-1} \\ \boldsymbol{y=\dfrac{1}{2}} \end{cases}$

(5) $\begin{cases} 2x-y=4 & \cdots\cdots① \\ \dfrac{x}{3}+\dfrac{y}{2}=2 & \cdots\cdots② \end{cases}$

②の両辺に 6 をかけると,

$\left(\dfrac{x}{3}+\dfrac{y}{2}\right)\times6=2\times6$

$2x+3y=12 \quad \cdots\cdots③$

$$\begin{array}{lrr} ① & 2x-\ y= & 4 \\ ③ & -)\ 2x+3y= & 12 \\ \hline & -4y= & -8 \\ & y= & 2 \end{array}$$

$y=2$ を①に代入すると,

$2x-2=4$

$2x=6$

$x=3$

答 $\begin{cases} \boldsymbol{x=3} \\ \boldsymbol{y=2} \end{cases}$

(6) $\begin{cases} \dfrac{x+y}{7}=\dfrac{x}{2} & \cdots\cdots① \\ \dfrac{3}{2}x+\dfrac{2}{5}y=5 & \cdots\cdots② \end{cases}$

①の両辺に14をかけると,

$2x+2y=7x$

$2y=5x$

$y=\dfrac{5}{2}x \quad \cdots\cdots③$

③を②に代入すると,

$\dfrac{5}{2}x=5$

$x=2$

これを③に代入すると,

$y=5$

答 $\begin{cases} \boldsymbol{x=2} \\ \boldsymbol{y=5} \end{cases}$

(7) $2x-5y+10=9-5x-y=2$

$\begin{cases} 2x-5y+10=2 & \cdots\cdots① \\ 9-5x-y=2 & \cdots\cdots② \end{cases}$

①を整理すると,

$2x-5y=-8 \quad \cdots\cdots③$

②を整理すると,

$-5x-y=-7 \quad \cdots\cdots④$

$$\begin{array}{lrr} ③ & 2x-5y= & -8 \\ ④\times5 & -)\ -25x-5y= & -35 \\ \hline & 27x \qquad\quad = & 27 \\ & x= & 1 \end{array}$$

$x=1$ を③に代入すると,

$2\times1-5y=-8$

$-5y=-8-2$

$-5y=-10$

$y=2$

答 $\begin{cases} \boldsymbol{x=1} \\ \boldsymbol{y=2} \end{cases}$

3章　1次関数

教科書 p.219

11　次のア～エのうち，y が x の1次関数であるものを選びなさい。

ア　底辺が x cm，高さが y cmの三角形の面積が36 cm^2

イ　整数 y を5でわったときの，商が x で，余りが2

ウ　1個160円のパンを x 個買うときの代金が y 円

エ　対角線の長さが x cmの正方形の面積が y cm^2

ガイド **ア**　三角形の面積は $\frac{1}{2}\times$(底辺)$\times$(高さ) より，$\frac{1}{2}\times x\times y=36$

よって，$y=\frac{72}{x}$

イ　(わられる数)＝(わる数)×(商)＋(余り)より，$y=5x+2$

ウ　$y=160\times x$　　よって，$y=160x$

エ　正方形の面積は $\frac{1}{2}\times$(対角線の長さ)^2 より，$y=\frac{1}{2}\times x^2$

よって，$y=\frac{1}{2}x^2$

解答 **イ，ウ**

教科書 p.220

12　次の□にあてはまる数を書きなさい。

(1)　y が x の1次関数で，x の値が4増加するとき，y の値は3減少する。この1次関数の変化の割合は，□です。

(2)　1次関数 $y=3x-2$ で，x の値が4から□まで増加すると，対応する y の値は□から16まで□増加します。

(3)　1次関数 $y=-4x-1$ で，x の値が6増加するときの y の増加量は□です。

ガイド (1)　(変化の割合)＝$\frac{(y\text{の増加量})}{(x\text{の増加量})}$ より，$\frac{-3}{4}=-\frac{3}{4}$

(2)　$x=4$ のとき　$y=3\times4-2=10$

$y=16$ のとき　$16=3x-2$

$18=3x$

$x=6$

(3)　(変化の割合)＝$\frac{(y\text{の増加量})}{(x\text{の増加量})}$ より，

(y の増加量)＝$-4\times6=-24$

解答 (1)　$-\frac{3}{4}$　　(2)　**6，10，6**　　(3)　**−24**

教科書 p.220

13　次の1次関数のグラフをかきなさい。

(1)　$y=4x-5$　　(2)　$y=-x+1$

(3)　$y=\frac{2}{5}x+2$　　(4)　$y=-\frac{2}{3}x-3$

ガイド (3)　2点(0，2)，(5，4)を通る。

(4)　2点(0，−3)，(3，−5)を通る。

解答

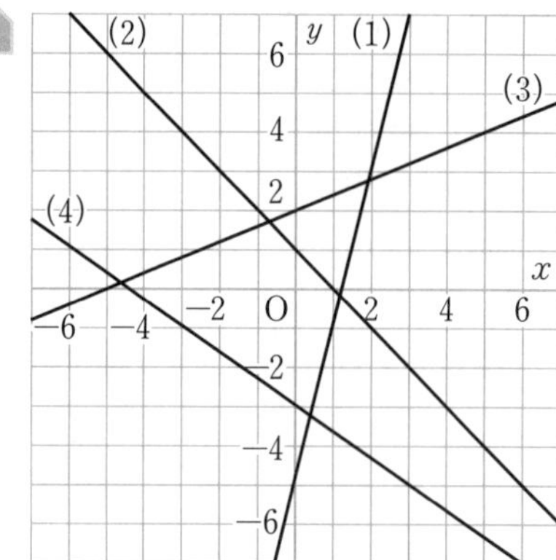

教科書 p.220

14　次のような1次関数の式を求めなさい。

(1)　グラフが右の図(教科書220ページ)の**ア**の直線である。

(2)　グラフが右の図(教科書220ページ)の**イ**の直線である。

(3)　グラフの傾き(かたむ)きが2で，点(−1，2)を通る直線である。

(4)　xの値が2増加するとyの値が−4増加し，$x=4$のとき$y=-2$である。

(5)　グラフが点(2，1)を通り，直線$y=-3x+5$に平行である。

(6)　グラフが2点(−4，3)，(2，0)を通る直線である。

(7)　$x=1$のとき$y=3$，$x=4$のとき$y=5$である。

解答 (1)　2点(4，1)，(0，−2)を通るから切片は−2。

この2点で傾きを考えると，$\frac{3}{4}$になるから，$\boldsymbol{y=\frac{3}{4}x-2}$

(2)　2点(3，−1)，(0，3)を通るから切片は3。

この2点で傾きを考えると，$-\frac{4}{3}$になるから，$\boldsymbol{y=-\frac{4}{3}x+3}$

(3)　傾きが2だから，$y=2x+b$と表される。

$x=-1$，$y=2$を代入すると，$2=2\times(-1)+b$　$b=4$より，$\boldsymbol{y=2x+4}$

(4)　傾きを考えると，$\frac{-4}{2}=-2$だから，$y=-2x+b$と表される。

$x=4$，$y=-2$を代入すると，$-2=-2\times4+b$　$b=6$より，$\boldsymbol{y=-2x+6}$

(5)　直線$y=-3x+5$に平行であるから直線の式は，$y=-3x+b$と表される。

$x=2$，$y=1$を代入すると，$1=-3\times2+b$　$b=7$より，$\boldsymbol{y=-3x+7}$

(6)　求める直線の式を$y=ax+b$とする。

$x=-4$，$y=3$を代入すると，$3=-4a+b$　……①

$x=2$，$y=0$を代入すると，$0=2a+b$　……②

①，②を連立方程式として解くと，$a=-\frac{1}{2}$，$b=1$より，$\boldsymbol{y=-\frac{1}{2}x+1}$

(7)　求める直線の式を$y=ax+b$とする。

$x=1$，$y=3$を代入すると，$3=a+b$　……①

$x=4$，$y=5$ を代入すると，$5=4a+b$ ……②

①，②を連立方程式として解くと，$a=\frac{2}{3}$，$b=\frac{7}{3}$　よって，$\boldsymbol{y=\frac{2}{3}x+\frac{7}{3}}$

教科書 p.220

15 次の方程式のグラフをかきなさい。

(1) $2x-8y=-16$　　(2) $y=4$　　(3) $7x=-21$

ガイド (1) $2x-8y=-16$ を y について解くと，

$y=\frac{1}{4}x+2$ より，傾き $\frac{1}{4}$，切片 2 の直線になる。

(2) $(0,\ 4)$を通り，x 軸に平行な直線になる。

(3) $7x=-21$ より，$x=-3$ だから，

$(-3,\ 0)$を通り，y 軸に平行な直線になる。

解答

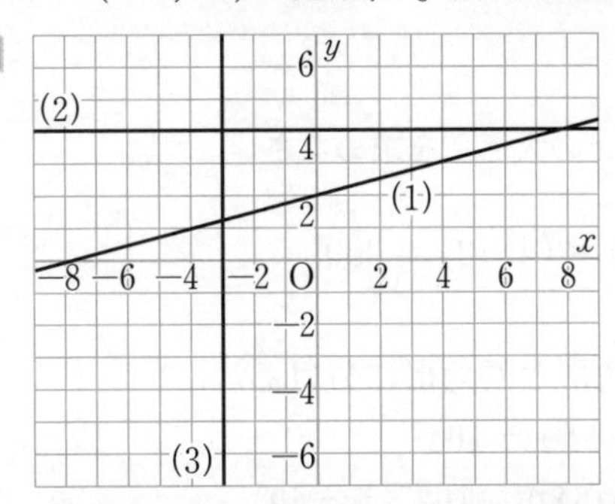

教科書 p.220

16 **14** の直線**ア**と**イ**の交点の座標を求めなさい。

解答 補充問題 **14** (1)(2)より，直線**ア**は，$y=\frac{3}{4}x-2$，直線**イ**は，$y=-\frac{4}{3}x+3$

$$\begin{cases} y=\frac{3}{4}x-2 & \cdots\cdots ① \\ y=-\frac{4}{3}x+3 & \cdots\cdots ② \end{cases}$$

①，②を連立方程式として解くと，$x=\frac{12}{5}$，$y=-\frac{1}{5}$

よって，直線**ア**と**イ**の交点の座標は，$\boldsymbol{\left(\frac{12}{5},\ -\frac{1}{5}\right)}$

4章　平行と合同

教科書 p.221

17 次の図(教科書221ページ)で，$\angle x$ の大きさを求めなさい。

解答 (1) $\angle x=180°-(34°+55°)=\mathbf{91°}$

(2) $\angle x=180°-108°=\mathbf{72°}$

(3) $\angle x=123°-29°=\mathbf{94°}$

(4) $87°-51°=36°$，$\angle x=36°+40°=\mathbf{76°}$

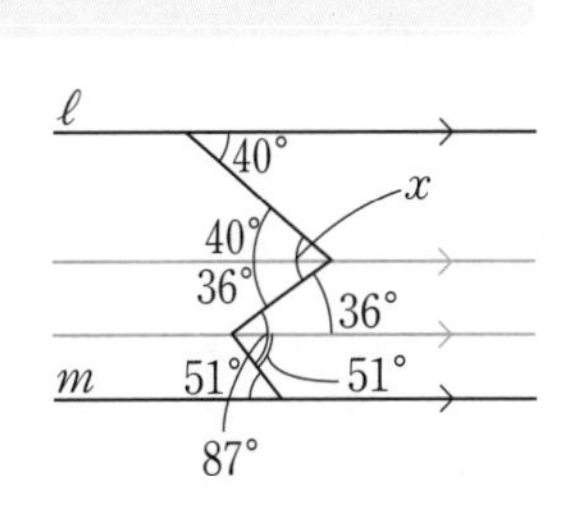

巻末 補充問題

教科書 p.221

18 次の角の大きさを求めなさい。

(1) 八角形の内角の和

(2) 正九角形の１つの内角

(3) 正二十四角形の１つの内角

(4) 正十八角形の１つの外角

ガイド n角形の内角の和は，$180°\times(n-2)$，多角形の外角の和は360°である。

解答 (1) $180°\times(8-2)=\mathbf{1080°}$

(2) 正九角形の１つの外角は，$360°\div9=40°$ だから，

１つの内角は，$180°-40°=\mathbf{140°}$

(3) 正二十四角形の１つの外角は，$360°\div24=15°$ だから，

１つの内角は，$180°-15°=\mathbf{165°}$

(4) $360°\div18=\mathbf{20°}$

教科書 p.221

19 次の図(教科書221ページ)で，$\angle x$の大きさを求めなさい。

ガイド (1) 四角形の内角の和は，$180°\times(4-2)=360°$

(2) 多角形の外角の和は360°

(4) 補助線をひいて，直角三角形と四角形に分ける。

解答 (1) $\angle x=360°-(54°+160°+42°)=\mathbf{104°}$

(2) $\angle x=360°-\{94°+148°+(180°-102°)\}=\mathbf{40°}$

(3) $\angle x=(56°+60°)-82°=\mathbf{34°}$

(4) $360°-\{(90°+20°)+110°+40°\}=100°$

$\angle x=180°-100°=\mathbf{80°}$

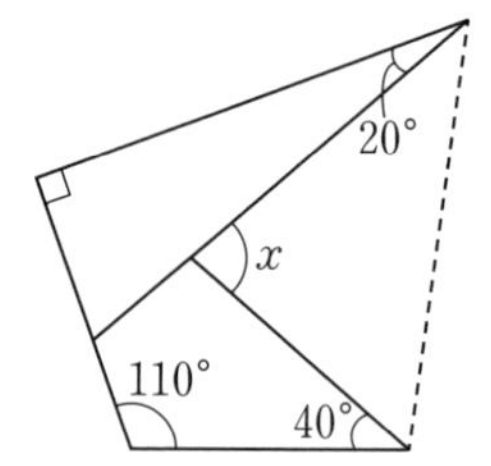

教科書 p.221

20 右の図(教科書221ページ)で，∠BAD＝∠CDA，∠CAD＝∠BDA ならば AB＝DC が成り立つことを証明しなさい。

証明 △ABD と△DCA で，

仮定から，　∠BAD＝∠CDA　……①

　　　　　　∠BDA＝∠CAD　……②

共通な辺だから，AD＝DA　……③

①，②，③から，１組の辺とその両端の角がそれぞれ等しいので，

△ABD≡△DCA

対応する辺だから，AB＝DC

5章　三角形と四角形

21　次の図(教科書222ページ)で，$\angle x$，$\angle y$ の大きさを求めなさい。

解答 (1)　$\angle x = 38°$

$\angle y = 180° - 38° \times 2 = 104°$

(2)　$\angle x = (180° - 46°) \div 2 = 67°$

$\angle y = 46° + 67° = 113°$

(3)　$\angle x + \angle y + 120° = 180°$ より，$\angle x + \angle y = 60°$　……①

$\angle \mathrm{EAD}(= \angle \mathrm{EDA}) = \angle x$ だから，$\angle \mathrm{DEC} = \angle \mathrm{DCE} = 2\angle x$

△CADでDの外角を考えると，

$\angle \mathrm{CDB} = 3\angle x$，$3\angle x = \angle y$　……②

①，②を連立方程式として解いて，

$\angle x = 15°$，$\angle y = 45°$

三角形の1つの外角は，それととなり合わない2つの内角の和に等しかったね。

(4)　OA＝OB＝OC だから，

△OABと△OACは二等辺三角形である。

$\angle \mathrm{OCA} = 52°$ だから，$\angle x = 52° + 52° = 104°$

$\angle y = (180° - 104°) \div 2 = 38°$

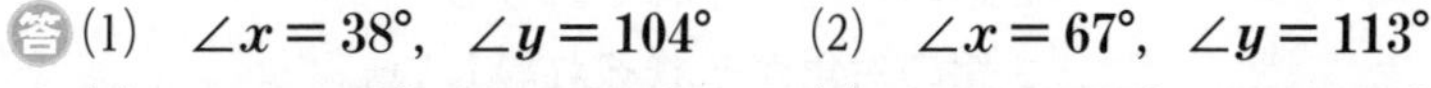

答 (1)　$\boldsymbol{\angle x = 38°}$，$\boldsymbol{\angle y = 104°}$　　(2)　$\boldsymbol{\angle x = 67°}$，$\boldsymbol{\angle y = 113°}$

(3)　$\boldsymbol{\angle x = 15°}$，$\boldsymbol{\angle y = 45°}$　　(4)　$\boldsymbol{\angle x = 104°}$，$\boldsymbol{\angle y = 38°}$

22　次の図(教科書222ページ)で，二等辺三角形を見つけていいなさい。

ガイド (1)　△ABCで，$\angle \mathrm{BAC} = 180° - 90° - 25° = 65°$

△DCAで，$\angle \mathrm{ACD} = 180° - 65° - 50° = 65°$

したがって，△DCAはDA＝DCの二等辺三角形

また，$\angle \mathrm{DCB} = 90° - 65° = 25°$

したがって，△DBCはDB＝DCの二等辺三角形

(2)　$\angle \mathrm{ABD} + \angle \mathrm{CBD} = \angle \mathrm{ACE} + \angle \mathrm{BCE}$ より，$\angle \mathrm{ABC} = \angle \mathrm{ACB}$ だから，

△ABCはAB＝ACの二等辺三角形

$\angle \mathrm{CBD} = \angle \mathrm{BCE}$ より，△FBCはFB＝FCの二等辺三角形

解答 (1)　**△DCA，△DBC**　　(2)　**△ABC，△FBC**

23　次の図(教科書222ページ)の四角形ABCDは平行四辺形です。x，y の値を求めなさい。

解答 (1)　CA＝CB だから　$\angle \mathrm{CAB} = \angle \mathrm{CBA} = 72°$

$\angle \mathrm{DAC} = \angle \mathrm{BCA} = 180° - 72° \times 2 = 36°$(平行線の錯角)

よって　$x = 36$

巻末 補充問題

$\angle ADE = 180° - (36° + 104°) = 40°$
$\angle CDA = \angle ABC = 72°$(平行四辺形の対角)
$\angle CDE = 72° - 40° = 32°$
よって，$y = 32$

(2) $x = 10 \div 2 = 5$，$y = 3.5 \times 2 = 7$

答 (1) $\boldsymbol{x = 36}$，$\boldsymbol{y = 32}$
(2) $\boldsymbol{x = 5}$，$\boldsymbol{y = 7}$

24 次の四角形ABCDのうち，平行四辺形であるものをいいなさい。また，そのときに使った平行四辺形であるための条件をいいなさい。ただし，**エ**のOは，対角線ACとBDとの交点です。

ア AB＝DC，AB∥DC
イ AB＝DC，AD∥BC
ウ $\angle A + \angle B = 180°$，$\angle A = \angle C$
エ AC⊥BD，AO＝CO

ガイド 平行四辺形であるための条件
「2組の対辺がそれぞれ平行である」
「2組の対辺がそれぞれ等しい」
「2組の対角がそれぞれ等しい」
「2つの対角線がそれぞれの中点で交わる」
「1組の対辺が平行で等しい」
のどれかにあてはまるかどうか調べる。

解答 **ア　1組の対辺が平行で等しい。**
ウ　2組の対角がそれぞれ等しい。

25 右の図(教科書223ページ)の四角形ABCDで，AD∥BC，Eは対角線AC，BDの交点，Pは辺AD上の点です。
次の三角形と面積が等しい三角形をすべていいなさい。
(1) △ABC
(2) △ABE

ガイド (1) 底辺に平行に頂点が動いても，三角形の面積は変わらない。

解答 (1) △ABC，△PBC，△DBCは，底辺をBCとみると高さは同じなので，面積は等しい。
よって，**△PBCと△DBC**

(2) △ABE＝△ABC－△BEC
△DCE＝△DBC－△BEC
△ABC＝△DBC なので，
△ABE＝△DCE
よって，**△DCE**

6章　データの比較と箱ひげ図

26 次(教科書223ページ)は，15人のハンドボール投げの記録です。

(1) 最小値，最大値をいいなさい。

(2) 第１四分位数，中央値，第３四分位数をいいなさい。

(3) 四分位範囲(しぶんいはんい)を求めなさい。

(4) 箱ひげ図(教科書223ページ)をかきなさい。

ガイド データを小さい順に並べると，次のようになる。

17　18　19　21　23　24　24　25　26　27　27　29　30　31　32　(m)

解答 (1) 最小値…**17 m**

最大値…**32 m**

(2) 第１四分位数…**21 m**

中央値…**25 m**

第３四分位数…**29 m**

(3) **8 m**

(4)

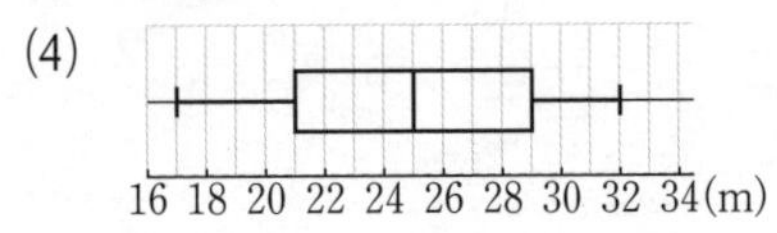

7章　確率

27 ジョーカーを除く52枚のトランプをよくきってから１枚を引くとき，次の**ア**，**イ**のどちらが起こりやすいと考えられますか。

ア　ダイヤのカードを引く

イ　絵札のカードを引く

ガイド 起こり得る場合は全部で52通りである。

ア　ダイヤのカードを引くのは13通りであるから，

求める確率は，$\frac{13}{52}\left(=\frac{1}{4}\right)$

イ　絵札のカードを引くのは $3\times4=12$(通り) であるから，

求める確率は，$\frac{12}{52}\left(=\frac{3}{13}\right)$

解答 **ア**

28 A，B，C，Dの４人の中から，くじ引きで班長，副班長，書記を選びます。

(1) 選び方は全部で何通りですか。

(2) Aが班長，Bが副班長に選ばれる確率を求めなさい。

(3) 班長，副班長，書記のいずれかにAが選ばれる確率を求めなさい。

巻末 補充問題

ガイド 樹形図をかいて調べるとよい。

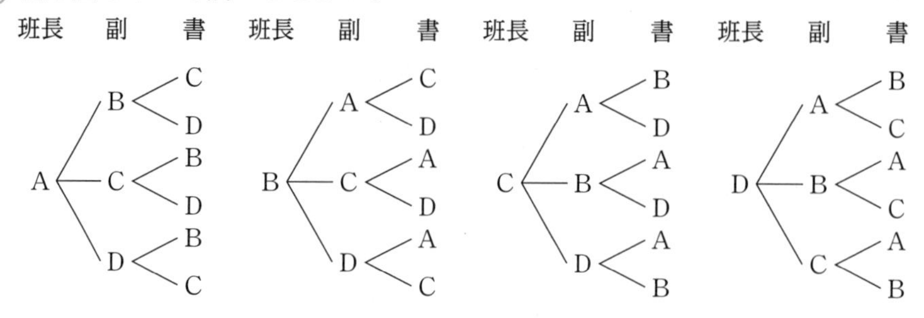

(2) Aが班長，Bが副班長に選ばれるのは2通り。

(3) 班長，副班長，書記のいずれかにAが選ばれるということは，いずれにもAが選ばれない場合以外ということである。

班長，副班長，書記のいずれにもAが選ばれないのは6通りであるから，

求める確率は，$\frac{6}{24}=\frac{1}{4}$

解答 (1) **24通り**

(2) $\frac{2}{24}=\mathbf{\frac{1}{12}}$

(3) $1-\frac{1}{4}=\mathbf{\frac{3}{4}}$

総合問題

数と式

教科書 p.224

① 右の図(教科書224ページ)は，直方体の一部を切り取ってできた立体です。この立体の体積と表面積を，それぞれ式で表しなさい。

ガイド 表面積…縦 c cm，横 b cm，高さ a cmの直方体の表面積から，

縦$\frac{1}{3}a$cm，横$\frac{1}{3}b$cmの長方形2つ分の面積をひいたものに等しい。

解答 体積…$c\times b\times a-c\times\frac{1}{3}b\times\frac{1}{3}a=abc-\frac{1}{9}abc=\frac{8}{9}abc$ より，

$\mathbf{\frac{8}{9}abc}$**cm³**

表面積…$2\times a\times b+2\times a\times c+2\times c\times b-2\left(\frac{1}{3}a\times\frac{1}{3}b\right)$

$=2ab+2ac+2bc-\frac{2}{9}ab=\frac{16}{9}ab+2bc+2ca$ より，

$\mathbf{\left(\frac{16}{9}ab+2bc+2ca\right)}$**cm²**

教科書 p.224

② Aさんは小麦粉220gとバター70gを使って，マドレーヌとドーナツを作ることにしました。マドレーヌとドーナツをそれぞれ1個作るために必要な小麦粉とバターの分量は右の表(教科書224ページ)のとおりで，ほかの材料はすべてそろっているものとします。
マドレーヌとドーナツをそれぞれ何個作ることができるかを求めなさい。

解答 マドレーヌをx個，ドーナツをy個作るとすると，

$$\begin{cases} 12x+16y=220 \\ 10x+2y=70 \end{cases}$$

これを解くと，$x=5$，$y=10$
マドレーヌ5個，ドーナツ10個は，問題の答えとしてよい。

答 マドレーヌを5個，ドーナツを10個作ることができる。

教科書 p.224

③ Bさんの学校で，全校生徒を対象に，「球技大会の種目として何を選びたいか」というアンケート調査を行ったところ，1年生の70％と2年生の76％が，「バレーボール」と回答しました。「バレーボール」と回答した生徒は1年生のほうが2年生より16人多く，3年生は135人でした。これは，全校生徒の65％にあたります。
この学校の3年生は260人です。1年生と2年生の人数を求めなさい。

ガイド 1年生をx人，2年生をy人として，「バレーボール」と回答した生徒数と，「バレーボール」と回答した1年生と2年生の生徒数について方程式をつくる。

解答 1年生をx人，2年生をy人とすると，

$$\begin{cases} \frac{70}{100}x+\frac{76}{100}y+135=\frac{65}{100}(x+y+260) \\ \frac{70}{100}x-\frac{76}{100}y=16 \end{cases}$$

これを解くと，$x=240$，$y=200$
1年生240人，2年生200人は，問題の答えとしてよい。

答 1年生…**240人**　2年生…**200人**

教科書 p.224

④ CさんとDさんは，公園を午後1時30分に出発して駅に向かいました。Cさんは，公園から駅まで歩いて午後1時50分に着きました。一方，Dさんは，公園から家まで歩いたあと，家から駅までは自転車で進みました。Dさんの進んだ道のりは，Cさんの進んだ道のりよりも840m長くなりましたが，DさんはCさんよりも6分早く駅に着きました。
公園からDさんの家までの道のりと，Dさんの家から駅までの道のりを求めなさい。
ただし，2人の歩く速さは分速60m，Dさんの自転車の速さは分速300mとします。

ガイド 公園からDさんの家までの道のりをxm，
Dさんの家から駅までの道のりをymとして，
Dさんについて，道のりと時間の方程式をつくる。

解答 公園からDさんの家までの道のりをxm，Dさんの家から駅までの道のりをymとすると，

巻末 総合問題

Cさんは20分歩いて駅に着いたから，駅までの道のりは，$60\times20=1200$(m)
Dさんの歩いた道のりについて，

$x+y=1200+840$ より，$x+y=2040$ ……①

Dさんのかかった時間について，

$\frac{x}{60}+\frac{y}{300}=20-6$ より，$5x+y=4200$ ……②

①，②の連立方程式を解くと，$x=540$，$y=1500$
公園からDさんの家までの道のり540m，Dさんの家から駅までの道のり1500m は問題の答えとしてよい。

答 公園からDさんの家までの道のり…**540m**
Dさんの家から駅までの道のり …**1500m**

関数

① ある鉄道の路線には，A駅，B駅，C駅，D駅の順に駅があります。駅と駅の間の道のりは，A駅とB駅は2km，B駅とC駅は4km，C駅とD駅は6kmです。また，この路線には，各駅に停車する普通（ふつう）列車と，時速90kmで走行し，A駅とD駅だけに停車する特急列車があります。
右の図(教科書225ページ)は，普通列車Pが午前10時にA駅を出発してからD駅に到（とう）着（ちゃく）するまでの，出発からx分後のA駅からの道のりを$y$kmとして，xとyの関係を表したグラフです。列車の長さは考えないものとし，列車は各駅間において一定の速さで走行するものとして，次の(1)~(3)に答えなさい。

(1) 普通列車Pは，C駅で何分間停車しましたか。

(2) 特急列車Qは，午前10時4分にA駅を出発してD駅に向かいました。
特急列車QがA駅を出発してからD駅に到着するまでの，xとyの関係をグラフ(教科書225ページ)に表しなさい。

(3) 特急列車Rは，午前10時にD駅を出発してA駅に向かい，途中で普通列車Pとすれちがいました。すれちがったのは特急列車RがD駅を出発してから何分後ですか。

ガイド (1) グラフから読み取る。

(2) 特急電車QがA駅を出発してからD駅に到着するまでにかかる時間は，
$\frac{12}{90}\times60=8$ より8分であるから，D駅に到着する時刻は10時12分である。
よって，(4, 0)と(12, 12)を通るグラフをかけばよい。

(3) 普通列車Pと特急列車Rのグラフの交点が，2本の列車のすれちがった時刻を表す。

解答 (1) **2分間**　　(2)

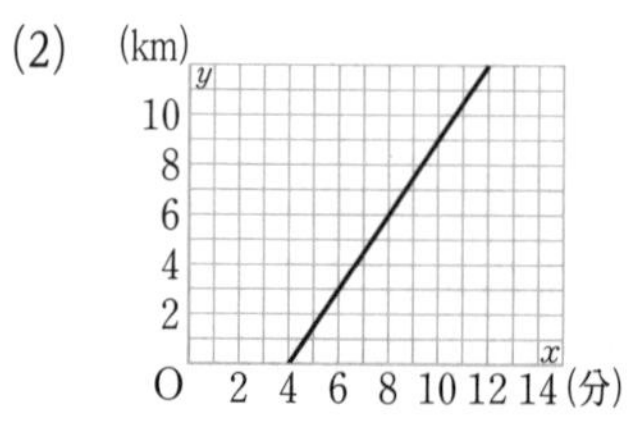

(3) 特急列車Rのグラフは(0, 12)と(8, 0)を通るから，求める直線の式を
$y=ax+12$ として，$x=8$，$y=0$ を代入すると，

$0=8a+12 \qquad a=-\frac{3}{2}$

よって，求める直線の式は，$y=-\frac{3}{2}x+12$ ……①

また，この式をグラフに表すと，

普通列車PがB駅とC駅の間を走行しているときにすれちがうことがわかる。

B駅とC駅の間を走行している普通列車Pのグラフは

(3，2)と(7，6)を通るから，

$y=cx+d$ として点(3，2)と点(7，6)を代入すると，$\begin{cases} 2=3c+d \\ 6=7c+d \end{cases}$

これらを連立方程式として解くと，$c=1$，$d=-1$

よって，求める直線の式は，$y=x-1$ ……②

また，x の変域は $3\leqq x\leqq 7$ である。

①，②を連立方程式として解くと，$x=\frac{26}{5}$，$y=\frac{21}{5}$

出発してから $\frac{26}{5}$ 分後は，問題の答えとしてよい。

答 $\frac{26}{5}$ **分後**

② 右の図(教科書225ページ)のような正方形ABCDで，点Pは秒速 2 cmで点BからAを通ってDまで動きます。点PがBを出発してから x 秒後の四角形PBCDの面積を y cm^2 として，次の(1)，(2)に答えなさい。

(1) y を x の式で表しなさい。

(2) 四角形PBCDの面積が 40 cm^2 になるのは，点PがBを出発してから何秒後ですか。

ガイド (1) 四角形PBCDは，点Pが辺AB上を動くときは，
正方形ABCDから△APDを除いた形であり，
点Pが辺AD上を動くときは，
正方形ABCDから△ABPを除いた形である。

解答 (1) 点Pが辺AB上を動くとき，$\mathrm{AP}=8-2x$

$\triangle\mathrm{APD}=\frac{1}{2}\times(8-2x)\times 8=32-8x$

よって　$y=8\times 8-(32-8x)=8x+32 \quad (0\leqq x\leqq 4)$

点Pが辺AD上を動くとき，$\mathrm{AP}=2x-8$

$\triangle\mathrm{ABP}=\frac{1}{2}\times 8\times(2x-8)=8x-32$

よって　$y=8\times 8-(8x-32)=-8x+96 \quad (4\leqq x\leqq 8)$

答 点PがAB上にあるとき…$\boldsymbol{y=8x+32}$
点PがAD上にあるとき…$\boldsymbol{y=-8x+96}$

(2) $y=8x+32$ に $y=40$ を代入して，$40=8x+32 \qquad 8x=8 \qquad x=1$

$y=-8x+96$ に $y=40$ を代入して，$40=-8x+96 \qquad 8x=56 \qquad x=7$

出発してから 1 秒後，7 秒後は，問題の答えとしてよい。

答 **1 秒後と 7 秒後**

図形

① 次の図(教科書226ページ)で，線分BE，CEは，それぞれ$\angle$ABC，$\angle$ACDの二等分線です。$\angle$BECは，何度ですか。

解答 $\angle \mathrm{ABE}=\angle \mathrm{EBC}=x^\circ$とすると，$\angle \mathrm{ABC}=2x^\circ$
CEは$\angle$ACDの二等分線だから，
$\angle \mathrm{ECD}=\dfrac{1}{2}\times\angle \mathrm{ACD}=\dfrac{1}{2}\times(60^\circ+2x^\circ)=30^\circ+x^\circ$
$\angle \mathrm{EBC}+\angle \mathrm{BEC}=\angle \mathrm{ECD}$より，
$\angle \mathrm{BEC}=\angle \mathrm{ECD}-\angle \mathrm{EBC}=30^\circ+x^\circ-x^\circ=\mathbf{30^\circ}$

② 紙テープ(教科書226ページの図)を❶のように折って開き，次に❷のように折って開くと，❸のように折り目の直線ℓ，mは垂直になります。それはなぜですか。

解答 折り方より，$\angle \mathrm{XYP}=\angle \mathrm{BYP}=x^\circ$
$\angle \mathrm{YXP}=\angle \mathrm{AXP}=y^\circ$
とすると，AX∥BYより，$2x^\circ+2y^\circ=180^\circ$
すなわち，$x^\circ+y^\circ=90^\circ$
△XYPで，$\angle \mathrm{XPY}=180^\circ-(x^\circ+y^\circ)=180^\circ-90^\circ=90^\circ$
したがって，直線ℓ，mは垂直に交わる。

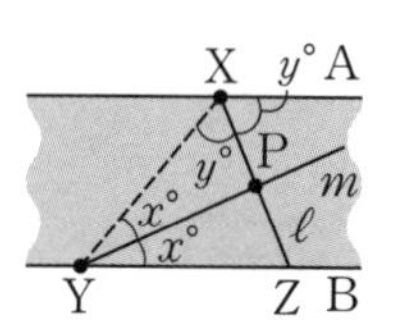

教科書
p.226

③ 右の図(教科書226ページ)で，△ABCは，$\angle \mathrm{BAC}=90^\circ$の直角二等辺三角形です。点Dは$\angle$ABCの二等分線上にあり，AD∥BCです。点Hは辺BC上の点であり，AH⊥BCで，E，Fはそれぞれ線分DBとAC，AHとの交点です。このとき，△ABFと△ADEが合同であることを証明しなさい。

証明 △ABFと△ADEで，
$\angle \mathrm{FAB}=\angle \mathrm{EAB}-\angle \mathrm{FAE}$
$=90^\circ-\angle \mathrm{FAE}$　……①
$\angle \mathrm{EAD}=\angle \mathrm{FAD}-\angle \mathrm{FAE}$
$=90^\circ-\angle \mathrm{FAE}$　……②
①，②より，
$\angle \mathrm{FAB}=\angle \mathrm{EAD}$　……③
点Dは$\angle$ABCの二等分線上にあることから，
$\angle \mathrm{ABF}=\angle \mathrm{FBH}$　……④
平行線の錯角なので，
$\angle \mathrm{ADE}=\angle \mathrm{FBH}$　……⑤
④，⑤より，$\angle \mathrm{ABF}=\angle \mathrm{ADE}$　……⑥
⑥より，△ABDは二等辺三角形なので，
AB＝AD　……⑦

③，⑥，⑦より，１組の辺とその両端の角がそれぞれ等しいので，
△ABF≡△ADE

④ ▱ABCD(教科書226ページの図)で，頂点A，B，C，Dから対角線に垂線をひき，その交点をそれぞれE，F，G，Hとすると，四角形EFGHは平行四辺形になります。このことを証明しなさい。

証明 △BOFと△DOHで，
平行四辺形の２つの対角線はそれぞれ中点で交わるから，
OB＝OD ……①
対頂角は等しいので，∠BOF＝∠DOH ……②
仮定から，∠BFO＝∠DHO＝90° ……③
①，②，③から，斜辺と１鋭角がそれぞれ等しい直角三角形なので，
△BOF≡△DOH
対応する辺だから，OF＝OH ……④
△AOEと△COGで，
平行四辺形の２つの対角線はそれぞれの中点で交わるから，
OA＝OC ……⑤
対頂角は等しいので，∠AOE＝∠COG ……⑥
仮定から，∠AEO＝∠CGO＝90° ……⑦
⑤，⑥，⑦から，斜辺と１鋭角がそれぞれ等しい直角三角形なので，
△AOE≡△COG
対応する辺だから，OE＝OG ……⑧
④，⑧から，２つの対角線がそれぞれの中点で交わるから，
四角形EFGHは平行四辺形である。

データの活用

① ある会社では，30cmの針金を作る機械を開発し，販売(はんばい)する予定です。試作した機械A～Cで，それぞれ100本ずつ針金を作り，作られた針金の長さの分布を調べ，どの機械を販売するかを決めることにしました。
右の図(教科書227ページ)は，機械A～Cで作った針金の長さを，箱ひげ図に表したものです。次の(1)～(3)に答えなさい。

(1) 機械A～Cのうち，四分位範囲(しぶんいはんい)が最も大きいものはどれですか。

(2) 次の**ア**～**ウ**のうち，機械A～Cについて正しく説明しているものはどれですか。すべて選びなさい。
ア 機械Aでは，30cmの針金が50本あった。
イ 機械Bでは，30cmより短い針金はなかった。
ウ 機械Cでは，30cmより５mm以上長い針金があった。

(3) この会社では，機械Bを販売することにしました。その理由を考えて答えなさい。

巻末 総合問題

ガイド (1)　箱ひげ図の箱の大きさが，四分位範囲の大きさである。

(2)　**ア**　箱ひげ図より，機械Aの第2四分位数は30cmである。よって，30cm以下の針金が約50本あることはわかるが，30cmの針金が50本あるわけではない。

イ　箱ひげ図より，機械Bの最小値は30cmである。

ウ　箱ひげ図より，機械Cの最大値は30.6cmである。

解答 (1)　**機械A**

(2)　**イ，ウ**

(3)　(例)　**機械Aで作ると30cm未満の針金が半数近くできてしまうが，機械Bと機械Cでは30cm未満の針金はできない。また，機械BとCでは，機械Bのほうが範囲も四分位範囲も小さいため，作る針金の長さが安定していると考えられる。**

②　立方体(教科書227ページ)の6つの面に，●のシールを3枚，★のシールを2枚，■のシールを1枚貼(は)ったものを2個作りました。

(1)　この立方体1個を投げるとき，■の面が出ない確率を求めなさい。

(2)　この立方体2個を同時に投げるとき，どちらも●の面が出る確率を求めなさい。

(3)　この立方体2個を同時に投げるとき，確率が最も大きくなるのは，どの面とどの面が出る場合ですか。

ガイド (1)　起こり得る場合は全部で6通りである。

「■の面が出ない場合」とは「■の面が出る場合以外」ということである。

(2)，(3)　起こり得る場合は全部で36通りである。

すべての起こり得る場合を表にすると，次のようになる。

	●	●	●	★	★	■
●	●●	●●	●●	★●	★●	■●
●	●●	●●	●●	★●	★●	■●
●	●●	●●	●●	★●	★●	■●
★	●★	●★	●★	★★	★★	■★
★	●★	●★	●★	★★	★★	■★
■	●■	●■	●■	★■	★■	■■

解答 (1)　$1-\frac{1}{6}=\mathbf{\frac{5}{6}}$

(2)　表から，●と●の面が出る場合は9通りあるから，

求める確率は，$\frac{9}{36}=\mathbf{\frac{1}{4}}$

(3)　確率が最も大きくなるのは，●の面と★の面が出るときで，

求める確率は，$\frac{12}{36}=\frac{1}{3}$

答　**●の面と★の面が出るとき**

③ 赤い袋(ふくろ)の中には1から3までの数が1つずつ書かれた3枚のカード，白い袋の中には4から6までの数が1つずつ書かれた3枚のカードが入っています。
赤い袋から続けて2枚取り出し，1枚目のカードの数をx座標，2枚目のカードの数をy座標として，点Aとします。同様に，白い袋から続けて2枚取り出し，1枚目のカードの数をx座標，2枚目のカードの数をy座標として，点Bとします。
このとき，次の(1)，(2)に答えなさい。
(1) 直線ABが，$y=x$と一致(いっち)する確率を求めなさい。
(2) 直線ABが，$y=x$と平行になる確率を求めなさい。

ガイド 起こり得る場合は全部で$6\times6=36$(通り) である。すべての起こり得る場合を表にすると，次のようになる。

点A＼点B	(4, 5)	(4, 6)	(5, 4)	(5, 6)	(6, 4)	(6, 5)
(1, 2)	$y=x+1$	$y=\frac{4}{3}x+\frac{2}{3}$	$y=\frac{1}{2}x+\frac{3}{2}$	$y=x+1$	$y=\frac{2}{5}x+\frac{8}{5}$	$y=\frac{3}{5}x+\frac{7}{5}$
(1, 3)	$y=\frac{2}{3}x+\frac{7}{3}$	$y=x+2$	$y=\frac{1}{4}x+\frac{11}{4}$	$y=\frac{3}{4}x+\frac{9}{4}$	$y=\frac{1}{5}x+\frac{14}{5}$	$y=\frac{2}{5}x+\frac{13}{5}$
(2, 1)	$y=2x-3$	$y=\frac{5}{2}x-4$	$y=x-1$	$y=\frac{5}{3}x-\frac{7}{3}$	$y=\frac{3}{4}x-\frac{1}{2}$	$y=x-1$
(2, 3)	$y=x+1$	$y=\frac{3}{2}x$	$y=\frac{1}{3}x+\frac{7}{3}$	$y=x+1$	$y=\frac{1}{4}x+\frac{5}{2}$	$y=\frac{1}{2}x+2$
(3, 1)	$y=4x-11$	$y=5x-14$	$y=\frac{3}{2}x-\frac{7}{2}$	$y=\frac{5}{2}x-\frac{13}{2}$	$y=x-2$	$y=\frac{4}{3}x-3$
(3, 2)	$y=3x-7$	$y=4x-10$	$y=x-1$	$y=2x-4$	$y=\frac{2}{3}x$	$y=x-1$

(1) 上の表より，0通りである。
(2) 2直線が平行なので，直線ABの傾きが1になる。上の表より，10通りである。

解答 (1) **0**
(2) $\frac{10}{36}=\mathbf{\frac{5}{18}}$

6 5 4 3 2 1
D C B A